Sebastian Reitelshöfer

Der Aerosol-Jet-Druck Dielektrischer Elastomere als additives Fertigungsverfahren für elastische mechatronische Komponenten

FAU Studien aus dem Maschinenbau

Band 398

Herausgeber der Reihe:

Prof. Dr.-Ing. Jörg Franke
Prof. Dr.-Ing. Nico Hanenkamp
Prof. Dr.-Ing. habil. Tino Hausotte
Prof. Dr.-Ing. habil. Marion Merklein
Prof. Dr.-Ing. Michael Schmidt
Prof. Dr.-Ing. Sandro Wartzack

Sebastian Reitelshöfer

Der Aerosol-Jet-Druck Dielektrischer Elastomere als additives Fertigungsverfahren für elastische mechatronische Komponenten

Dissertation aus dem Lehrstuhl für Fertigungsautomatisierung und Produktionssystematik (FAPS) Prof. Dr.-Ing. Jörg Franke

Erlangen
FAU University Press
2022

Bibliografische Information der Deutschen Nationalbibliothek:
Die Deutsche Nationalbibliothek verzeichnet diese Publikation in der Deutschen Nationalbibliografie; detaillierte bibliografische Daten sind im Internet über http://dnb.d-nb.de abrufbar.

Bitte zitieren als
Reitelshöfer, Sebastian. 2022. *Der Aerosol-Jet-Druck Dielektrischer Elastomere als additives Fertigungsverfahren für elastische mechatronische Komponenten.* FAU Studien aus dem Maschinenbau Band 398. Erlangen: FAU University Press. DOI: 10.25593/978-3-96147-548-3.

Der vollständige Inhalt des Buchs ist als PDF über den OPUS-Server der Friedrich-Alexander-Universität Erlangen-Nürnberg abrufbar:
https://opus4.kobv.de/opus4-fau/home

Verlag und Auslieferung:
FAU University Press, Universitätsstraße 4, 91054 Erlangen

Druck: docupoint GmbH

ISBN: 978-3-96147-547-6 (Druckausgabe)
eISBN: 978-3-96147-548-3 (Online-Ausgabe)
ISSN: 2625-9974
DOI: 10.25593/978-3-96147-548-3

Der Aerosol-Jet-Druck Dielektrischer Elastomere als additives Fertigungsverfahren für elastische mechatronische Komponenten

Der Technischen Fakultät
der Friedrich-Alexander-Universität
Erlangen-Nürnberg

zur

Erlangung des Doktorgrades Dr.-Ing.

vorgelegt von

Dipl.-Ing. Sebastian Reitelshöfer

aus Nürnberg

Als Dissertation genehmigt
von der Technischen Fakultät
der Friedrich-Alexander-Universität Erlangen-Nürnberg

Tag der mündlichen Prüfung: 10.03.2022

Gutachter: Prof. Dr.-Ing Jörg Franke
Prof. Dr.-Ing. Annika Raatz,
Leibniz Universität Hannover

Vorwort

Die vorliegende Arbeit entstand während meiner Tätigkeit als wissenschaftlicher Mitarbeiter am Lehrstuhl für Fertigungsautomatisierung und Produktionssystematik (FAPS) an der Friedrich-Alexander-Universität Erlangen-Nürnberg.

Mein besonderer Dank gilt dem Lehrstuhlinhaber Prof. Dr.-Ing. Jörg Franke für das in mich gesetzte Vertrauen und die Möglichkeit zur Promotion. Die stetige Unterstützung meiner Forschungstätigkeiten sowie die zahlreichen wertvollen Diskussionen haben die Ergebnisse meiner Arbeit sehr bereichert und entscheidend geprägt. Weiterhin möchte ich mich für die gewährten Freiheiten bedanken, im Rahmen meiner eigenen Forschungsarbeiten sowie zusammen mit Kolleginnen und Kollegen der Forschungsbereiche Biomechatronik und Robotik unglaublich spannenden neuen Fragestellungen nachgehen zu können.

Des Weiteren geht mein Dank an Prof. Dr.-Ing. habil. Paul Steinmann für die Übernahme des Vorsitzes des Promotionsverfahrens, an Prof. Dr.-Ing. Annika Raatz für die Übernahme des Korreferats und für die sehr wertvollen Hinweise zu meiner Arbeit sowie an Prof. Dr. habil. Dirk Schubert als weiteres Mitglied des Prüfungsausschusses.

Ein großer Dank gilt zudem allen Kolleginnen und Kollegen am Lehrstuhl FAPS für den regen fachlichen Austausch und die kollegiale Arbeitsatmosphäre sowie insbesondere der Technik und Verwaltung. Besonders bedanken möchte ich mich auch bei den Kolleginnen und Kollegen der Forschungsbereiche Biomechatronik und Robotik, die mich an vielen interessanten Fragestellungen haben teilhaben lassen und die ein wunderbares Team formen. Daneben bedanke ich mich bei allen hochmotivierten und engagierten Studierenden für ihr Mitwirken an dieser Arbeit. Ein herzlicher Dank gilt meiner Mutter und meinem Vater, die mir meinen Bildungsweg ermöglicht und dabei immer an mich geglaubt haben. Ebenfalls nicht genug kann ich mich bei meiner Frau und meinem Sohn bedanken für die nie endende Unterstützung, die Motivation und für das Zeigen, dass es noch so viel mehr zu entdecken gibt. Danke Liebe Steffi und lieber Leo!

Osternohe, im März 2022 Sebastian Reitelshöfer

Inhaltsverzeichnis

Formelzeichen- und Abkürzungsverzeichnis

Element	*Einheit*	*Beschreibung*
%		Prozent
A	m^2	Elektrodenfläche im Aktivierungszustand beziehungsweise Oberfläche einer Elastomerschicht
A_0	m^2	Elektrodenfläche im Ausgangszustand
A_S	μm^2	Profilquerschnittsfläche Druckbahn
b_{Abs}	µm	Programmierter Abstand der einzelner Druckbahnen
b_S	µm	Druckbahnbreite
C	F	Kapazität
$\overrightarrow{E_D}$	V/µm	Durchbruchfeldstärke
E_e	Ws	Elektrische Energie eines Kondensators
E_m	Ws	Mechanische Energie eines Dielektrischen Elastomers
H_S	µm	Maximale Druckbahn Scheitelhöhe
$\bar{h}$	µm	Mittlere Schichtdicke einer Elastomerdrucklage
$\bar{h}_S$	µm	Mittlere Druckbahnhöhe
KI		Konfidenzintervall
m	mg	Verdruckte Materialmasse
$\dot{m}$	mg/min	Materialdurchsatz
m_A	mg/mm^2	Flächenbezogener Materialdurchsatz
Out_A	mg/min	Materialdurchsatz der Komponente A von Elastosil P7670
Out_{AB}	mg/min	Kombinierter Materialdurchsatz der im Verhältnis 1:1 gemischten Komponenten A und B von Elastosil P7670
Out_B	mg/min	Materialdurchsatz der Komponente B von Elastosil P7670

Element	*Einheit*	*Beschreibung*
Out_C	mg/min	Materialdurchsatz von rGO-Partikeln
p	N/m²	Resultierender Maxwell-Druck
Q	As	Elektrische Ladung eines Kondensators
Q_{Ato}	sccm	Atomizergasvolumenstrom
Q_{Div}	sccm	Volumenstrom nach einer Virtual-Impactor-Einheit als Differenz zwischen Atomizer- und Exhaustgasvolumenstrom
Q_{Exh}	sccm	Exhaustgasvolumenstrom
Q_{She}	sccm	Schutzgasvolumenstrom
R^2		Maß für den Grad der Anpassung eines Modells an Messdaten
$R^2{}_{korr}$		Einfluss der Anzahl der Faktoren
$R^2{}_{korr}$		Prognosefähigkeit eines Modells
R_l	Ω	Parallelwiderstand eines Dielektrischen Elastomers
R_p	µm	Glättungstiefe
R_s	Ω	Widerstand einer Dielektrischen-Elastomer-Zelle oder einer anderen Elektrodenstruktur
$R_{S\square}$	Ω	Flächenwiderstand einer Elektrodenschicht
SE-Wert		Standartfehler der Stichprobenverteilung
s_{zz}		Deformation eines Dielektrischen-Elastomer-Aktors in Richtung der Feldlinien zwischen zwei Elektrodenschichten
T_{DZ}	K	Temperatur in der Druckzone auf der Substratoberfläche
T_H	K	Heizbandtemperatur an einem Atomizer
T_{VZ}	K	Temperatur in der Prozessebene der Vernetzungszone in der Versuchsanlage
V	V	Betriebsspannung eines Dielektrischen Elastomers
$\dot{V}$	m³/s	Volumenstrom
v	m/s	Vorschubgeschwindigkeit Druckdüse
vol_k	m³	Konstantes Volumen einer Elastomerlage

Element	***Einheit***	***Beschreibung***
wt%		Gewichtsprozent
x	m	Kantenlänge einer Elektrode im Aktivierungszustand in X-Richtung
x_0	m	Kantenlänge einer Elektrode im Ausgangszustand in X-Richtung
x_{1i}		Faktor x_1 eines quadratischen Modells zur Beschreibung der Abhängigkeit der Zielgröße y
x_{2i}		Faktor x_2 eines quadratischen Modells zur Beschreibung der Abhängigkeit der Zielgröße y
Y	N/m^2	Elastizitätsmodul
y	m	Kantenlänge einer Elektrode im Aktivierungszustand in Y-Richtung
y_0	m	Kantenlänge einer Elektrode im Ausgangszustand in Y-Richtung
y_i		Modellvorhersage einer Zielgröße
z	m	Schichtdicke einer Elastomerlage im Aktivierungszustand
z_0	m	Schichtdicke einer Elastomerlage im Ausgangszustand
α		Wert zur Verschiebung von Sternpunkten aus dem Zentralpunkt eines zentral zusammengesetzten Versuchsplans
β_i		Koeffizient zur Beschreibung des Effekts eines Faktors x auf eine Zielgröße y
β_{ii}		Koeffizient zur Beschreibung einer Wechselwirkung von zwei Faktoren auf eine Zielgröße y
ε_0	As/Vm	Permittivität des Vakuums $8.8541878128 * 10^{-12}$
σ		Standardabweichung
2,5D-Druck		Zweieinhalbdimensionaler Druck
3D-Druck		Dreidimensionaler Druck

Element	*Einheit*	*Beschreibung*
CAD		Computer-Aided Design
CNT		Carbon Nano Tubes
DARPA		Defense Advanced Research Projects Agency
DEA		Dielektrischer-Elastomer-Aktor
DMS		Dehnungsmessstreifen
EAP		Elektroaktive Polymere
EDX-Analyse		Energiedispersive Röntgenspektroskopie
FGL		Formgedächtnislegierungen
IPN		Interpenetrating Polymer Network
ITO		Indium-Zinnoxid
MID		Molded Interconnected Devices beziehungsweise Mechatronic Integrated Devices
MWCNT		Multi Wall Carbon Nano Tubes
P		Die Aneinanderreihung von Druckbahnen parallel zu eingebrachten Zugbelastungen
PDMS		Polydimethylsiloxan
PE		Polyethylen
PID		Proportional-Integral-Differenzial
PIEZO		Piezoelemente
PVD		Physikalische Dampfphasenabscheidung
PVP		Polyvinylpyrrolidon
rGO		Reduziertes Graphenoxid
RTV2		Raumtemperaturvernetzendes Zweikomponentensystem
S		Die Aneinanderreihung von Druckbahnen senkrecht zu eingebrachten Zugbelastungen
SWCNT		Single Wall Carbon Nano Tubes
UV		Ultraviolett
X		Auf mehrere Lagen bezogen gekreuzte Druckbahnen

Bildverzeichnis

Tabellenverzeichnis

1 Einleitung

Wesentlicher Gegenstand der vorliegenden Dissertationsschrift ist die Erforschung und Qualifizierung eines neuartigen additiven Fertigungsansatzes für elastische mechatronische Komponenten. Es wird die Kombination von Variationen und Weiterentwicklungen des Aerosol-Jet-Druck-Verfahrens zur Produktion gestapelter Dielektrischer-Elastomer-Aktoren und -Sensoren mit anwendungsspezifisch einstellbaren Eigenschaften beschrieben. Den Rahmen eines prototypischen Anwendungsfalls zur Ableitung der notwendigen und angestrebten Eigenschaften solcher flexiblen mechatronischen Systeme und damit letztlich der Anforderungen an ein Fertigungsverfahren bilden in der vorliegenden Arbeit nachgiebige Robotersysteme. Deren makroskopisch wirksame Kinematiken und Wirkflächen vereinen hinsichtlich ihrer grundlegenden Konzepte und Anforderungen einen im nachfolgenden Abschnitt zusammengefassten Merkmalskatalog, der künftig einen einfachen Übertrag auf andere Anwendungsdomänen flexibler mechatronischer Systeme, beispielsweise in der Medizintechnik, erlaubt.

1.1 Nachgiebige Robotik erleichtert die effiziente, robuste und sichere Interaktion und Bewegung

Die industrielle Robotik ist nach der Beschreibung eines ersten Systems in [1] und einer weltweiten Verbreitung in den 70er- und 80er-Jahren des 20. Jahrhunderts [2] ein integraler Bestandteil industrieller Produktion mit einem anhaltenden Wachstum bei den Zahlen eingesetzter Industrieroboter [3]. Daneben eröffnen sich neue Anwendungsmöglichkeiten im Bereich der Service-Robotik nach der Definition der ISO-Norm 8373:2012 [4]. Hier ist der Einsatz in der Medizin [5] ein bereits etabliertes Feld mit einer Nutzung, die sich inzwischen über alle medizinischen Disziplinen erstreckt [6–12]. Zusammen mit dem zunehmenden Einsatz privater Service-Roboter für eine Vielzahl zunächst einfacher Aufgaben ist in diesem Bereich ebenfalls ein sehr starkes Wachstum beobachtbar [13].

Sowohl die industrielle Robotik als auch der Bereich der Service-Roboter profitieren von der steigenden Verfügbarkeit günstiger und leistungsfähiger Komponenten aus dem Bereich der Consumer-Elektronik. Weiterhin tragen sowohl die Entwicklung von Frameworks [14] und Taxonomien [15] für die Interaktion als auch die Verfügbarkeit von umfangreichen Modul- und Werkzeugsammlungen [16] zur effektiven Nutzbarkeit von Robotern bei. Schließlich stellen Ansätze des maschinellen Lernens, wie das in [17] beschriebene Deep Learning, ein weiteres Element mit stetig wachsender Bedeutung dar. Eine Kombination mit 3D-Sensoriken ermöglicht die robuste Automatisierung von Klassifikationsaufgaben und bildet so die Grundlage für den Aufbau von Anwendungen, beispielsweise zur Identifikation von nicht explizit eingelernten Alltagsgegenständen [P1]. Aus den beschriebenen Fortschritten der Informatik und der Verfügbarkeit neuartiger Sensoriken leitet Pratt in [18] bereits den interessanten Gedanken einer kambrischen Explosion der Robotik ab.

Allerdings bleibt neben weiteren, beispielsweise sozio-ethischen Fragestellungen [19], ein zentraler Themenkomplex unzureichend gelöst, der die Etablierung einer großen Zahl neuer Robotik-Anwendungen bislang stark behindert: Robotersysteme sind aktuell in wesentlichen Bestandteilen, sowohl hinsichtlich der verwendeten Antriebslösung als auch in Bezug auf ihre physischen Wirkflächen, nahezu ausschließlich aus Komponenten mit sehr großen Elastizitätsmodulen aufgebaut. Die Elemente ihrer kinematischen Ketten sind selbst starr, starr gekoppelt und unflexibel eingehaust. Daraus ergeben sich unter anderem die nachfolgend beispielhaft für den aktorischen Einsatz dargestellten Einschränkungen.

Während bei bestimmten menschlichen Gangarten bis zu 50 % der aufgeschlossenen Energie durch eine elastische Deformation des Muskel-Sehnen-Apparats rekuperiert wird [20], dissipieren starre robotische Laufkinematiken die kinetische Energie bei jedem Schritt vollständig und erschweren einen energieautarker Betrieb [21]. Die Optimierung des mechanischen Designs in Kombination mit klassischen Antrieben und Metallfedern kann zwar zu einem besseren elektrischen Cost-of-Transport-Wert führen [22]. Allerdings liegt dieser weiterhin deutlich unter der Effizienz menschlicher Gangmuster [23], was nicht zuletzt auf massereiche Federelemente zurückzuführen ist [24]. Weiterhin ist problematisch, dass für Getriebe-Servomotoren als vorherrschendes Antriebskonzept in der Robotik eine leichtbauende Auslegung zu Betriebspunkten mit hohen Drehzahlen und geringen Drehmomenten führt. Für robotische Anwendungen müssen benötigte Momente infolge mit hohen Getriebeübersetzungen und zahlreichen daraus resultierenden Einschränkungen [25] erzeugt werden. Ansätze zur Erhöhung der Drehmomentdichte von Synchronmotoren mittels großer, angepasster Rotordurchmesser können zwar die notwendigen Getriebeübersetzungen reduzieren [26], diese aber nicht vollständig vermeiden. Alternative pneumatische oder hydraulische Aktoren besitzen eine vergleichsweise hohe Energiedichte [27, 28] und erlauben den Aufbau von Bewegungsapparaten mit geringeren bewegten Massen in den Extremitäten [29]. Allerdings zeigen sie vergleichsweise schlechte Wirkungsgrade [30], weshalb für einen hinreichend langen energieautarken Betrieb auf Energieträger mit sehr hoher Energiedichte zurückgegriffen werden muss. Der Einsatz von zum Beispiel Verbrennungsmotoren, wie in [31] dargestellt, schließt aber wiederum zahlreiche Anwendungsszenarien aus.

Neben der Verbesserung der Energieeffizienz kann eine mechanische Flexibilität auch die Anpassungsfähigkeit an wechselnde Situationen und Aufgaben begünstigen [32]. Greifkonzepte wie beispielsweise das in [33] vorgestellte und in Bild 1 dargestellte System können aufgrund ihrer Fähigkeit zur passiven Anpassung eine Vielzahl unterschiedlicher Objekte greifen. Für den industriellen Einsatz lassen sich damit wandlungsfähige Handhabungsanwendungen realisieren, die den Besonderheiten kollaborativer Systeme Rechnung tragen [P2]. Die Partitionierung der Systemintelligenz in steuerungstechnische und morphologische Komponenten ist weiterhin auch für Service-Robotik-Anwendungen sinnvoll, da hier komplexe Aufgaben in im Vergleich zum industriellen Umfeld deutlich unstrukturierteren Umgebungen und Szenarien absehbar sind. Im Bereich der Service-Robotik können nachgiebige Systeme dabei auch ohne einen engen normativen Rahmen industrieller Anwendungen [34] vorteilhaft sein. Es wird sich wahrscheinlich eine höhere Akzeptanz einstellen, wenn bei physischen Interaktionen die absorbierte kinetische Energie auf die Interaktionspartner aufgeteilt wird oder Kraftunterstützungssysteme nicht nur auf wenige starre Freiheitsgrade und Interaktionsflächen beschränkt sind. Gerade weiche Interaktionselemente zur haptischen Interaktion können sich ebenfalls positiv auf die Akzeptanz auswirken [35].

Bild 1: Bei (teilweise) nachgiebigen Robotersystemen resultiert ein Teil der Anpassungsfähigkeit beispielsweise an eine komplexe Greifaufgabe aus dem morphologischen Aufbau.

Als Paradigmenwechsel, der über die isolierte Betrachtung der Antriebs- und Sensorsysteme hinausgeht, können sogenannte Soft Robots gesehen werden, wobei theoretisch alle Elemente und Strukturen solcher Systeme nachgiebig sein können [36] und sich so kontinuierliche Systeme ausbilden [37], deren Design und Modellierung gegebenenfalls automatisch abgeleitet werden kann [38]. Eine modellbasierte Ansteuerung der nichtlinearen Systeme kann beispielsweise mit maschinellen Lernverfahren auf der Basis synthetischer Trainingsdaten erfolgen [39]. Fluidische [40] oder auch chemisch angetriebene Anwendungsbeispiele [41] sowie der vielversprechende Ansatz hybrider Systeme [30] zeigen hier wieder den Bedarf an effizienten Antriebslösungen, um beispielhafte Anwendungen von Soft Robots über die Forschung zu medizintechnischen Geräten [42] oder ersten kommerziellen Greifprodukten [43] für stationäre Robotersysteme hinaus entwickeln zu können.

Insgesamt kann festgestellt werden, dass im sehr heterogenen, dynamischen und stark wachsenden Feld der Robotik energieeffiziente, flexible und leichtbauende Aktoren sowie nachgiebige deformationserfassende Sensoren ohne Limitationen hinsichtlich der Geometrie aktiver Freiheitsgrade bei der Bewegungshervorrufung oder Deformationsdetektion Schlüsselelemente zur Umsetzung neuer Anwendungen sind.

1.2 Der Bedarf an einem effizienten Herstellungsverfahren zur Realisierung Dielektrischer-Elastomer-Aktoren und -Sensoren

Die eingangs dargestellten, geforderten Merkmale flexibler, robotischer Antriebe und Deformationssensoriken lassen Dielektrische Elastomere [44] als Vertreter der sogenannten Smart Materials besonders geeignet zur Realisierung flexibler Sensorelemente und Stellglieder erscheinen. Der Querschnitt ihrer in der vorliegenden Dissertationsschrift ausführlich dargestellten Charakteristika weist zunächst keine physikalisch begründeten Merkmale auf, die einen nutzbringenden Einsatz in robotischen Anwendungen grundlegend erschweren oder verhindern. Ihre häufig synonym verwendete Bezeichnung als „künstliche Muskeln" bezieht sich auf das – zu menschlichen Muskeln vergleichbare – Verhältnis von Aktuationsdruck zu Gewicht, bei gleichzeitiger mechanischer Flexibilität und der Möglichkeit einer energieeffizienten und hochfrequenten Ansteuerung und Auswertung [45]. Ihr grundlegendes, in Bild 2 schematisch dargestelltes Funktionsprinzip ist das eines flexiblen Plattenkondensators, bei dem elastische Elektroden ein inkompressibles Elastomer als Dielektrikum einschließen. Wird eine hohe Spannung zwischen den Elektroden angelegt, kommt es aufgrund des resultierenden Maxwell-Drucks zu einer Deformation des eingeschlossenen Elastomers in Feldrichtung [46]. Eine extern aufgeprägte oder durch den elektrostatischen Druck verursachte Deformation lässt sich wiederum über die resultierende Kapazitätsänderung messen. Schließlich können Dielektrische Elastomere auch als Generatoren genutzt werden.

Wie später noch eingehend dargestellt, existieren drei mögliche Aufbautopologien für Dielektrische Elastomere [47] mit Beispielanwendungen als Aktoren [48–50], Sensoren [51–54] und Generatoren [55–57]. Im Gegensatz zu Quereffektsystemen mit oder ohne mechanische Umlenkung können gestapelte Längsaktoren als dritte Variante ohne weitere mechanische Komponenten eine Kontraktion erzeugen und so sehr leichtbauende Aktorsysteme sowie, durch die Erhöhung der grundflächenbezogenen Kapazität, orts- und druckauflösende Sensorsysteme realisieren.

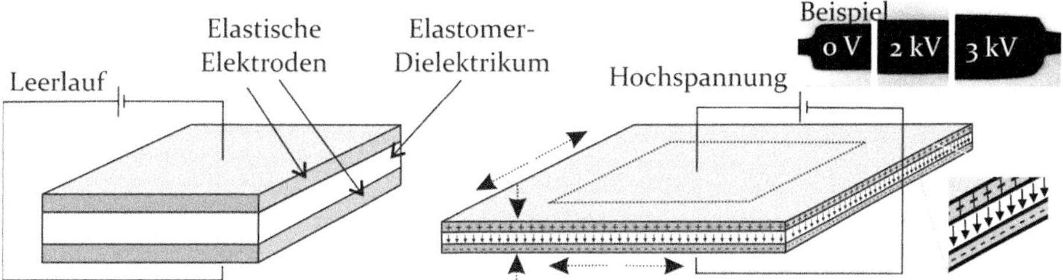

Bild 2: Dielektrische Elastomere sind flexible Kondensatoren, die bei Anlegen einer hohen Spannung eine Deformation erfahren, welche parallel messtechnisch erfasst werden kann.

In der Literatur sind bereits allgemein Herstellungsverfahren für Dielektrische Elastomere [58] sowie für Ansätze speziell für gestapelte Systeme beschrieben [59–61]. Trotz der vielversprechenden Eigenschaften sind allerdings Aktoren, mit Ausnahme von prototypischen Systemen [62], noch nicht und Sensoren lediglich als einfache Zugsensoren marktverfügbar. Ein Grund für den geringen Technologie-Reifegrad [30] sind zahlreiche Herausforderungen, die die Herstellung erschweren, welche nachfolgend diskutiert werden. In Anbetracht der geforderten Merkmale Dielektrischer Elastomere, welche nachfolgend ebenfalls noch detailliert dargestellt werden, erscheint ein maskenloses, additives Fertigungsverfahren für dünne Schichten unterschiedlicher Materialsysteme mit einem hohen Materialdurchsatz besonders vielversprechend. Mit dem sogenannten Aerosol-Jet-Druck existiert ein Verfahren für unterschiedlichste Materialsysteme mit erzielbaren Schichtdicken im Bereich von wenigen Mikrometern [63], welches robust gegenüber moderaten Abstandsänderungen zwischen dem Drucksystem und dem Substrat ist [64] und somit auch für eine sequentielle additive Fertigung, gegebenenfalls auf komplex geformten Substraten, geeignet erscheint. Die vorliegenden beschriebenen Forschungsarbeiten zielen daher auf die Qualifizierung des Aerosol-Jet-Drucks als Herstellungsverfahren für Dielektrische Elastomere ab, um diese vielversprechenden elastischen mechatronischen Komponenten für nachgiebige Robotersysteme und für weitere Anwendungsdomänen industriell herstellbar und damit einer breiten Nutzung zugänglich zu machen.

1.3 Zielsetzung und Aufbau der Arbeit

Neben den einleitend beschriebenen Aspekten kann sicherlich eine große Zahl weiterer aktueller und zukünftiger Einsatzszenarien für nachgiebige mechatronische Systeme identifiziert werden. Die in der vorliegenden Arbeit dargestellten Methoden zur Herstellung von flexiblen Elektroden und Silikon-Dielektrika werden daher mit dem Ziel einer breiten Abwendbarkeit für unterschiedliche elastische elektromechanische Komponenten entwickelt. Um eine praktische Evaluierung zu ermöglichen und den Nachweis der Umsetzbarkeit des neuartigen Fertigungsansatzes zu erbringen, beschränken sich die im Folgenden beschriebenen Forschungsarbeiten zunächst auf die additive Herstellung von gestapelten Dielektrischen-Elastomer-Aktoren und -Sensoren, die langfristig für nachgiebige kinematische Systeme und Roboter geeignet sein sollen. Aus dem Einsatzzweck ergeben sich wiederum spezielle Anforderungen an den Aufbau der betrachteten Dielektrischen Elastomere. Die entwickelten Ansätze sind daher auf die Herstellung eben solcher Aktoren und Sensoren parametrisiert, wobei sie aber mit den im Weiteren vorgestellten Modellen und Erkenntnissen auf andere Produkte anpassbar bleiben. Diese Abhängigkeiten und Zielsetzungen spiegeln sich im Aufbau der Dissertationsschrift wider, welche wie in Bild 3 dargestellt, in acht aufeinander aufbauende Kapitel untergliedert ist.

1 - Einleitung 2 - Stand der Technik und Wissenschaft zu Dielektrischen Elastomeren als flexible Aktoren und Sensoren 3 - Konzeption eines effizienten Herstellungsverfahrens für gestapelte Dielektrische Elastomere	Ableitung des Forschungsbedarfs aus möglichen Anwendungsszenarien Dielektrischer Elastomere und der Betrachtung bekannter Herstellungsverfahren
4 - Aerosol-Jet-Druck von RTV2-Silikonstrukturen mit homogenen Schichten geringer Dicke 5 - Hybrid-Atomizer zur Herstellung elastischer Elektrodenstrukturen 6 - Dreistrom-Aerosol-Jet-Druck zur Erzeugung von Multimaterial- und Kompositsystemen	Detaillierte Beschreibung der entwickelten additiven Fertigungsmethoden für flexible mechatronische Komponenten
7 - Herstellung von elastischen mechatronischen Komponenten in einem integrierten Aerosol-Jet-Drucksystem 8 - Zusammenfassung und Ausblick	Darstellung beispielhafter aktueller und zukünftiger Anwendungen der entwickelten Verfahren

Bild 3: Aus den Anforderungen an weiche Aktoren und Sensoren für nachgiebige Roboter wird ein neuer Fertigungsansatz abgeleitet, im Detail beschrieben und umgesetzt.

2 Stand der Technik und Wissenschaft zu Dielektrischen Elastomeren als flexible Aktoren und Sensoren

Dielektrische Elastomere sind kapazitive, elastische mechatronische Systeme und können den sogenannten Molded-Interconnected- beziehungsweise Mechatronic-Integrated-Devices (MID) [65] zugerechnet werden. Sie stellen eine Weiterentwicklung der bereits in mehreren kommerziellen Anwendungen verfügbaren [66] flexiblen elektronischen Elemente dar. Sie ertragen nicht nur über Biegeradien beschränkte, begrenzte lokale Dehnungen beziehungsweise Biegebeanspruchungen, sondern ermöglichen die vollständige elastische Verformung ihrer wesentlichen Komponenten mit Dehnungen von zum Beispiel über 200 % [67] im kontinuierlichen aktorischen Betrieb. Sie eignen sich zur Realisierung von nachgiebigen Aktoren, Sensoren und Generatoren. Da der Fokus der vorliegenden Dissertationsschrift auf der Untersuchung von Herstellungsverfahren für Komponenten mit einer besonderen Eignung zum Einsatz in nachgiebigen Kinematiken liegt, wird im Folgenden vornehmlich die aktorische und sensorische Nutzung von Dielektrischen Elastomeren betrachtet. Finden Dielektrische-Elastomer-Aktoren eine weite Verbreitung, kann im genannten Kontext künftig auch der generatorische Betrieb zur elektrischen Rekuperation in dynamischen Bewegungsapparaten an Bedeutung gewinnen. Das Folgekapitel beschreibt die für Dielektrische Elastomere relevanten Themenfelder Wirkprinzipien, Materialien, Aufbautopologien und Herstellungsverfahren. Im Zusammenspiel der genannten Themenkomplexe lassen sich Aktoren und Sensoren realisieren, deren charakteristische Merkmale herausragend für den Einsatz in nachgiebigen Robotersystemen sein können.

2.1 Dielektrische Elastomere als Smart Materials mit einem herausragenden Merkmalsprofil

Dielektrische Elastomere sind Vertreter aus der sogenannten Gruppe der Smart Materials. Im Folgenden bezieht sich die Bezeichnung Smart Materials auf die Möglichkeit zur Integration von Eigenschaften eines elektromechanischen Wandlers durch physikalische Effekte in einem (Multi-) Materialsystem. Neben den Elektroaktiven Polymeren werden häufig Formgedächtnislegierungen oder Piezokeramiken als Vertreter der Smart Materials aufgeführt. Elektroaktive Polymere sind wiederum Vertreter aus der Gruppe der aktiven Polymere, welche unter anderem in [68, 69] beschrieben werden. Die Funktionalität Dielektrischer Elastomere als elektromechanische Wandler resultiert aus dem topologischen Aufbau aus dielektrischen und Elektrodenschichten. Dies unterscheidet sie von einer Vielzahl anderer aktiver Polymere und Smart Materials, bei welchen häufig Prozesse auf molekularer oder atomarer Ebene in einem Monomaterialsystem wie zum Beispiel bei Piezokeramiken [70] maßgeblich für die Funktionalisierung sind. Eine eingehende Betrachtung der Merkmale Dielektrischer Elastomere ist Gegenstand der folgenden drei Abschnitte, wobei der Beschreibung von allgemeinen physikalischen Grundlagen die jeweils relevanten Rahmenparameter für die aktorische und sensorische Nutzung folgen.

2.1.1 Funktionsprinzipien Dielektrischer-Elastomer-Aktoren und -Sensoren

Dielektrische Elastomere sind elastische Kondensatoren. Wie in Bild 4 dargestellt, wird ein flexibles, aus einem Elastomer aufgebautes Dielektrikum von zwei elastischen Elektroden eingeschlossen. Aus diesem Aufbau folgt die Möglichkeit zur Nutzung als elektromechanischer Wandler in drei, gegebenenfalls überlagerten, Betriebsarten.

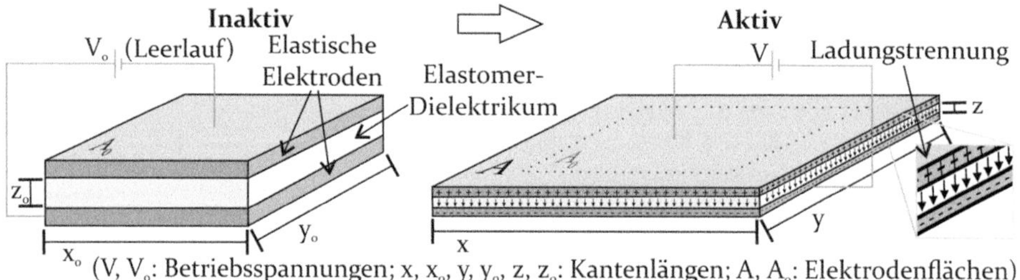

Bild 4: Dielektrische Elastomere sind elektromechanische Wandler nach dem Prinzip eines flexiblen Plattenkondensators. Im aktorischen Betrieb stauchen zwei flexible Elektroden eine eingeschlossene, inkompressible Elastomerschicht.

Im Folgenden wird zunächst die von Pelrin et al. in [71] und [72] dargestellte, vereinfachte Beschreibung dieser Systeme im aktorischen Betrieb zusammengefasst. Der Einsatz als Aktor wird effizient möglich, wenn die verwendeten Materialien Elastizitätsmodule aufweisen, die in Bereichen liegen, welche große Verformungen durch den Maxwell-Druck erlauben. Der resultierende Maxwell-Druck wird später auch zur Abschätzung der durch die Herstellungssystematik beeinflussbaren Parameter herangezogen. Um zu der Beschreibung zu gelangen, müssen folgende vereinfachende Annahmen getroffen werden:

1. Die verwendeten Polymere und Elektroden sind isotrop.
2. Die Elektroden haben einen unendlichen Leitwert.
3. Der Elastizitätsmodul des Dielektrikums bleibt während der aufgeprägten Deformation in einem Aktuationszyklus konstant.
4. Die Elektroden haben ein Elastizitätsmodul von null.
5. Elektrische Verluste durch Leckströme sowie die Hysterese und Viskoelastizität der Materialien sind vernachlässigbar.

Schließlich kann mit einer Querkontraktionszahl im Bereich von 0,47 bis 0,49 zum Beispiel für Silikone [72] eine vollständige Inkompressibilität des Dielektrikums angenommen werden. Die elektrische Energie E_e in einem Kondensator mit der Kapazität C und einer Elektrodenfläche A ergibt sich im statischen Zustand und für niederfrequente Deformationen zu:

$$C = \frac{\varepsilon_0 \varepsilon A}{z} \tag{1}$$

$$E_e = \frac{0{,}5Q^2}{C} \tag{2}$$

mit der Dielektrizitätskonstante des Vakuums ε_0, der Permittivität ε des verwendeten Materials des Dielektrikums und einer im Folgenden als konstant angenommenen Ladung Q. Aus der Inkompressibilität folgt eine Volumenkonstanz und damit eine Vereinfachung für die Gleichungen (1) und (2):

$$A_0 z_0 = Az = vol_k = konstant \tag{3}$$

$$C = \frac{\varepsilon_0 \varepsilon vol_k}{z^2} \tag{4}$$

$$E_e = \frac{0{,}5Q^2}{C} = \frac{0{,}5Q^2 z^2}{\varepsilon_0 \varepsilon vol_k} \tag{5}$$

Für eine kleine Zustandsänderung mit einer differentiellen Änderung der Höhe dz ergibt sich im vereinfachten System folgender Zusammenhang zwischen der Änderung der elektrischen Energie und der mechanischen Energie E_m:

$$dE_m = -dE_e = -\frac{Q^2 z dz}{\varepsilon_0 \varepsilon vol_k} \tag{6}$$

Die Änderung in Bezug auf die mechanische Energie als Druck p über die Fläche A lässt sich darstellen als:

$$dE_m = -pAdz = -p(\frac{vol_k}{z})dz \tag{7}$$

Aus den Gleichungen (6) und (7) sowie mit der Spannung $V = Q/C$ folgt schließlich für den resultierenden Maxwell-Druck:

$$-p\left(\frac{vol_k}{z}\right)dz = -\frac{Q^2zdz}{\varepsilon_0\varepsilon vol_k} \tag{8}$$

$$p = \frac{Q^2z^2}{\varepsilon_0\varepsilon vol_k^2} = \varepsilon_0\varepsilon\frac{(\frac{Q}{C})^2}{z^2} \tag{9}$$

$$p = \varepsilon_0\varepsilon\frac{V^2}{z^2} \tag{10}$$

Mit den getroffenen Vereinfachungen hängt also nach Pelrin et al. der resultierende Maxwell-Druck p von der Permittivität ε des Materials, der angelegten Spannung V und dem Abstand der Elektroden beziehungsweise der Dicke des Dielektrikums z ab. Die Bezeichnung „resultierender Maxwell-Druck“ spiegelt die Tatsache wider, dass der effektive Druck gegenüber dem eines starren Plattenkondensators doppelt so groß ist [73].

Pelrin et al. verwenden in [71] neben dem Maxwell-Druck synonym den Begriff der Elektrostriktion bei der Beschreibung Dielektrischer-Elastomer-Aktoren. Dies ist insofern eine ungenaue Formulierung, da Elektrostriktion, also die Dehnungsabhängigkeit der Permittivität, wie von Flittner in [74] dargestellt, nur bei bestimmten Materialien wie Polyvinylidenfluorid oder bestimmten Polyurethanen relevant ist. Bei weichen Elastomeren wie jenen, die in der vorliegenden Dissertationsschrift hauptsächlich betrachtet werden, ist nach Krakovsky et al. der Maxwell-Druck maßgeblich [75].

Wie von Pelrin et al. in [72] dargestellt, ergibt sich für einen frei beweglichen Dielektrischen-Elastomer-Aktor mit den eingangs getroffenen Vereinfachungen und einem Elastizitätsmodul Y des Dielektrikums eine Dehnung s_{zz} zu:

$$s_{zz} = \frac{-p}{Y} = -\varepsilon_0\varepsilon\frac{V^2}{Yz^2} \tag{11}$$

wobei für sehr kleine Dehnungen s_{zz}, z durch z_0 angenähert werden kann. Mit den vorangegangenen Betrachtungen der Energie des Systems kann somit der Übergang zwischen dem aktorischen und dem generatorischen Betrieb beschrieben werden. Ist der resultierende Maxwell-Druck größer als der Druck durch die elastische Verformung, kontrahiert das System und elektrische Energie wird in mechanische Energie gewandelt. Im umgekehrten Fall wird der Abstand zwischen den Elektroden vergrößert und entsprechend mechanische Energie in elektrische umgewandelt. Dies kann auch zum Einstellen der mechanischen Impedanz, zur aktiven Dämpfung und zur Rekuperation genutzt werden [72].

Der dritte Betriebszustand eines Dielektrischen Elastomers als elektromechanischer Wandler ist der sensorische Betrieb. Nach [73] folgt für die Spannung V an einem Dielektrischen-Elastomer-Sensor bei konstanter Ladung Q und konstantem Volumen:

$$V = \frac{Q}{C} = \frac{Q}{\frac{\varepsilon_0 \varepsilon A}{z}} = \frac{vol_k}{\varepsilon_0 \varepsilon} \frac{Q}{A^2} \tag{12}$$

Bei einer Dehnung kann also eine zu $1/A^2$ proportionale Spannungsänderung gemessen werden. Allerdings ergeben sich hier über längere Zeiträume Abweichungen, da sich unter nicht vereinfachten Bedingungen die Ladung Q ändert.

Die dargestellten Zusammenhänge beschreiben in erster Näherung einen Ausgangspunkt für die Modellierung stabiler Zustände der Elektro-Elastostatik. Eine Erweiterung zur Beschreibung der Elektro-Elastodynamik für die Modellierung von zeitlichen Verläufen wird in [P3] vorgestellt und eine Umsetzung in [76] umfassend dargestellt.

2.1.2 Einordnung Dielektrischer-Elastomer-Aktoren als künstliche Muskeln

Die häufig in der Literatur für Dielektrische-Elastomer-Aktoren verwendete Bezeichnung ‚künstliche Muskeln' kann unter anderem auf eine von Pelrin et al. in [45] veröffentlichte Darstellung zurückgeführt werden. Dort wird die Vergleichbarkeit mit natürlichem Muskelgewebe hinsichtlich des Verhältnisses der Dehnung zur erreichbaren Aktuationsdruckdichte ersichtlich. Allerdings wird oft auch für andere Vertreter der sogenannten Smart Materials der vergleichende Begriff künstliche Muskeln verwendet [77–79]. Madden et al. greifen dies in [80] auf und schlagen eine Metrik zur Beurteilung verschiedener Aktuationsprinzipien zum Einsatz in kinematischen Systemen vor. Diese Metrik ist die Basis der folgenden Tabelle 1. Bei deren Betrachtung wird deutlich, dass Dielektrische Elastomere gerade im

Querschnitt ihrer Merkmale herausragend sind, da sie keine physikalisch begründeten Eigenschaften aufweisen, die einen Einsatz in nachgiebigen Kinematiken grundlegend einschränken. Eine Vielzahl anderer möglicher Aktorprinzipien zeigt dagegen bei einer besonderen, domänenspezifischen Eignung hinsichtlich eines Merkmals gleichzeitig stets weitere Charakteristika, die einen Einsatz in der Robotik deutlich erschweren. Formgedächtnislegierungen (FGL) [81] etwa zeigen eine sehr hohe Energiedichte, erlauben jedoch zugleich aufgrund der Rückstellung durch Abkühlung selbst in sehr dünnen Konfigurationen nur vergleichsweise niederfrequente Bewegungsmuster [28]. Eine umfangreiche Diskussion alternativer, elektroaktiver Smart Materials und deren jeweiliger Einschränkung hinsichtlich einer Eignung als Aktor ist in [82] zu finden.

Tabelle 1: Der Vergleich nach [80] von natürlichen Muskeln, weiteren Smart Materials und Dielektrischen-Elastomer-Aktoren legt die Bezeichnung als künstliche Muskeln ohne physikalisch begründete Einschränkungen (orange) nahe. Für diese sind teilweise über verschiedene Quellen für eine realistische Abschätzung mit ~ gekennzeichnete, gemittelte Werte mit Maximalwerten in Klammern aufgeführt.

Metrik	Muskel [77,83]	DEA Silikon [80, 82, 84, 85]	DEA Acryl [80, 82, 85]	FGL [81, 86]	Ionische EAP [87-90]	PIEZO [46, 91]
Kontraktion %	20(>40)	~32,4(70)	~59,3(79)	10	2,6	0,1-0,3
Flächendehnung %	-	~65,8(117)	~258,8(380)	-	-	-
Druck MPa	0,1(0,35)	~1,6(3)	~4,4(7,2)	200	0,3	110
Arbeitsdichte kJ/m³	8(40)	~320(750)	~1,8 k(3,4 k)	100 k	40	100
Dichte kg/m³	1.037	~1.050	~980	6,45 k	2,9 k	7,7 k
Dehnungsrate %/s	>50	34 k	450	-	-	-
Bandbreite Hz	-	>1 k	-	3	10	>1k
Spezif.Leistung W/kg	50	5 k	3,6 k	4,65 k	-	-
Energieeffizienz %	40 max.	~25(80)	~30(90)	3	4	90
E-Modul MPa	10-60	~0,8(2,49)	1,5	28 k-80 k	70-140	65 k

Für Dielektrische Elastomere werden in [92] als Limitierungen im aktorischen Betrieb das Erreichen der Materialfestigkeit, der elektrische Durchbruch und die elektromechanische Instabilität aufgeführt. Eine Methode zur Beschreibung der elektromechanischen Instabilität wird in [93] vorgestellt. Sie tritt ohne besondere Maßnahmen bei einer Deformation von etwa 30 % ein [73, 92] und folgt aus einer selbstverstärkenden Erhöhung des elektrostatischen Drucks durch eine unkontrollierte Elektrodenannäherung. Daneben treten eine Reihe weiterer Effekte auf, etwa eine inhomogen verlaufende Kontraktion aufgrund des Flächenwiderstandes bei sehr großen Elektrodenflächen. Stapelaktoren bieten hier den Vorteil, dass die erreichbare Auslenkung nach Gleichung (11) nicht mit der Elektrodenfläche, sondern mit der Anzahl der gestapelten Elemente gekoppelt ist. Eine angepasste Auslegung für verschiedene Einsatzszenarien mit unterschiedlichen Lasten kann durch die Parallelschaltung mehrerer Stapelaktoren erfolgen. Hieraus ergibt sich hinsichtlich des hierarchischen Aufbaus eine weitere, bereits in [P4] beschriebene und in Bild 5 dargestellte Analogie zum natürlichen Vorbild der quergestreiften Skelettmuskulatur.

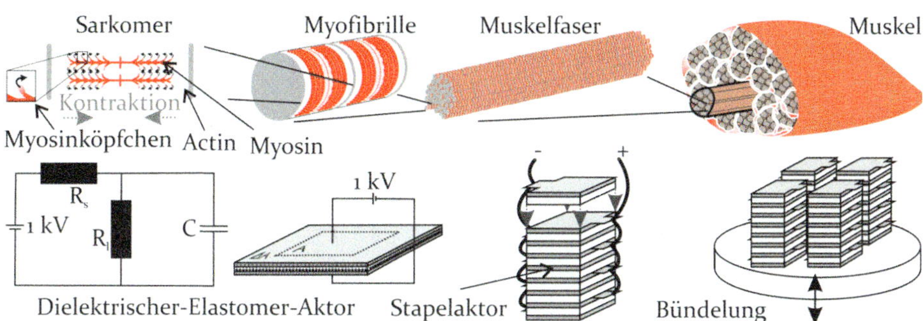

Bild 5: Gestapelte Dielektrische-Elastomer-Aktoren können hinsichtlich des hierarchischen Aufbaus als künstliche Muskeln bezeichnet werden. Schaltungstechnisch besteht eine Zelle dabei aus einer Kapazität sowie einem seriellen und einem Parallelwiderstand. Nach [P4]

Neben den zahlreichen Ähnlichkeiten bestehen im Vergleich zu natürlichen Systemen aber grundlegende Unterschiede, beispielsweise in der Fähigkeit zum selbststrukturierten Aufwachsen, den integrierten Versorgungsstrukturen und der Fähigkeit zur kontinuierlichen Selbstheilung natürlicher Muskeln [80]. Auch die Ansteuerung beziehungsweise die Energieversorgung unterscheidet sich, da Dielektrische Elastomere gesteuerte Hochspannungsquellen benötigen, welche selbst typische Wirkungsgrade im Bereich von 80 % aufweisen [94]. Um nicht für jeden Aktor eine individuelle, massereiche Spannungsquelle vorhalten zu müssen, bietet sich der Betrieb mit leichten Halbleiterbauelementen zur Erzeugung eines pulsweitenmodulierten Signals oder zur Nutzung der Kennlinien von Transistoren an [95, P5]. Weiterhin muss bei Dielektrischen-Elastomer-Aktoren zum Halten eines vorgegebenen Deformationszustandes lediglich der durch den Parallelwiderstand R_I verursachte Leckstrom kompensiert und sonst keine weitere Energie zugeführt werden. Der in Bild 5 dargestellte Schichtwiderstand R_S beeinflusst die Zeitkonstante und damit bei begrenztem Ladestrom das elektrodynamische Verhalten eines Dielektrischen-Elastomer-Aktors [96]. Allerdings dominiert auch für große Widerstände in der Regel die mechanische Trägheit.

2.1.3 Nutzungsprinzipien Dielektrischer-Elastomer-Sensoren

Analog zur aktorischen Verwendung können Dielektrische-Elastomer-Sensoren entweder als Dehnungssensoren mit einer extern induzierten Deformation parallel zu den Elektrodenschichten oder, unter gewissen Voraussetzungen, auch als Drucksensoren zur Detektion einer aufgeprägten Kompression des Dielektrikums genutzt werden. Ein besonderes Merkmal ist ihre Eignung zur Messung großer Deformationen, von zum Beispiel 80 % bei den kommerziell verfügbaren Dehnungssensoren [97], wobei sich die Kapazität linear in Abhängigkeit der Dehnung ändert. Grundsätzlich ist die Detektion nur durch die elastische Verformbarkeit leitfähiger Elektrodenstrukturen eingeschränkt. Aufgrund niedriger Elastizitätsmoduln ermöglichen Dielektrische-Elastomer-Sensoren weiterhin zum Beispiel die Messung physiologischer Bewegungen ohne eine Beeinträchtigung der Nutzer [98, P6]. Ebenfalls vorteilhaft für viele Anwendung ist neben der kostengünstigen Herstellbarkeit [99] der Umstand, dass Kapazitäten potenziell sehr energieeffizient ausgewertet werden können [100]. Es können daher theoretisch sogar energieautarke Systeme realisiert werden [101].

Wie bereits beschrieben, kann unter der Annahme konstanter Ladungen zusammen mit der Volumenkonstanz aus Gleichung (12) die Möglichkeit zur Detektion hochfrequenter Deformationen über eine Spannungsänderung abgeleitet werden. Bei niederfrequenten Anwendungen mit nicht mehr zu vernachlässigenden Leckströmen ist für die sensorische Auswertung der in Gleichung (1) beschriebene Zusammenhang maßgeblich. Zur Vermessung solcher Kapazitäten wird im Folgenden eine kurze Übersicht der relevanten Messprinzipien anhand von Ansätzen zum sogenannten Self Sensing, der gleichzeitigen Nutzung als Aktor und Sensor, gegeben, da die dafür notwendigen Messprinzipien auch für die rein sensorische Nutzung angewandt werden können. Zunächst ist der Ansatz einer Überlagerung der Ansteuerspannung mit einem hochfrequenten Messsignal zu nennen [102–104] [P5]. Dabei werden die Dielektrischen Elastomere als veränderliche Hochpassfilter für das Messsignal genutzt. Ein weiteres Messprinzip, basierend auf der Entladerate der kapazitiven Systeme bei einer Ansteuerung mittels Pulsweitenmodulation, wird in [95] vorgestellt. Eine Messung der Ladungen, die bei einem Spannungssprung auf einen Dielektrischen-Elastomer-Aktor fließen, wird in [105] vorgeschlagen. Bei dem in [106] vorgestellten Prinzip handelt es sich streng genommen nicht um eine Kapazitäts-, sondern um eine Widerstandsmessung, da im Self-Sensing-Betrieb der deformationsabhängige Flächenwiderstand der Elektroden eines dielektrischen Elastomers vermessen wird. Neben den genannten Verfahren existieren weitere, kombinierte Ansätze, die zum Beispiel algorithmisch, unter Kompensation der Leckströme und des sich ändernden Elektrodenwiderstands, aus mehreren Parametern auf den Deformationszustand schließen [107]. Im Zusammenhang mit Self Sensing kann angemerkt werden, dass sich damit eine Möglichkeit zur Zustandsüberwachung und somit, wie in [108] dargestellt, zur Realisierung einer Closed-Loop-Regelung ohne zusätzliche Messelemente ergibt.

Weiterhin ist für Dielektrische-Elastomer-Sensoren die Möglichkeit zum Aufbau ortsauflösender Dehnungsmesssysteme mittels einer Anordnung in Arrays gegeben. Durch eine Stapelung kann dabei die effektive Elektrodenfläche einzelner Elemente solcher Arrays im Vergleich zur benötigten Wirkfläche vergrößert werden. Alternativ können zur ortsaufgelösten Auswertung verschiedene Messfrequenzen für unterschiedliche Zonen eines einzigen Sensors genutzt werden [109]. Ohne weitere Maßnahmen schwierig umzusetzen ist eine Drucksensorik mit einem einzelnen, flächigen Sensorelement. Hier ist bei einer lokalen Kompression der dielektrischen Schicht durch einen aufgebrachten Druck die Deformation und somit die Kapazitätsänderung im Vergleich zu einer Dehnung relativ klein. Böse et al. stellen daher in [53, 110] eine spezielle Topologie für einen Drucksensor basierend auf wellenförmigen Hilfselementen vor, welche wie später in Bild 9 dargestellt bei einem eingeleiteten Druck einen eingeschlossenen dielektrischen Elastomer-Sensor stark deformieren.

2.2 Materialsysteme zur Herstellung Dielektrischer Elastomere als künstliche Muskeln und flexible Sensoren

Wie im Vorangegangenen beschrieben, resultiert die Funktionalität dielektrischer Elastomere als elektromechanische Wandler nicht einzig aus

Effekten auf molekularer oder atomarer Ebene in einem Monomaterialsystem. Vielmehr ist die Strukturierung in dielektrische Schichten und Elektroden maßgeblich. Für diese beiden Strukturelemente ist eine aufgabenangepasste Materialauswahl zu treffen, um die charakteristischen Eigenschaften der elastischen mechatronischen Systeme zu optimieren. Die folgenden Kapitel beschreiben und vergleichen vor diesem Hintergrund Werkstoffe und deren Einsatzparameter für dielektrische Schichten und Materialsysteme für elastische Elektroden.

2.2.1 Elastomere für dielektrische Schichten

Die maßgeblichen und zu erzielenden Eigenschaften der nicht leitenden Materialien für Dielektrische Elastomere lassen sich sowohl aus dem geplanten Einsatzzweck sowie aus den in Kapitel 2.1.1 dargestellten elektromechanischen Zusammenhängen ableiten. Zusammengefasst sollen die verwendeten Elastomere der dielektrischen Schichten einen möglichst geringen Elastizitätsmodul besitzen, eine ausreichende Reißdehnungsgrenze aufweisen sowie dauerhaft stabil und wenig viskoelastisch sein. Weiterhin sind eine hohe Permittivität, ein geringer dielektrischer Verlust und für den aktorischen Fall ein geringer Leckstrom, eine hohe Durchbruchfeldstärke $\overrightarrow{E_D}$ sowie eine hohe Energiedichte wünschenswert. Neben einer Anzahl – im Zusammenhang mit Dielektrischen Elastomeren eher seltener – in der Literatur beschriebener Materialien, wie beispielsweise natürliches Kautschuk [46], werden zur Realisierung dielektrischer Schichten vornehmlich weiche Thermoplaste, Polyurethane, Acryl oder Silikone genutzt.

Thermoplastische Elastomere sind spezielle Polymere, welche sich von anderen Elastomeren dahingehend unterscheiden, dass sie statt chemischer Quervernetzungsbrücken physikalische Brücken nutzen, wobei Elemente ihrer Molekülketten mit hoher Festigkeit über flexible, gegebenenfalls ölige Abschnitte verbunden sind [85]. Ein beispielhaftes Materialsystem für den Einsatz in Dielektrischen Elastomeren wird in [111] vorgestellt. Für vorgespannte Aktoren lassen sich somit sehr große Flächendehnungen im Bereich von 300 % [112] und ohne Vorspannung über 100 % bei einer Energieeffizienz von bis zu 78 % erreichen [113]. Allerdings sind die notwendigen hohen Anteile von Lösungsmitteln in den Materialsystemen beziehungsweise deren Flüchtigkeit problematisch [85]. Polyurethane, welche je nach Konfiguration ebenfalls zu den thermoplastischen Werkstoffen zählen, lassen sich unter Umständen ohne Vorspannung als Biegeaktoren nutzen, wobei in der in [114] vorgestellten Anwendung elektrostriktive Effekte maßgeblich sind. Allerdings sind mit Polyurethanen keine großen Dehnungen erreichbar [85].

Acryl ist neben Silikonen das am häufigsten genutzte Material für die Realisierung Dielektrischer Elastomere. Oft findet das Klebeband VHB4910 bzw. VHB4905 der Firma M3 Verwendung. Mit solchen Polymeren sind extrem große Flächendehnungen, Aktuationsdrücke und spezifische Energiedichten bei hohen Einsatzspannungen realisierbar [112]. Dazu ist allerdings, wie von Pelrin et al. in [67] beschrieben, im aktorischen Betrieb zunächst eine mechanische Vorspannung notwendig, um vorteilhafte Eigenschaften zu erreichen. Koh et al. zeigen in [115] Modelle zur Ermittlung optimierter Vorspannungsverhältnisse für einseitig fest eingespannte Quereffektaktoren, ausgehend von Betrachtungen zur freien Energiedichte und postulieren Auslenkungen, die theoretisch mehr als 1000 % betragen können. Allerdings können durch mechanische Einspannungen gerade bei stark viskoelastischen Polymeren Probleme an den mechanischen Schnittstellen entstehen. Weiterhin verschlechtern mechanische Rahmen das Leistungsgewichtsverhältnis. Eine Möglichkeit, die Vorteile der Vorspannung ohne mechanische Rahmen zu erschließen, zeigen Ha et al. in [116] mit Nutzung sogenannter Interpenetrating Networks. Mittels dieser sekundären Polymer-Netzwerke können eine Flächendehnung im aktorischen Betrieb von 233 % sowie eine Verbesserung der zunächst sehr geringen möglichen Ansteuerungsbandbreite erreicht werden [117]. Allerdings verbleiben für Systeme auf der Basis von Acryl aufgrund des Fließverhaltens Fragestellungen hinsichtlich der Dauerfestigkeit [118].

Dielektrische Elastomere auf der Basis von Polydimethylsiloxan (PDMS), welche auch als Silikone bezeichnet werden, sind dagegen unter anderem aufgrund ihrer geringen Fließneigung potenziell über sehr lange Zeiträume nutzbar. Maffli et al. beschreiben beispielsweise in [119] den Betrieb einer über Dielektrische-Elastomer-Aktoren einstellbaren Linse über 400 Millionen Zyklen mit einer Lagerzeit von zwei Jahren ohne erkennbare Verschlechterung der Eigenschaften. Ein weiterer Vorteil von Silikonen ist der große mögliche Temperaturbereich für den Betrieb von 173,15 K bis in den Bereich von 523,15 K [84]. Im Vergleich zeigen sich für kommerziell verfügbare Silikone insgesamt vorteilhafte Eigenschaften in Bezug auf die Zusammenschau mehrerer relevanter Merkmale. Hierzu zählen etwa die Aktuationsbandbreite und -auflösung bei kleinen Frequenzen gegenüber thermoplastischen Elastomeren [120] oder hinsichtlich hoher Ansteuerungsfrequenzen [121] und der Kopplungseffizienz gegenüber Acryl [46], auch wenn die maximal erreichbaren Dehnungen kleiner sind als bei anderen

Materialien. Weiterhin deuten die von Akbari et al. in [122] vorgestellten Ergebnisse darauf hin, dass für Silikon eine mechanische Vorspannung nicht im gleichen Maße notwendig ist wie für Acryl und eher eine Reduktion der Schichtdicke vorteilhaft ist. Massereiche und starre Rahmenkonstruktionen können damit bei einer gleichzeitigen Reduktion der Einsatzspannungen entfallen. Die Materialeigenschaften von Silikonen können ebenfalls gut eingestellt werden. Durch die Integration von Füllpartikeln in die Silikonmatrix kann neben der Erhöhung der Permittivität unter Umständen auch die Fähigkeit zu einer begrenzten Selbstheilung beziehungsweise zu einer lokalen Passivierung bei Überschreiten der Durchbruchfeldstärke realisiert werden [123]. Daneben ist vor allem das Einstellen eines niedrigen Elastizitätsmoduls für den Einsatz in Dielektrischen Elastomeren sinnvoll. Zu diesem Zweck können Weichmacher oder Silikonöle im Vernetzungsprozess beigemischt werden. Hier muss allerdings berücksichtigt werden, dass manche Additive über längere Zeiträume instabil sein können oder diffundieren [82]. Eine weitere Möglichkeit zur positiven Beeinflussung der mechanischen Eigenschaften von Silikon besteht, wie beispielsweise in [124] gezeigt, durch die Anpassung des Vernetzungsgrades. Zusammenfassend wird aus Bild 6 nach [71, 125, 126] ersichtlich, dass Silikone sehr gut zur Realisierung Dielektrischer Elastomere zum Einsatz als leichtbauende und dehnbare künstliche Muskeln geeignet sind.

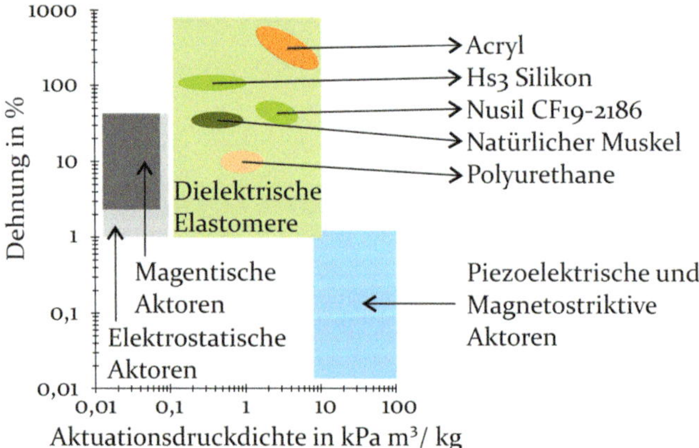

Bild 6: Wird die erreichbare aktive Dehnung zur Aktuationsdruckdichte isoliert betrachtet, zeigen Dielektrische Elastomere auf Basis von Acryl die besten Eigenschaften bei einer aktorischen Nutzung. Silikone sind jedoch ebenfalls sehr gut geeignet und weisen im Vergleich mit natürlichem Muskelgewebe bessere Leistungsdaten auf. Nach [71, 125, 126]

2.2.2 Elastische Elektrodensysteme

Die ersten Experimente von Conrad Röntgen [44], welche von Keplinger et al. in [127] aufgegriffen werden, zeigen, dass grundsätzlich keine Elektroden für Dielektrische-Elastomer-Aktoren notwendig sind. Sollen aber Ladungen für einen dynamischen Betrieb effizient von den Grenzflächen der dielektrischen Schichten abgeleitet werden oder aber komplexe Aufbautopologien wie gestapelte Systeme zum Einsatz kommen, sind Elektroden unverzichtbar. Elastische Elektroden sind also das zweite wesentliche Strukturelement Dielektrischer Elastomere.

Pelrin et al. haben bereits in [71] eine Beschreibung einer optimalen Elektrode verfasst: Sie ist niederohmig, perfekt nachgiebig, geometrisch hochaufgelöst in komplexen Mustern herstellbar und relativ dünn im Vergleich zu den dielektrischen Schichten. Für gestapelte Systeme lässt sich dazu ergänzen, dass ein guter Schichtzusammenhalt für den sequenziellen Aufbau aus Elektroden und Dielektrika zum robusten Ertragen von Zugbelastungen vorteilhaft ist. Gerade bei gestapelten Systemen ist die dünnschichtige, nachgiebige Umsetzung besonders relevant, da der Anteil passiver mechanischer Elemente mit verfestigender Wirkung gering sein sollte und die Elektroden nicht aktiv zur Kontraktion beitragen [118]. Weiterhin ist die Dauerfestigkeit entscheidend [128]. Aus der Perspektive einer industriellen Nutzung dielektrischer Elastomere sind schließlich die in Kapitel 2.4.2 betrachteten Herstellungszeiten und -aufwände sowie reproduzierbare Eigenschaften der Elektroden wichtige Kriterien. Für Dielektrische Elastomere, die nur eine einzige dielektrische Schicht besitzen, können auch flüssige Elektroden auf der Basis von Elektrolyten [129] oder ionischen Flüssigkeiten [130] genutzt werden. Da dieser Elektrodentyp vornehmlich im Kontext eines Einsatzes in flüssigen Umgebungsmedien beschrieben wird, werden flüssige Elektrodensysteme in der vorliegenden Dissertationsschrift nicht detailliert beschrieben. Hauptsächlich werden in der einschlägigen Literatur dünne metallische Filme, implantierte oder (nano-)strukturierte Metalle sowie kohlenstoffbasierte Elektrodensysteme beschrieben. Die im Folgenden näher betrachteten Elektrodensysteme sind gegliedert nach den verwendeten Materialien in Bild 7 in einer schematischen Darstellung zusammengefasst.

Erste Ansätze zur Realisierung leitfähiger Metallelektroden zeigen eine begrenzte Dehnbarkeit auf ungefähr 1 % [82]. Um die begrenzte Dehnbarkeit zu kompensieren, können speziell geformte leitfähige Metallpfade zusammen mit wenig leitfähigen Systemen, gegebenenfalls sogar zusammen mit

Luft, als Sekundärelektrode genutzt werden [46, 136, 137]. Weiterhin können Metallfilme durch unterschiedliche Verfahren gewellt aufgebracht werden, um einer Dehnung anisotrop oder isotrop folgen zu können [134, 135]. In [131] wird die grundsätzliche Nutzbarkeit von flüssigen Metallen nachgewiesen. Ein weiterer Ansatz zur Nutzung relativ massereicher metallischer Federstrukturen ist in [143] beschrieben. Eine Alternative zu den auf die Oberfläche aufgebrachten metallischen Strukturen ist die Implantation metallischer Partikel in die oberflächennahen Schichten des Dielektrischen Elastomers mittels unterschiedlicher Ansätze [139, 140]. Auf thermisch kompatiblen Substraten, wie zum Beispiel Polyurethanen, können weiterhin dauerhaft leitfähige Netzwerke aus metallischen Nanopartikeln, wie etwa Silbernanodrähten, erzeugt werden [141].

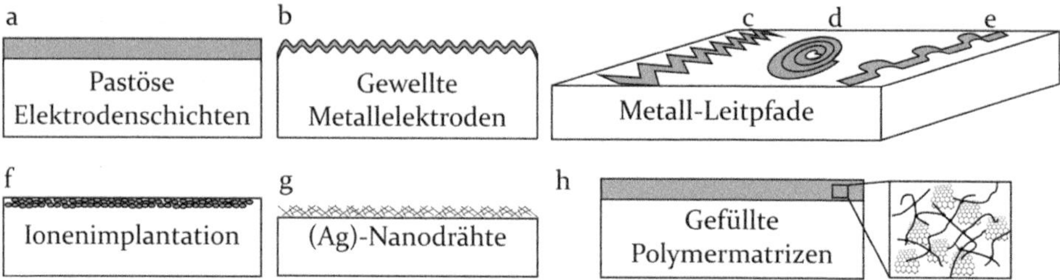

Bild 7: Schematische Darstellung unterschiedlicher Ansätze zur Realisierung flexibler Elektroden für Dielektrische Elastomere. Nach a) [67, 71, 131] b) [134] c) [46] d) [136] e) [137] f) [138-140] g) [141] h) [142, P7]

Neben metallischen Systemen werden häufig kohlenstoffbasierte Ansätze mit dem Auftragen von Ruß- oder Grafitpulvern sowie Grafitfettelektroden genutzt. Diese Ansätze führen zu gut dehnbaren Elektroden mit akzeptablen Leitwerten [71, 144, 67], wobei für diese Grafit- und Rußsysteme eine unterschiedliche Eignung für verschiedene Einsatzspannungen gezeigt werden kann [129]. Allerdings sind bei diesen einfachen Elektrodensystemen unter anderem die Schichthaftung und die Langzeitbeständigkeit problematisch [128]. Neben der Nutzung von Grafit oder Ruß sind bei kohlenstoffbasierten Ansätzen Carbon Nano Tubes (CNT), wie zum Beispiel in [145] beschrieben, oder Systeme mit dem von Novoselov et al. 2004 erstmals experimentell hergestellten Graphen [146] zu erwähnen. Graphen kann insbesondere aufgrund seiner sehr guten elektrischen Leitfähigkeit [147] ein interessanter Werkstoff zur Elektrodenherstellung sein. Graphen ermöglicht die Herstellung transparenter Elektroden [148] für dielektrische Elastomere [142]. Mit reduziertem Graphenoxid (rGO) lassen sich weiterhin sehr flexible Elektroden mit gutem Leitwert herstellen [149]. Darüber hinaus können Elastomermatrizen mit leitfähigen Pfaden nach der Perkolationstheorie [150] mit einer geringen Graphenbeimischung von zum Beispiel 0,6 wt% für PDMS [151] realisiert werden. Solche Schichten können für Aktor- und Sensorstapel mit gutem Schichtzusammenhalt aufgrund einer Quervernetzung über die Schichten hinweg und gleichzeitig einer geringen Erhöhung des Elastizitätsmoduls aufgrund des geringen Füllgrades genutzt werden. Für Elektroden mit Graphenpartikeln wird in [152] ebenso wie für Systeme mit Polyaniline-Partikeln [153] die Fähigkeit zur Selbstheilung durch eine lokale Passivierung der Elektroden bei einer Überschreitung der Durchbruchfeldstärke beschrieben.

2.2.3 Aufbautopologien Dielektrischer Elastomere

In Abhängigkeit des Einsatzzwecks sind für Dielektrische Elastomere unterschiedliche, aus dem Längs- oder Quereffekt abgeleitete Aufbautopologien optimal. Die Bezeichnung leitet sich dabei aus der Wirkrichtung der Systeme ab, welche längs oder quer zum elektrischen Feld zwischen den Elektroden gerichtet sein kann oder sich aus einer Überlagerung oder Umlenkung ergibt. Im folgenden Kapitel wird eine Übersicht möglicher Konfigurationen und Realisierungen gegeben, wobei die unterschiedlichen Aufbautopologien eng mit der Identifikation geeigneter Herstellungsverfahren für Dielektrische Elastomere verknüpft sind.

Aufgrund des relativ einfachen beispielhaft in Bild 8 dargestellten Aufbaus und der breiteren Verfügbarkeit entsprechender Fertigungsverfahren werden für Quereffektsysteme mit einer aktiven Flächenzunahme und einer passiven elastischen Rückstellung eine Vielzahl von realisierten Topologien beschrieben. Aufgrund der Inkompressibilität der verwendeten Elastomere ist die Flächenzunahme prozentual stets größer als die Dickenänderung mit Extrembeispielen von 1692 % bei bistabilen Systemen [154]. Die Flächenänderung ist dabei ohne zusätzliche Maßnahmen zunächst isotrop, wobei durch eine uniaxiale Einspannung [121] oder aufgrund von Gradienten in den Materialsystemen [155] eine gewisse Anisotropie erreicht werden kann. Im aktorischen Betrieb, zum Beispiel zur Auslenkung des Freiheitsgrades einer Kinematik, erfolgt aufgrund der vornehmlich isotropen Flächenänderung, ohne die im nachfolgenden Kapitel beschriebenen Maßnahmen, lediglich die Nutzung der Deformation in eine Raumrichtung. Wie in Bild 8 dargestellt, werden also bis zu 50 % der erzeugten Deformation nicht für die beabsichtigte Antriebsfunktionalität genutzt. Weiterhin kann es, wie beispielsweise in [115] beschrieben, zu einer Faltenbildung bei einer biaxialen Einspannung kommen. Die Anwendungsbeispiele erstrecken sich von Mikroaktoren zur Stimulation biologischer Zellen [156] über optische Anwendungen [157, 158], die Realisierung eines Motors durch mehrere Flächenaktoren in einer Ebene [159] bis hin zum Aufbau rollender Systeme [160] und großflächigen Quereffektaktoren auf einem mehrere Meter langen Luftschiff [50]. Eine vielfach beschriebene Variante ist weiterhin der in Bild 8 unten dargestellte Feder-Rollenaktor, der durch eine Strukturierung der aufgerollten Elektrodenflächen in mehrere Segmente zum Antrieb eines Roboters genutzt werden kann [161]. Dabei handelt es sich allerdings nicht mehr um eine Aktuation mit einer Wirkrichtung ausschließlich quer zur Feldrichtung. Die rein sensorische Nutzung ist eine ebenfalls sehr häufig angewandte Variante. Dabei sind bereits erste kommerzielle Sensorprodukte verfügbar [97, 162], die beispielsweise zur Vermessung von Körperbewegungen genutzt werden können [P6]. Weiterhin lässt sich, wie in [163] gezeigt wird, neben der Längsdehnung auch eine Scherbelastung detektieren.

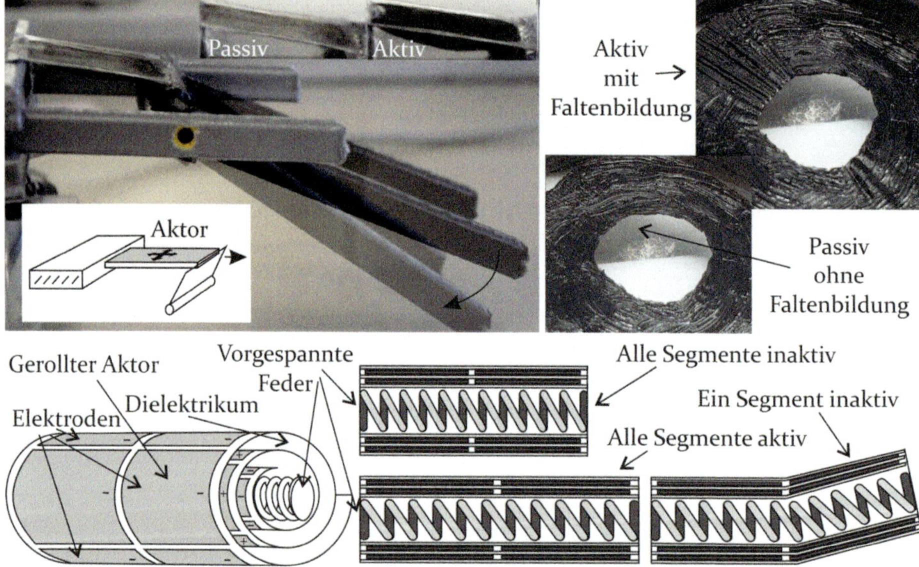

Bild 8: Ohne weitere mechanische Elemente kann bei der Auslenkung von Kinematiken durch Quereffektaktoren ein Teil der aktiven Flächenänderung für die Antriebsfunktion ungenutzt bleiben. Aufgrund der zunächst isotropen Flächenänderung hängt der Aktor durch (oben Mitte). Weiterhin kann es zu Faltenbildung kommen (oben rechts). Mit einem gerollten Aktor mit individuell ansteuerbaren Segmenten können komplexe Bewegungsmuster erzeugt werden (unten).

Um eine verbesserte Nutzung der resultierenden Deformation in Bezug auf die im vorangegangenen beschriebenen Systeme zu erreichen, können Aufbautopologien mit einer mechanischen Umlenkung zur Wandlung des Quereffekts genutzt werden. Bei diesen werden dann die nutzbaren Kräfte beziehungsweise Stellwege im aktorischen Betrieb aus der Ebene quer zu den Feldlinien ausgelenkt. Neben den zusätzlich notwendigen mechanischen Komponenten zur Um- oder Auslenkung der Bewegung ist für diese Systeme charakteristisch, dass die erzeugbare Kraft von der Reihenschaltung der dielektrischen Lagen abhängt.

Für diese topologischen Varianten werden zunächst einfache Biegeaktoren in Kombination mit passiven Lagen [164] oder flexiblen Rahmen als bistabile Varianten [165], beispielsweise zur Realisierung von Fortbewegungssystemen [166], beschrieben. Durch die Integration von nicht dehnbaren Fasern können weiterhin Greifsysteme realisiert werden [167]. Ebenfalls in [164] wird eine dort als Spinnenaktor bezeichnete Konfiguration vorgestellt. Eine Abwandlung und Erweiterung dieser Konfiguration zur Auslenkung einer vorgespannten Feder wird in [168] vorgeschlagen und ist in Bild 9 c) schematisch dargestellt. Da sich mit dieser vergleichsweise einfach herzustellenden Topologie nach [169] mehr als 50 % der isotropen Flächenänderung für eine Stellbewegung nutzen lässt, ist dieser Ansatz trotz der zusätzlichen massereichen Komponenten eine sehr häufig beschriebene Variante. Das Systemverhalten lässt sich dabei durch angepasste Federparameter aufgabenabhängig einstellen [170, 171], und die Leistung durch geeignete Verhältnisse der Membranradien optimieren [169].

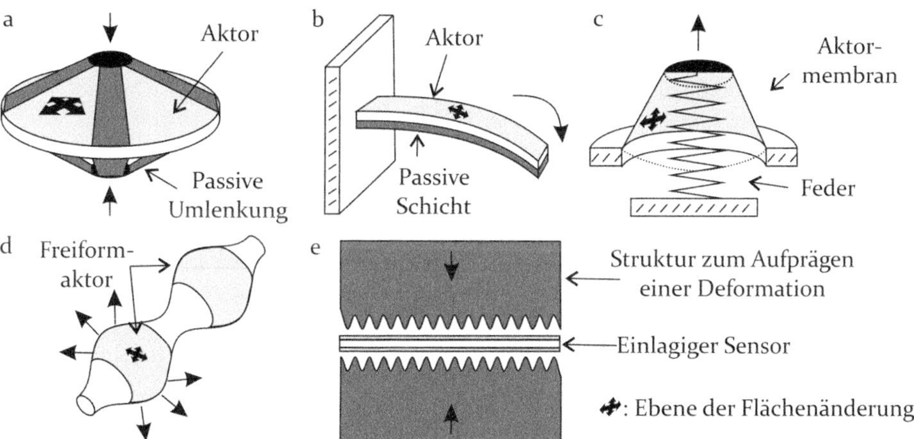

Bild 9: Es existieren unterschiedliche Ansätze zur Umlenkung der Deformation Dielektrischer Elastomere (a, b, c). Auch bei freigeformten Aktorgeometrien (d) oder Topologien für Drucksensoren (e) verläuft die genutzte Deformation nicht ausschließlich quer zu den Feldlinien. Nach a), b) [164], c) [170], d) [69], e) [53]

Eine Abwandlung dieses Ansatzes durch die Kombination von zwei, sich gegenseitig spannenden Membranen mit einer Unterteilung in mehrere, getrennt ansteuerbare Bereiche wird am Beispiel eines Laufroboters in [172] dargestellt. Schließlich werden auch komplexe, freigeformte Aktorsysteme mit einer Überlagerung des Längs- und Quereffekts beschrieben, beispielsweise zur Umsetzung einer peristaltischen Pumpe [69]. In Bezug auf sensorische Anwendungen kann mit dem speziellen topologischen Aufbau, der in [53] vorgestellt wird, eine Drucksensorik wie in Bild 9 e) realisiert werden.

Neben den bereits vorgestellten Quereffektsystemen und den überlagerten Ansätzen verbleibt mit dem Längseffekt eine dritte topologische Variante für Dielektrische Elastomere. Im aktorischen Betrieb kann mit dieser Konfiguration theoretisch die gesamte realisierte Kontraktion nach Gleichung (11) technisch genutzt werden. Dabei entfällt mit einer primären Deformation in Richtung der Feldlinien des geladenen Kondensators zunächst die Möglichkeit zur mechanischen Vorspannung einzelner oder mehrerer Lagen durch Rahmenkonstruktionen. Der Verlust der Möglichkeit zur Vorspannung, die, wie im Vorangegangenen bereits beschrieben, beispielsweise für Systeme auf Acrylbasis zu einer deutlichen Leistungssteigerung führt, kann gegebenenfalls, wie in Kapitel 2.1.1 dargestellt, durch ein verbessertes Leistungsgewichtsverhältnis sowie durch die Verwendung anderer Materialsysteme, wie etwa Silikone, kompensiert werden. Im aktorischen Betrieb ist dann die Auslenkung von der Anzahl der in Serie geschalteten Schichten beziehungsweise von der effektiven Höhe der Dielektrika abhängig und die resultierende Kraft über die Elektrodenfläche anpassbar. Vergleichbar zu natürlichem Muskelgewebe ist bei Längseffektsystemen die Kontraktion aktiv gesteuert und kann vollständig ohne weitere mechanische Wandlungsmechanismen genutzt werden. Die elastische Rückstellung erfolgt passiv.

Die in der Literatur beschriebenen Umsetzungen zur Nutzung des Längseffekts mit der Notwendigkeit der Stapelung einer Vielzahl von Lagen sind von den in Kapitel 2.4 näher beschriebenen Herausforderungen der effizienten Fertigung geprägt. So lässt sich beispielsweise der in [173] vorgestellte und in Bild 10 a) schematisch dargestellte Aufbau aus zwei helixförmigen Silikonsegmenten relativ einfach realisieren. Allerdings sind aufgrund der minimal erreichbaren Dicke der Elektrodenschichten im Betrieb sehr hohe Einsatzspannungen notwendig. Die Herstellung durch die Faltung eines länglichen Dielektrischen Elastomers [174, 175] ist ebenfalls vergleichsweise simpel. Der Schichtzusammenhalt bei Zugbelastungen ist jedoch aufgrund der gefalteten Struktur nur bedingt gegeben. Die dritte häufig beschriebene Variante von Längseffektsystemen ist der, in [59] zusammen mit einem Herstellungsverfahren beschriebene, gestapelte Aktor mit alternierend kontaktierten Elektrodenschichten. In Abhängigkeit des Herstellungsverfahrens beziehungsweise der verwendeten Materialsysteme ist auch hier das Verhalten bei Zugbelastungen hinsichtlich einer auftretenden Schichtdelamination problematisch. Für diese Konfiguration werden mithin Ansätze erforscht, um die Fähigkeit zum Ertragen von Zugbelastungen, beispielsweise durch Elektroden mit einer in Feldrichtung erhöhten Festigkeit [176] oder durch eine Steigerung der Adhäsion durch Plasmaaktivierung [177] zu verbessern. Kommerzielle Sensorsysteme mit einer Vielzahl von Lagen sind bislang nicht verfügbar.

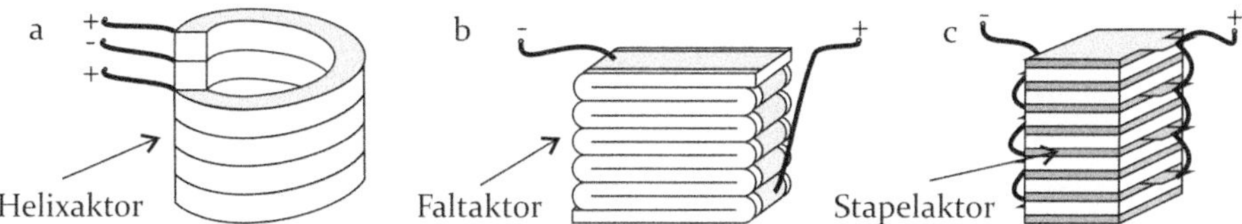

Bild 10: Die topologischen Varianten von Dielektrischen-Elastomer-Aktoren zur Nutzung des Längseffekts sind hinsichtlich ihres Aufbaus häufig von den Herausforderungen beim Stapeln vieler Lagen geprägt. Nach a) [173], b) [174], c) [59]

2.3 Fertigungsverfahren für Dielektrische-Elastomer-Aktoren und -Sensoren

Auf Basis der physikalischen Wirkprinzipien und mit einer Auswahl geeigneter Werkstoffe lassen sich unterschiedliche Topologien für verschiedene Anwendungsmöglichkeiten Dielektrischer Elastomere entwickeln. Zur Realisierung sind anschließend entsprechende Fertigungsverfahren notwendig, welche geeignet sind, die vorgegebenen Strukturen herzustellen, sie zu funktionalen Systemen zu integrieren und gleichzeitig kompatibel zu den verwendeten Werkstoffen zu sein, wobei gegebenenfalls eine ein- oder wechselseitige Anpassung erfolgen muss. Wichtig für eine industrielle Nutzbarmachung Dielektrischer Elastomere sind dabei automatisierte Ansätze, welche reproduzierbar Strukturen mit Schichtauflösungen bis in den einstelligen Mikrometerbereich fertigen können und dabei Herstellungszeiten aufweisen, welche kommerzielle Umsetzungen für die jeweilige Zielanwendung realistisch erscheinen lassen. Dabei erstrecken sich die unterschiedlichen Ansätze über die sechs Hauptgruppen der Einteilung der DIN 8580 [178] und kombinieren teilweise mehrere Verfahren zu einer Systematik. In den nachfolgenden Abschnitten werden zunächst in der Literatur beschriebene Ansätze zur Herstellung von dielektrischen Schichten und für elastische Elektrodenstrukturen jeweils in einer Übersicht zusammengefasst. Die einzelnen Ansätze lassen sich teilweise frei kombinieren. Daher schließt nachfolgend eine Übersicht der in der Literatur beschriebenen integrierten Systematiken zur Realisierung Dielektrischer Elastomere an.

2.3.1 Herstellungsverfahren für dielektrische Schichten

Dielektrische Schichten sind maßgeblich für die Eigenschaften Dielektrischer Elastomere. Sie müssen daher möglichst homogen in Bezug auf geometrische Maße sowie elektromechanische Materialparameter sein. Ferner führen im aktorischen Betrieb geringe Schichtdicken zu niedrigen Einsatzspannungen.

Neben der Entwicklung entsprechender Fertigungsverfahren kann zur Herstellung Dielektrischer Elastomere für die notwendigen dielektrischen Schichten auf Halbzeuge in Form dünner Folien zurückgegriffen werden, welche sich teilweise zur Umsetzung von Rolle-zu-Rolle-Fertigungsansätzen eignen. Beispielsweise sind Silikonfolien mit einer Schichtdicke von minimal 20 µm von der Firma Wacker AG [179] oder das sehr häufig in Forschungsarbeiten genutzte Acrylklebeband VHB4910 oder 4905 der Firma M3 kommerziell erhältlich. Die notwendige Vorspannung für das Acrylband kann, wie in [180] gezeigt, automatisiert erfolgen. Für eine automatisierte Verarbeitung sind bei Folien meist vorbereitende Prozessschritte wie das Entfernen von Trägerschichten notwendig. Um das Verbinden von vorgefertigten Elastomerschichten zum Herstellen gestapelter Strukturen zu unterstützen, können unterschiedliche Aktivierungsverfahren für Elastomere, wie beispielswiese die Plasmaaktivierung [181], genutzt werden. Dabei sind allerdings zum Erreichen guter resultierender mechanischer Eigenschaften schichtbezogene Ruhezeiten nach der Aktivierung von zehn Stunden beschrieben. Eine Konfektionierung kann mit trennenden Verfahren für einzelne Folienelemente und einer anschließenden Handhabung oder für fertig integrierte Dielektrische Elastomere erfolgen.

Neben der Verwendung von Halbzeugen sind zudem zahlreiche unterschiedliche Verfahren zur direkten Herstellung von Elastomerlagen beschrieben. Aus den zugrundeliegenden Prinzipien dieser Ansätze leitet sich jeweils der Grad ab, zu welchem direkt komplex geformte oder lediglich flächige Strukturen hergestellt werden können. Spin Coating wird von Pelrin et al. in [71] für die Herstellung von Silikonfilmen mit Schichtdicken von minimal 1 µm beschrieben, wobei die Dicke des anschließend zu vernetzenden Films über die Rotationsgeschwindigkeit eingestellt werden kann. Ein Großteil des Materials wird bei diesem Fertigungsprinzip abgeschleudert und kann je nach zugrundeliegendem Vernetzungsprinzip des Elastomers nicht wiederverwendet werden. Eine weitere Umsetzung zur Nutzung eines raumtemperaturvernetzenden Zweikomponenten (RTV2)-Silikons wird in [182] beschrieben. Die beiden Komponenten des Elastomers werden dabei erst vor dem Auftropfen in einer Mischeinheit zusammengeführt und gesteuert auf den Schleuderteller aufgebracht, um eine vorzeitige Vernetzungsreaktion zu vermeiden. Das Verfahren liefert sehr homogene Schichten und wird, wie später dargestellt, als Element eines Ansatzes zur Realisierung von Stapelaktoren genutzt. Eine Konfektionierung der Systeme erfolgt durch Ausschneiden der vollständig integrierten Dielektrischen Elastomere.

Die Herstellung ultradünner Silikonfilme mit einer Dicke von 200 nm mittels Molekularstrahlabscheidung im Vakuum wird in [183] beschrieben. Die so hergestellten Filme können mit anschließend aufgesputterten Goldelektrodenschichten mit einer Dicke von jeweils 10 nm vergleichbare Dehnungen zu konventionell hergestellten Dielektrischen-Elastomer-Aktoren erreichen, wobei sehr geringe Einsatzspannungen zwischen lediglich ein bis zwölf Volt notwendig sind. Allerdings müssen für die Realisierung technisch nutzbarer, gegebenenfalls mehrlagiger Systeme die beschriebenen Wachstumsraten von 130 nm pro Stunde deutlich erhöht werden. Ein Ansatz für einlagige Systeme zur beschleunigten Herstellung sehr dünner Silikonschichten im Bereich von 1 µm mit einer Herstellungsdauer unter einer Minute wird in [184] mit dem Electrospraying und einer anschließenden Vernetzung mittels ultraviolettem Licht beschrieben.

Ein Ansatz zur Nutzung des Tampondrucks von 3 µm dicken dielektrischen Membranen ausgehend von einem Polyacrylsäurefilm ist in [185] dargestellt. Die Autoren beschreiben hier zunächst nur die Realisierung einlagiger Systeme. Die Einflüsse von Schichtdickenschwankungen und Fehlstellen müssen für das Verfahren noch genauer untersucht werden.

Auch im Bereich des schichtweisen 3D-Drucks sind bereits zwei unterschiedliche Ansätze beschrieben, welche speziell auf die Herstellung Dielektrischer Elastomere abzielen. Zum einen ist hier die additive Fertigung einer dielektrischen Membran eines angepassten acrylbasierten Photopolymers mit einer Schichtdicke von mindestens 29 µm zu erwähnen. In [186] wird gezeigt, dass das Verfahren zum Aufbau von einlagigen Membranaktoren genutzt werden kann. Weiterhin wird in [187] der Inkjet-Druck von Silikon eingehend beschrieben. Dort werden sechs additionsvernetzende und ein photonisch (UV) vernetzendes Silikon untersucht, wobei durch die Zugabe kompatibler Lösungsmittel die Viskositäten der Ausgangsstoffe derart abgesenkt werden, dass sie mit kommerziell verfügbaren Druckköpfen der Firma jetlab auf der Basis des Drop-on-Demand-Verfahrens gedruckt werden können. Um eine unbeabsichtigte Vernetzungsreaktion zu vermeiden, wird bei den thermisch vernetzenden Systemen jeweils ein Tropfen der beiden Komponenten aus unterschiedlichen Druckköpfen auf die gleiche Position gedruckt. Somit wird eine ausreichende Mischung für die Vernetzungsreaktion erzielt. Mit dem beschriebenen Verfahren können sehr homogene Lagen von minimal 2 µm mit einer Standardabweichung von 0,15 µm bei einer durchschnittlichen Schichtdicke von 2,8 µm realisiert werden, wobei die Druckzeiten insgesamt noch weiter optimiert werden müssen [187]. Die dargestellten Herstellungsprozesse sind in Tabelle 2 in einer Übersicht zusammengefasst.

Tabelle 2: Neben der Verwendung von Halbzeugen zur Herstellung von dielektrischen Schichten werden in der einschlägigen Literatur überwiegend Verfahren für die Erzeugung von Silikonlagen beschrieben.

	Material	Minimale Schicht-dicke	Direkte Kontur Erzeugung	Dauer pro Schicht	Verfahren Aufwand
Halbzeuge	Acryl [180]	50 µm	Nein	-	Mehrstufig
	PDMS [179]	20 µm	Nein	-	Mehrstufig
Spincoating	PDMS [71]	1 µm	Nein	-	Mehrstufig
	PDMS [182]	20 µm	Nein	Einige Minuten [69]	Mehrstufig
Molekular-strahlabschei-dung	PDMS [183]	200 nm	Nein	1,5 Stunden	Mehrstufig
Electro-spraying	PDMS [184]	1 µm	Nein	1 Minute	Mehrstufig
Tampon-druck	Polyacrylsäure-film [185]	3 µm	Ja	-	Einstufig
Polyjet	Acryl Photo-polymer [186]	29 µm	Ja	-	Einstufig
Inkjet	PDMS [187]	2 µm	Ja	1 Stunde	Einstufig

Beispielsweise zur additiven Fertigung von Silikonstrukturen existieren zahlreiche weitere Herstellungsansätze, welche sich, wie in [188] dargestellt, in verschiedene direkte und indirekte Verfahrensansätze unterteilen lassen. Bei diesen exemplarischen additiven Verfahren wird bereits bei der Betrachtung der realisierbaren Schichtdicken von minimal 50 µm bis 400 µm [189–193] deutlich, dass sich das Gros der Ansätze nur eingeschränkt oder gar nicht zur Herstellung von Dielektrischen Elastomeren eignet.

2.3.2 Ansätze zur Realisierung von elastischen Elektrodenstrukturen

Für eine kommerzielle Nutzbarmachung Dielektrischer Elastomere ist die Herstellungsdauer von elastischen Elektrodenstrukturen analog zu den dielektrischen Schichten von besonderer Relevanz. Weiterhin folgt aus den in Kapitel 2.2.2 dargestellten Anforderungen an eine Elektrode, dass die Eignung zur Erzeugung hochaufgelöster, gut leitfähiger und dehnbarer Muster ein weiteres wichtiges Kriterium ist. Aus der folgenden Übersicht wird eine Gliederung der in der Literatur beschriebenen Ansätze einerseits zur Herstellung von Metallschichten und andererseits zum Aufbringen von Elektroden auf Basis von leitfähigen Partikelsystemen, wie in Tabelle 3 dargestellt, ersichtlich.

Der zeitintensive Prozess der Ionen-Implantation mit einer Strukturierung mittels Polyamidmasken wird für Titan-Ionen in [194] und in [138] für die Herstellung von Goldelektroden auf einem mit Fotolack maskierten PDMS-Substrat vorgestellt. In [195] wird das Sputtern von Silberelektroden mit einer Schichtdicke im Bereich von 50 nm im Hochvakuum auf eine Silikonschicht beschrieben. Die so hergestellten Elektroden, deren Geometrie ebenfalls durch Masken festgelegt wird, behalten ihren Ausgangswiderstand von unter 10 kΩ bis zu einer Dehnung von über 10 %. Ebenfalls zeitaufwändig ist der in [136] dargestellte Prozess zur Erzeugung metallischer Elektroden, der unter anderem ein System zur Elektronenstrahlverdampfung nutzt. Die gefaltete Aufbringung von Metallschichten zur Kompensation der begrenzten Dehnbarkeit wird in [135] skizziert. Dabei werden die unterschiedlichen Wärmeausdehnungskoeffizienten genutzt, um bei der Abkühlung kleine, zufällig angeordnete Faltenstrukturen eines zuvor mittels Elektronenstrahlverdampfung aufgebrachten Metallfilms auf einem Silikonsubstrat zu erzeugen. Benslimane et al. stellen in [134, 196] ebenfalls einen Ansatz für die Erzeugung mikrostrukturierter Metallfilme vor, wobei ein Silikonfilm auf einer gewellten Form erstellt und anschließend mittels physikalischer Dampfphasenabscheidung metallisiert wird. Aufgrund der gewellten Struktur kann sich der Metallfilm in eine Vorzugsrichtung um bis zu 33 % dehnen, ohne die Leitfähigkeit zu verlieren. Der Ansatz war der Ausgangspunkt zur Herstellung der zeitweise kommerziell verfügbaren Dehnungssensoren der Firma Danfoss Polypower. Chung et al. zeigen in [197] den Druck von Silberelektroden auf ein PDMS-Substrat mit einem Ausgangsschichtwiderstand von 0,44 Ω und einer Zunahme von 2,75 % nach 1000 Dehnungszyklen mit 10 % Auslenkung. Allerdings ist bei diesem Ansatz eine zeitaufwändige thermische Nachbehandlung notwendig.

In [160] wird ein Verfahren zum Tampondruck von 4 µm dicken Elektrodenstrukturen mit einer rußgefüllten Silikonmischung vorgestellt. Die gefüllte Matrix wird nach dem Aufdruck für 30 Minuten bei 353,15 K in einem Ofen getempert. Mit dem Ansatz sind Strukturen mit einer Auflösung bis zu 500 µm herstellbar. Der Siebdruck von Ruß-Silikonmischungen als Elektrodenschichten mit speziellen Additiven zur Offenhaltung des Drucksiebs wird von der Gruppe um Seelecke in [132] hinsichtlich der relevanten Druckparameter untersucht. Es wird unter anderem die Herstellung einer zweilagigen Schicht mit einer Gesamtdicke im Bereich von 2 µm und einem Schichtwiderstand von 250 kΩ bis zu 1 MΩ bei einer Dehnung von 70 % beschrieben.

In Bezug auf Druckverfahren werden weiterhin einige kontaktlose Ansätze in der einschlägigen Literatur behandelt. So wird die Verwendung von einfachen Farbsprühsystemen zum Aufbringen von Elektrodenstrukturen ohne Maske auf der Basis von Silber-Nanodrähten [141] und mit Maskierung auf der Basis von rußgefülltem Silikon oder Polyurethan in [60] dargestellt. Jungmann stellt in seiner Dissertation ein Sprühsystem zum Auftrag von Grafitpulver durch Masken für Stapelaktoren mit einem Ausgangsschichtwiderstand von 10 kΩ vor [182]. Ferner werden mehrere Drop-on-Demand-Prozesse geschildert. Baechler et al. zeigen in [198] den Inkjet-Druck von Multiwall-CNT-Elektroden auf ein PDMS-Substrat. Die besten Ergebnisse stellen sich dort bei Schichtdicken von 45 nm bis 60 nm mit 6 kΩ bis 7 kΩ und einer Zunahme um den Faktor neun bei einer Dehnung von 25 % ein [198].

Schlatter et al. beschreiben den Inkjet-Druck von Ketjenblack mit einer Schichtdicke von 0,5 µm und einem Schichtwiderstand nach 1500 Testzyklen mit 50%iger Dehnung von minimal 16 kΩ und maximal 1,2 MΩ sowie einem Elastizitätsmodul, welcher vergleichbar mit dem des verwendeten Silikons ist [199].

In [200] wird ein mehrstufiger Prozess zur Herstellung von Elektrodenschichten aus rußgefüllten Silikonschichten mittels Laserablation erörtert. Dabei werden zunächst flächige Elektrodenschichten auf einem wasserlöslichen Substrat hergestellt. Diese Schichten werden mit einem Laser strukturiert und durch eine anschließende Plasmaaktivierung mit Silikonschichten verbunden. Nach einer Ruhezeit von 30 Minuten nach der Plasmaaktivierung kann mit einem 10-minütigen Heißwasserbad die Trägerschicht entfernt werden. Mit diesem Ansatz können Elektroden mit einer Auflösung im Bereich von 100 µm bereits mit einem relativ einfachen Lasersystem strukturiert werden. Bei einer Schichtdicke von 7 µm werden Ausgangswiderstandswerte von 100 kΩ mit einer Dehnbarkeit von 600 % erreicht.

Tabelle 3: Elektrodensysteme auf Basis von Metallstrukturen sind gut leitfähig, wenig dehnbar und zeitintensiv herzustellen. Partikelsysteme zeigen relativ hohe Widerstände und sind gut dehn- und prozessierbar.

	Material	Widerstand Ω	Dehnbarkeit %	E-Modul +%	Verfahren Aufwand	Substrate
PVD Implantation Sputtern	Au [46]	10^{11}	80	-	-	-
	Au [137]	180	10	-	Mehrstufig	PDMS
	Ti [194]	100 k/□	>13	-	Mehrstufig	PDMS
	Au [138]	100- 1 k/□	>7	44 - 470	Mehrstufig	PDMS
	Ag [195]	10 k	10	-	-	PDMS
	Ag [134]	6	33	100	Mehrstufig	PDMS
Siebdruck	Ruß-PDMS [132]	250 k	70	-	Einstufig	PDMS
Aufsprühen	Ag-Nanodrähte [141]	10/□	60	-	Einstufig	PU
	Grafit [182]	10 k/□	25	-	Einstufig	PDMS
Inkjet	Ag [197]	0,44/□	10	-	Mehrstufig	PDMS
	MWCNT [198]	7 k	25	-	Einstufig	PDMS
	Ruß [199]	16 k	50	-	Einstufig	PDMS
Laserablation	Ruß-PDMS [200]	100 k	600	-	Mehrstufig	PDMS

2.3.3 Integrierte Prozesse zur Herstellung Dielektrischer Elastomere

Die unterschiedlichen Fertigungsprinzipien für die beiden wesentlichen Strukturelemente Dielektrischer Elastomere können zu integrierten Ansätzen zur weitgehend automatisierten Herstellung kombiniert werden. Der folgende Abschnitt gibt einen Überblick über automatisierte Fertigungslösungen für unterschiedliche Aufbautopologien Dielektrischer Elastomere, welche potenziell zur Herstellung kommerzieller Systeme genutzt werden können oder bereits genutzt wurden. Drei häufig zitierte Varianten zur Herstellung Dielektrischer Elastomere sind in Bild 11 exemplarisch skizziert. Der von Danfoss Polypower bereits zeitweise kommerzialisierte Ansatz gewellter Metallelektroden [201] kann, wie in [202] dargestellt, zur Realisierung eines Rollenaktors ohne innenliegende mechanische Elemente wie Federn genutzt werden. Dabei werden zwei Silikonlagen, welche einseitig gewellt metallisiert sind, auf der glatten unmetallisierten Seite laminiert und anschließend aufgerollt. Die Wellenstruktur und damit die dehnbare Vorzugsrichtung verlaufen dabei parallel zur Zylinderachse des Aktors. Bei Einsatzspannungen von 2500 Volt erreicht das System eine Längenänderung in Bezug auf die aktive Länge von 1,7 %. Bei einem Ansatz zur Herstellung von Membranaktoren mit vorgespannten Federn werden Silikonfolien mittels Siebdruck beidseitig mit Elektroden aus mit Ruß gefülltem Silikon versehen und anschließend mit den mechanischen Komponenten wie Federn, Rahmen und Adaptern zu fertigen Aktoren integriert [203].

Zur Herstellung von Stapelaktoren werden von mehreren Forschergruppen automatisierte Ansätze entwickelt. Der von Jungmann in [182] beschriebene und sehr häufig referenzierte Prozess kombiniert das Spincoating zur Herstellung von RTV2-Silikonschichten mit dem, einer thermischen Vernetzung nachgelagerten, maskierten Aufsprühen von Grafitelektroden. Auf dem Schleuderteller können durch die Maskierung mehrere Dielektrische-Elastomer-Stapel gleichzeitig mit bis zu hundert Lagen hergestellt werden. Diese müssen abschließend getrennt und ihre einzelnen Schichten zum Beispiel durch leitfähige Kanäle alternierend kontaktiert werden. Die reproduzierbare und mit vertretbarer Ausbeute erreichbare Schichtdicke der Dielektrika wird mit 25 µm angegeben [59]. Die gleiche Gruppe um Schlaak beschreibt eine Modifizierung des vorab beschriebenen Systems. Dabei wird ein Misch- und Dosiersystem auf einer Dreiachskinematik montiert, um Stapelaktoren mit weniger als 50 µm dicken Schichten zu realisieren [204]. Ebenfalls Spincoating und im Weiteren lithografische Prozesse aus der Halbleiterfertigung zur Strukturierung werden in [205] zur Herstellung zunächst einlagiger Dielektrischer-Elastomer-Aktoren mit einer Schichtdicke des Dielektrikums von 70 µm beschrieben. Ein weiterer Prozess zur Stapelung von vorbereiteten Acryl-IPN-Folien mit aufgestreiften Ketjenblack-Puder-Elektroden und einem anschließenden Absaugen des nicht anhaftenden Puderanteils wird in [206] dargestellt. Die Anzahl der sinnvoll herstellbaren Lagen wird im Bereich unter 200 angeben. Der Schichtzusammenhalt wird bei diesem Ansatz nur durch die Adhäsion des Klebebandes realisiert.

Ein komplexer sechsstufiger Prozess zum Bedrucken von vorgefertigten, mehrere 10 µm dicken Filmen aus Polyurethan oder Silikon, welche anschließend gefaltet, gestapelt und schließlich in einzelne Stapelaktoren geschnitten werden, wird von Maas et al. in [207] vorgestellt. Der Schichtzusammenhalt beruht auf Van-der-Waals Kräften in den inaktiven Bereichen und der Zugabe von chemischen Bindern zum Elektrodenmaterial zur Realisierung einer gewissen Quervernetzung in den aktiven Bereichen. In [177] wird die Plasma-Aktivierung als möglicher Prozessschritt für eine Steigerung des Schichtzusammenhaltes beschrieben. Randazzo et al. beschreiben in [60] einen kontinuierlichen Prozess mit dem Aufsprühen einer leitfähigen Elastomer-Carbon-Black-Schicht mittels einer Airbrush-Pistole durch eine Maske auf eine umlaufende VHB4910-Rolle. Anschließend werden die gestapelten Strukturen ausgeschnitten, kontaktiert und eingehaust.

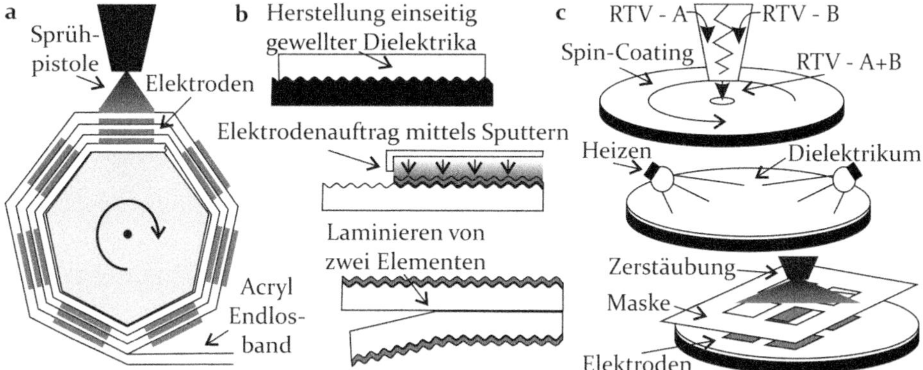

Bild 11: In der einschlägigen Literatur werden Prozesse zur Herstellung von Dielektrischen Elastomeren mit Acryldielektika und aufgesprühten Elektroden (a), mit laminierten einseitig gewellten Silikonfolien mit gesputterten Elektroden (b) sowie das Spin-Coating von Silikonschichten und das maskierte Aufsprühen von Elektroden häufig zitiert. Nach a) [60], b) [202], c [182]

Ähnlich dazu ist das in [208] skizzierte Verfahren zum fortlaufenden Aufdrucken von Elektroden auf zwei Polymerbänder mit einem anschließenden Verkleben und Aufrollen zu Stapelaktoren, welche wiederum vereinzelt werden müssen. Ein stereolithografischer Prozess mit zwei Bädern und einem Reinigungsschritt für den Wechsel zwischen den Bädern, um einen Zweikomponentendruck zu realisieren, wird von Creegan et al. in [209] vorgestellt. Ebenfalls auf der Basis eines lithografischen Prozesses wird die Herstellung eines 100 µm breiten, gestapelten Filaments mit einer Dicke von 100 µm in [210] beschrieben. Dazu werden auf einen Wafer zunächst 20 µm breite und 100 µm lange Linien mit dem Abstand 20 µm aus Fotolack ausgehärtet. Die Zwischenräume zwischen den Fotolackstreifen werden danach mit einer leitfähigen Silikon-CNT-Mischung durch Abziehen gefüllt. Im Anschluss daran wird durch das Auftragen einer Silikonschicht, das Ablösen vom Wafer und das anschließende Vergießen von der anderen Seite die Herstellung des gestapelten Filaments mit einer maximalen Kontraktionsfähigkeit von unter 6 % bei 4 kV Betriebsspannung abgeschlossen.

Die Betrachtung der Herstellungsansätze für Dielektrika, Elektroden und für integrierte Ansätze lässt die im nachfolgenden Kapitel für beispielhafte Varianten Dielektrischer Elastomere zusammengestellten Herausforderungen bei Herstellungsverfahren erkennen, die, wie in Bild 12 und näher in Kapitel 3 dargestellt, ein Spannungsfeld bilden.

Bild 12: Im Stand der Technik beschriebene Herstellungsverfahren lassen einen Forschungsbedarf hinsichtlich der zeit- und ressourceneffizienten Herstellung aufgabenangepasster Topologien mit geeigneten Materialsystemen erkennen.

3 Konzeption eines effizienten Herstellungsverfahrens für gestapelte Dielektrische Elastomere

Im einleitenden Abschnitt der vorliegenden Dissertationsschrift ist der Bedarf an flexiblen Aktoren und Sensoren zur Realisierung morphologisch intelligenter elastischer mechatronischer Komponenten zur Erschließung neuer Anwendungsszenarien beispielsweise in der Robotik dargestellt. Um für solche Systeme optimierte nachgiebige Aktoren und Deformationssensoren beschreiben und schließlich realisieren zu können, wird im Folgenden zunächst ein konkreter Satz an geforderten elektromechanischen und toplogischen Eigenschaften sowie an Materialparametern zusammengestellt. Dieser leitet sich aus den ebenfalls in Kapitel 2 zusammengefassten Merkmalen und Prinzipien Dielektrischer Elastomere ab.

Darauf aufbauend kann eine Anforderungsliste an ein geeignetes Fertigungsverfahren erstellt werden, welches in der Lage sein soll, gestapelte Dielektrische-Elastomer-Aktoren für antagonistische Kinematiken und ortsaufgelöste taktile Sensorelemente für nachgiebige Oberflächen herzustellen. Der Vergleich der geforderten Eigenschaften eines solchen Fertigungsansatzes mit bekannten Herstellungsverfahren Dielektrischer Elastomere zeigt den Forschungsbedarf hinsichtlich neuer Produktionsverfahren für gestapelte Dielektrische Elastomere. Eine eingehende Betrachtung des sogenannten Aerosol-Jet-Drucks lässt dieses kontakt- und maskenlose Druckverfahren als prinzipiell sehr gut geeignet erscheinen, um den definierten Anforderungskatalog zu erfüllen. Nach der Darstellung der relevanten Prozesskomponenten wird ein Konzept einer Versuchsanlage zur wissenschaftlichen Untersuchung des neuartigen Fertigungsansatzes für Dielektrische Elastomere und darüber hinaus für flexible mechatronische Systeme auf Basis des Aerosol-Jet-Druckprinzips vorgestellt. Im Weiteren ist dieses neuartige Herstellungsverfahren Untersuchungsgegenstand der vorliegenden Dissertationsschrift. Der Fokus liegt dabei auf der Beurteilung der Eignung zur Herstellung Dielektrischer Elastomere. Die vier zentralen Forschungsfragen zur Herstellbarkeit von Dielektrischen Schichten und Elektroden, mit bestimmten elektromechanischen und toplogischen Eigenschaften, in einem hinreichend kurzen Zeitintervall, werden in Kapitel 3.1.3 dargestellt.

3.1 Kriterien und Zielgrößen bei der Herstellung Dielektrischer Elastomere für nachgiebige mechatronische Systeme

Dielektrische Elastomere sind potenziell in einem sehr breiten Anwendungsspektrum nutzbar, das von Systemen zur Stimulation biologischer Zellen [156] über Dehnungssensoren für den menschlichen Bewegungsapparat [162, P6] bis hin zu Generatorelementen für Wellenkraftwerke [211] reicht. Ausgehend von dieser breiten Einstellbarkeit müssen sie hinsichtlich der speziellen Anforderungen für einen Einsatz als Aktoren oder Sensoren für nachgiebige Kinematiken beziehungsweise für makroskopisch wirksame mechatronische Assistenten parametrisiert werden. Diese Auslegung lässt sich dabei, wie auch bei anderen elektromechanischen Wandlern, nicht über die isolierte Optimierung eines oder mehrerer Parameter erreichen. Vielmehr ergibt sich eine spezielle Kombination an vorteilhaften und notwendigen Attributen, welche teilweise eng miteinander wechselwirken. Diese Merkmale lassen sich dabei in die zwei Themenkomplexe Topologie und Material untergliedern. Bevor in diesen beiden Kategorien jeweils eine Festlegung günstiger Zielgrößen für beispielhaft gewählte Aktoren und Sensoren erfolgt, können zunächst unabhängig von der geplanten Anwendung einige allgemeine Anforderungen an die verwendeten Materialien formuliert werden.

Finden elastische mechatronische Komponenten zukünftig in hohen Stückzahlen – beispielsweise in Service-Robotern oder Unterstützungssystemen und letztlich in Konsumgütern – Verwendung, sind ressourcen- und energieeffizient herstellbare Ausgangsstoffe wünschenswert. Bei Silikonen als beispielhafte Vertreter von Elastomeren muss der hohe Energiebedarf zur Herstellung der Ausgangsstoffe sowie der Bedarf an Kupfer als Katalysator berücksichtigt werden, wobei allerdings eine ganzheitliche Bilanzierung positive Aspekte hinsichtlich der Verarbeitung und des Recyclings von Kunststoffen aufzeigen kann [212]. Weiterhin sollte in absehbarer Zeit eine industrielle Verfügbarkeit der Werkstoffe gegeben sein, wobei dies vor allem für neuartige Materialien zur Herstellung elastischer Elektrodensysteme relevant ist. Unabhängig vom geplanten Einsatz ist ein breiter Betriebstemperaturbereich, eine geringe Temperatur- und Feuchtigkeitsabhängigkeit der Systemeigenschaften sowie eine hohe Langzeitstabilität der Materialsysteme erstrebenswert. In Bezug auf den Einsatz als körpernahe Sensoren oder Antriebe für Medizinprodukte ist ferner eine gute Biokompatibilität vorteilhaft. Darüber hinaus ergeben sich die nachfolgend dargestellten anwendungsspezifischen Anforderungen.

3.1.1 Leichtbauende Aktoren für den Einsatz in antagonistischen Systemen

Unter anderem aus dem energieautarken Betrieb, welcher beispielsweise im DARPA-Programm M3 [21, 213] als Schlüssel zur effektiven Nutzbarmachung von komplexen Service-Robotern genannt wird, leitet sich die Notwendigkeit leichtbauender, nachgiebiger und energieeffizienter Aktorsysteme zur Realisierung des in Bild 13 skizzierten kinematischen Aufbaus ab.

Ein hohes Leistungsgewichtsverhältnis bedingt in topologischer Hinsicht den Verzicht auf zusätzliche massereiche Elemente wie etwa Federn zur Wandlung des Quereffekts oder Rahmen zur mechanischen Vorspannung. Gestapelte Dielektrische-Elastomer-Aktoren können in antagonistischen Systemen unter anderem ähnlich zu einem in [214] vorgeschlagenen pneumatischen Aktorprinzip eine Einstellbarkeit der mechanischen Impedanz nach natürlichem Vorbild und die vollständige Nutzung der aktiv gesteuerten Kontraktion für Stellwege ermöglichen. Geringe Schichtdicken beziehungsweise Elektrodenabstände begünstigen nach der von Pelrin et al. zur Beschreibung Dielektrischer Elastomere vorgeschlagenen Gleichung (10) [71] geringe Einsatzspannungen. Wie unter anderem in [118] dargestellt, tragen Elektroden nicht aktiv zur Kontraktion bei und sollten daher möglichst dünn realisiert werden. Weitere passive Strukturen wie isolierende Kapselungen sollten ebenfalls möglichst materialsparend umgesetzt werden, um die Reduzierung der nutzbaren gewandelten Energie durch die elastische Deformation passiver Strukturen zu minimieren.

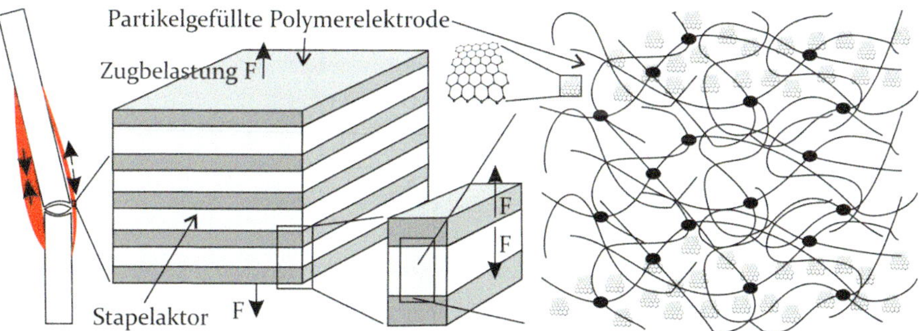

Bild 13: Bei Stapelaktoren für antagonistische Kinematiken kann mit partikelgefüllten Polymerelektroden ein guter Zusammenhalt zwischen Elektroden und dielektrischen Schichten zum Ertragen von Zugbelastungen mit einer Kraft F erreicht werden.

Bei der Auswahl geeigneter dielektrischer Materialien für den aktorischen Betrieb kann zunächst, wie in Kapitel 2.2.1 zusammengefasst, die erreichbare Energiedichte, unter anderem bestimmt durch die relative Permittivität, die Durchbruchfeldstärke $\overrightarrow{E_D}$ und den dielektrischen Verlust [46], als charakterisierende Größe herangezogen werden. Weiterhin folgt, wie in [72] dargestellt, nach Gleichung (11) aus dem Elastizitätsmodul die erreichbare Kontraktion. Bei der Dauerfestigkeit kann ein Zusammenhang mit der Viskoelastizität [118] und damit wechselwirkend eine hohe mögliche Ansteuerbandbreite [121, 120] bei möglichst geringer Viskoelastizität festgestellt werden, wobei insbesondere für silikonbasierte Systeme sehr lange Einsatzzeiten, beispielsweise in [119], beschrieben werden. Daneben ist ein guter Schichtzusammenhalt zwischen den dielektrischen Schichten und den Elektrodenstrukturen notwendig, um im antagonistischen Betrieb einen passiven Dielektrischen-Elastomer-Aktor nicht durch aufgeprägte Zugkräfte seines aktiven Gegenspielers durch Delamination der Schichten zu zerstören. Gefüllte Silikonlagen, wie beispielsweise in [132] beschrieben, können durch eine Quervernetzung mit kompatiblen Silikondielektrika potenziell einen Materialverbund mit einer ausreichenden Schichthaftung realisieren. Dabei sollten als Füllstoffe Partikelsysteme, wie zum Beispiel Graphenvarianten, gewählt werden, welche bereits bei niedrigen Füllgraden [151] die Perkolationsgrenze erreichen und somit weniger zur Erhöhung des Elastizitätsmoduls von so hergestellten Elektroden beitragen als beispielsweise Ruß- oder Goldpartikel. Nach Tabelle 1 sollte für Dielektrische-Elastomer-Aktoren schließlich eine Flächendehnbarkeit der Elektroden von mindestens 65 % erreicht werden.

Abgeleitet aus den beschriebenen wünschenswerten Eigenschaften wird im Folgenden ein gestapelter Dielektrischer-Elastomer-Aktor als potenziell sehr gut geeignetes Aktorkonzept für zukünftige antagonistische kinematische Systeme angenommen. Er soll dabei aus möglichst dünnen dielektrischen Schichten aufgebaut werden und zeigt einem möglichst geringen Anteil passiver Elemente und nachgiebiger Elektroden basierend auf dehnbaren, mit dem Silikonsubstrat kompatiblen Partikelsystemen, welche zu quervernetzten Silikonstrukturen weiterentwickelt werden können.

3.1.2 Integrierte Dielektrische-Elastomer-Sensoren mit verringertem Bauraum

Für den Einsatz Dielektrischer-Elastomer-Sensoren ergeben sich Rahmenparameter, welche sich teilweise von den Anforderungen an nachgiebige Aktorsysteme unterscheiden. Aus Gleichung (1) wird die Abhängigkeit der Kapazität eines Dielektrischen Elastomers von der Permittivität ε_r des Dielektrikums sowie von den geometrischen Parametern Elektrodenfläche und -abstand ersichtlich. Sehr große Elektrodenabstände führen dabei auf sehr kleine messbare Kapazitäten in Bezug auf eine definierte Elektrodenfläche. Um den Messaufwand gering zu halten, sollten die dielektrischen Schichten also ebenfalls dünn ausgelegt werden. Allerdings stellen sich beispielsweise für Dehnungssensoren mit Silikondielektrika bei einer angenommenen relativen Permittivität von drei bereits mit einer Elektrodenfläche von einem Quadratzentimeter bei einer Ausgangsdicke des Dielektrikums von 100 µm Kapazitäten im Bereich von 26 pF ein. Diese können mit kommerziell verfügbaren integrierten Messschaltungen robust erfasst werden [215, 216]. Für die Realisierung von Dielektrischen-Elastomer-Sensoren ist die Herstellung sehr dünner dielektrischer Schichten also nicht in gleichem Maß kritisch wie für den aktorischen Einsatz. Gleichwohl kann durch die Stapelung mehrerer Lagen die Ortsauflösung hinsichtlich der Kapazität in Bezug auf die benötigte Grundfläche erhöht werden. Von außen eingebrachte Dehnungen parallel zu den Elektrodenstrukturen oder aufgeprägte Deformationen durch Druck stellen dabei geringere Anforderungen an den Schichtzusammenhalt im Vergleich zu Zugbelastungen normal zu den Elektroden. Allerdings können, wie in Bild 14 dargestellt, in einem mehrlagigen Sensorsystem mehrere toplogische Aufbauvarianten zur Detektion unterschiedlicher Deformationsarten integriert werden, wobei für Scherbelastungen, deren Erfassung in [163] dargestellt wird, wieder gesteigerte Anforderungen an den mechanischen Zusammenhalt der einzelnen Strukturelemente entstehen. Wünschenswert ist ebenfalls, solche nachgiebigen, komplex aufgebauten Sensorstrukturen zur Erfassung unterschiedlicher Deformationszustände an unterschiedlichste Freiformflächen als Interaktionselemente anpassen zu können und sie gegebenenfalls in einem integrierten Produktionsschritt auf diese aufbringen oder drucken zu können.

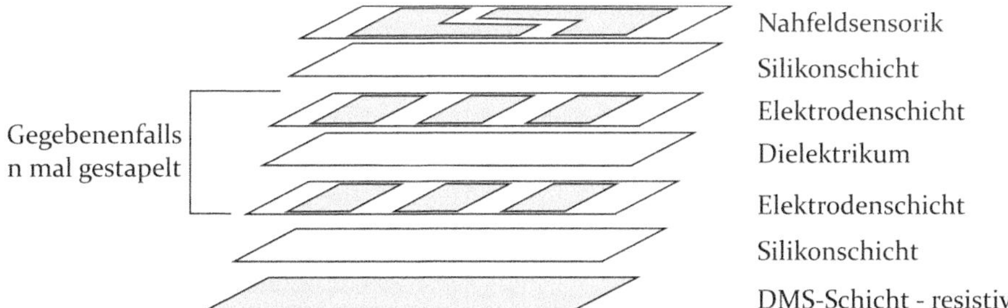

Bild 14: Durch die Integration unterschiedlicher topologischer Varianten in einen additiv gefertigten, mehrlagigen Sensor können potenziell ortsaufgelöst verschiedende taktile und Näherungsinformationen gewonnen werden.

Hinsichtlich der Materialparameter ist, wie auch im aktorischen Betrieb, neben einer möglichst hohen Permittivität des Dielektrikums, eine geringe Viskoelastizität für eine schnelle Antwortzeit im dynamischen Betrieb von

Sensoren vorteilhaft. Ein geringes Fließverhalten kann, wie für den aktorischen Fall in [118] gezeigt, zu einer Erhöhung der Dauerfestigkeit führen. Die Dehnbarkeit der leitfähigen Elektrodenstrukturen ist für Dehnungssensoren in besonderem Maße relevant. Dort ist die Nutzung metallischer Elektrodenstrukturen, wie in Kapitel 2.2.3 beschrieben, deutlich erschwert. Um die zu erfassende Deformation möglichst wenig einzuschränken, ist schließlich sowohl für dielektrische Schichten als auch für Elektrodenstrukturen ein möglichst geringes Elastizitätsmodul der verwendeten Materialien vorteilhaft.

Tabelle 4: Abgeleitet aus dem Stand der Technik lassen sich allgemeine Materialanforderungen zur Realisierung Dielektrischer Elastomere zusammenfassen. Für aktorische und sensorische Systeme ergeben sich weiterhin speziellen Anforderungen hinsichtlich der Topologie und der Materialeigenschaften.

Allgemeine Materialanforderungen für Dielektrische Elastomere	
Ressourcen- und energieeffizient herstellbare Ausgangsstoffe	Für Medizinprodukte ist eine Biokompatibilität der Materialien notwendig
Eine industrielle Verfügbarkeit der Werkstoffe soll gegeben sein	Hohe Langzeitstabilität der Materialsysteme bei dynamischen Belastungen
Breiter Betriebstemperaturbereich und geringe Temperaturabhängigkeit	Möglichst geringe E-Moduln der Dielektrika [71] und Elektroden [72]
Möglichst geringe Viskoelastizität der Dielektrika [122] und Elektroden	Möglichst hohe relative Permittivität der Dielektrika [71]
Spezielle topologische Anforderungen für Dielektrische-Elastomer-Aktoren	
Verzicht auf massereiche Elemente wie Federn oder Rahmen [49]	Elektrodenschichten sollen möglichst dünn sein [71] bzw. dünner als Dielektrika [118]
Einsetzbarkeit in antagonistischen Systemen für eine einstellbare Impedanz	Passive Strukturen sollten möglichst materialsparend umgesetzt werden
Vollständige technische Nutzbarkeit der aktiv gesteuerten Deformation	Eine Referenz für Dielektrika ist eine maximale Schichtdicke von 25 µm [59]
Spezielle topologische Anforderungen für Dielektrische-Elastomer-Sensoren	
Möglichkeit zur Anpassung an oder Integration auf Freiformflächen	Eine Stapelung kann eine erhöhte Ortsauflösung bei einer Druckerfassung erlauben
Spezielle Materialanforderungen für Dielektrische-Elastomer-Aktoren	
Dielektrika sollten das Erreichen einer möglichst hohen Energiedichte erlauben	Elektroden sollen eine Dehnbarkeit von mindestens 65 % aufweisen (vgl. Tabelle 1)
Guter Schichtzusammenhalt von Elektroden und Dielektrika ist notwendig [181]	Dielektrika sollten einen möglichst geringen dielektrischen Verlust zeigen [46]
Spezielle Materialanforderungen für Dielektrische-Elastomer-Sensoren	
Eine hohe Dehnbarkeit der Elektroden ist besonders wichtig	Guter Schichtzusammenhalt vor allem bei der Erfassung von Scherbelastungen [163]

Ein leistungsfähiger Dielektrischer-Elastomer-Sensor kann also ebenfalls auf der Basis von Silikonmaterialien und leitfähigen (Füll-)partikeln bei niedrigem Füllgrad aufgebaut werden. Er integriert aufgabenangepasst unterschiedliche Strukturelemente zur ortsaufgelösten Datenerfassung mehrschichtig in einem komplex geformten Array aus einzeln auslesbaren Sensorelementen. Eine Aufstellung der Anforderungen zur Realisierung Dielektrischer Elastomere, eingeteilt in die Kategorien Materialien und Topologie ist in Tabelle 4 zusammengefasst.

3.1.3 Evaluation von Herstellungsverfahren für Dielektrische Elastomere

Die vorangegangenen Beschreibungen Dielektrischer-Elastomer-Aktoren und Sensoren definiert für bestimmte Einsatzszenarien einen Merkmalssatz wünschenswerter topologischer Eigenschaften und Materialen solcher Systeme. Ein mögliches Herstellungsverfahren für Dielektrische Elastomere ist nachfolgend als ein geeigneter Ansatz zu bewerten, wenn es diese Materialien verarbeiten und die geforderten Strukturen in entsprechender Größe realisieren kann. Dabei soll ein solches Verfahren langfristig zu einem Ansatz zur Herstellung elastischer mechatronischer Systeme mit reproduzierbaren Qualitätsmerkmalen fortentwickelbar sein. Nur bei der Verfügbarkeit von Verfahren, welche neben der Erfüllung der primären technischen Anforderungen auch in Bezug auf weitere relevante Merkmale wie etwa Herstellungszeiten und -aufwände geeignet sind, kann langfristig eine industrielle Nutzbarmachung Dielektrischer Elastomere unter technischen und ökonomischen Gesichtspunkten erfolgen. Ferner ist eine reduzierte Komplexität hinsichtlich einzelner notwendiger Prozessschritte und Systemkomponenten erstrebenswert, falls ein Fertigungsansatz künftig zur Herstellung von Medizinprodukten genutzt und zugelassen werden soll, da hier jeder einzelne Prozessschritt aufwendig zertifiziert werden muss. Sowohl für Dielektrische-Elastomer-Aktoren als auch -Sensoren kann ein medizinisches Einsatzszenario relevant und somit auch das letztgenannte Kriterium sinnvoll zur Bewertung sein.

Hinsichtlich der topologischen Merkmale möglichst dünner dielektrischer Schichten und Elektroden, welche noch dünner als die Dielektrika ausgeführt werden sollten, ergibt sich zunächst ein Zielkonflikt mit der Eignung zur zeiteffizienten Herstellung makroskopisch nutzbarer Systeme mit gestapelten Strukturen. Mit der Anzahl der Lagen steigen die Herstellungszeiten aufgrund schichtbezogener Nebenzeiten beispielsweise für notwendige, thermische oder photonische Vernetzungsschritte. Werden vorkonfektionierte Strukturelemente aus Halbzeugen zu einem System mit gutem Schichtzusammenhalt verbunden, muss entsprechend eine kurze Prozesszeit zum Verbinden gestapelter Lagen realisierbar sein. Ist dies gegeben, lassen sich wie in Kapitel 2.2.4 bei der Beschreibung der Verfahren [60] und [206–208, 177] mittels verketteter Prozesse gestapelte Strukturen mit einer Vielzahl an Lagen fertigen. Eine Herstellung von komplexeren Aktor- und Sensorgeometrien über einfache geometrische Grundformen wie Quader oder Zylinder hinaus ist bei diesen Ansätzen entweder über die Nutzung individuell vorkonfektionierter Halbzeuge pro Schicht oder über einen anpassbaren Maskierungsprozess und eine anschließende Vereinzelung der Strukturen realisierbar. Der Aufwand steigt dabei mit der Formkomplexität stark an und erschwert so unter anderem die Herstellung bionisch inspirierter mehrdimensional optimierter Aktorgeometrien, welche für zahlreiche Applikationen wie Flugroboter [217] oder leistungsfähige robotische Hände und Prothesen [218] essentiell sind. Weiterhin ist die Funktionalisierung von Freiformoberflächen beispielsweise mit Sensorelementen auf der Basis solcher Halbzeuge nur eingeschränkt beziehungsweise nicht möglich. Um die Herstellung dreidimensionaler Molded-Interconnected-Devices [65] beziehungsweise von Mechatronik-Integrated-Devices durchgängig zu unterstützen und die parallele Optimierung herstellungstechnischer und morphologischer Parameter zu erlauben, sollte allerdings die Möglichkeit zum direkten Bedrucken von komplexen Freiformflächen gegeben sein. Hier können additive, urformende Verfahren gegebenenfalls eine höhere Flexibilität hinsichtlich der Formgebung erzielen und in der Folge auch ein Aufbringen auf komplexe Strukturen ermöglichen.

Dies gilt allerdings nicht uneingeschränkt für alle additiven Prozesse, welche im Kontext der Herstellung Dielektrischer Elastomere beschrieben sind. Beispielsweise können die in [182] und [205] dargestellten Prozesse auf Basis des Spincoatings lediglich planparallele Stapelstrukturen realisieren, wobei ein großer Anteil des Ausgangsmaterials im Prozess durch Abschleudern verloren geht. Der für dielektrische Schichten in [185] beschriebene kontaktbehaftete Tampondruck kann ohne weitere Maßnahmen ebenfalls nur ebene Flächen bedrucken, ist im Gegensatz zum Spincoating allerdings deutlich ressourcenschonender. Additive Fertigungsverfahren zur selektiven Materialanlagerung entweder durch kinematisch geführte Druckköpfe [204], stereolithografische Prozesse in mehreren Materialbädern in [209] oder gegebenenfalls eine zukünftig noch umzusetzende Kombination der in Kapitel 2.3 beschriebenen Ansätze zum Drucken von dielektrischen Schichten und Elektrodenstrukturen können hier eine ressourceneffiziente Herstellung und größere Freiheiten bei der Formgebung ermöglichen. Für diese Verfahren ist dann die Eignung zur Verwendung bestimmter Materialsysteme ein weiteres ausschlaggebendes Kriterium. Im Stand der Technik beschriebene Verfahren für die Herstellung von gestapelten Dielektrischen Elastomeren sind Tabelle 5 in einer Übersicht zusammengefasst.

Tabelle 5: Bei den im Stand der Technik beschriebenen, integrierten Verfahren zur Herstellung gestapelter Dielektrischer Elastomere können im Wesentlichen die drei Verfahrensklassen der Nutzung von Halbzeugen, des Spincoatings und der Druckverfahren unterschieden werden.

	Quelle	Dielektrikum	Elektrode	Formgebung	Schichtdicke (µm)	Schritte	Zeit
Halbzeuge	[60]	Acryl	CB+ Elastomer	Limitiert	20-50	3	Std
	[206]	Acryl+ IPN	CB	Limitiert	~20-~50	>10	Std
	[207, 177]	PU-PDMS	CB+ Elastomer	Limitiert	50	6	-
Spin-coating	[182]	PDMS	CB	Limitiert	25	4	Min
	[205]	PDMS	PEDOT: PSS	Frei	70	6	Min
Tampon-, DirectInk-, Stereolit.-, Inkjet- + Tampondruck	[185]	PDMS	CB+ Elastomer	Limitiert	3	8	Std
	[204]	PDMS	CB	Frei	80	3	7 Min
	[209]	Acryl	Acryl	Frei	100	4	-
	[187]	PDMS	CB+ Elastomer	Frei	3-11	3	30 Sek - 1 Std

CB: Ruß; IPN: Interpenetrating Networks; PU: Polyurethane; PDMS: Polydimethylsiloxane

Aus dem in Kapitel 2.2.1 dargestellten Stand der Technik hinsichtlich möglicher Materialien können für dielektrische Schichten zahlreiche Vorteile bei der Verwendung von Silikonen abgeleitet werden. Neben dem prozessbedingten Materialdurchsatz ist insbesondere für generative Verfahren eine kurze Herstellungs- respektive Vernetzungsdauer der einzelnen Schichten erstrebenswert. Weiterhin ist ein geringer Volumenschwund sowie eine Vernetzungsreaktion, möglichst ohne zurückbleibende Reaktionsprodukte, vorteilhaft. Im Gegensatz zu kondensationsvernetzenden Systemen erfüllen additionsvernetzende RTV2-Systeme diese Anforderungen [212, 219]. Beispielsweise kann das kommerziell verfügbare RTV2-System Elastosil P7670 der Firma Wacker, welches unter anderem in [182] genutzt wird und in [220] eingehend in Bezug auf den Einsatz in Dielektrischen Elastomeren charakterisiert wird, ein geeignetes Material zur Realisierung dielektrischer Schichten mit verhältnismäßig kurzen Vernetzungszeiten im Minutenbereich sein. Neben dem bereits genannten Spincoating-Ansatz wird dieses Material allerdings nur in einem einzigen weiteren Druckansatz in [187] unter Zuhilfenahme eines hohen Lösungsmittelanteils genutzt, wodurch sich lange schichtbezogene Nebenzeiten zur Entfernung der Lösungsmittel ergeben.

Hinsichtlich des Schichtzusammenhaltes ist die Eignung eines Herstellungsverfahrens zur Verarbeitung partikelgefüllter Polymerstrukturen zur Erzeugung elastischer Elektrodenstrukturen mit niedrigem Füllgrad und einer guten Anhaftung an den dielektrischen Schichten erstrebenswert. Neben dem Tampondruck [160] und dem Siebdruck [132] mit den bereits für ungefüllte Silikonschichten beschriebenen Einschränkungen ist in [60] ein kontaktloses Verfahren zum maskierten Aufsprühen mit Toluene verdünnter, gefüllter leitfähiger Silikonelektroden beschrieben. Die Geometrie der Elektroden kann durch die Maske dynamisch angepasst werden. Gerade mit Blick auf dünne Elektrodenstrukturen unterhalb einer Schichtdicke von 10 µm können kontaktlose Druckverfahren bessere Schichtqualitäten ermöglichen als kontaktbehaftete [199]. Ausgangspunkt für die Entwicklung solcher Elektroden kann die Herstellung von Lagen entsprechender Partikel als Monomaterialsysteme sein. Zwar ist hier die Schichthaftung zunächst eingeschränkt. Allerdings wird mit der Fähigkeit zum Ertragen großer Deformationen und der Verarbeitung entsprechender Partikelsysteme ein Ausgangspunkt zur Entwicklung gedruckter gefüllter Polymere geschaffen.

Aus der Einordung der Herstellungsansätze und dem Stand der Technik Dielektrischer Elastomere lässt sich somit der weitere Forschungsbedarf an maskenlosen, additiven und kontaktlosen Herstellungsverfahren für RTV2-Silikon-Dielektrika beziehungsweise vergleichbaren Silikonen, Partikelelektroden und schließlich partikelgefüllter Silikonelektroden in einem integrierten System ableiten. Ein mögliches Verfahren soll Dielektrische Elastomere, wie ebenfalls bereits in [187] formuliert, reproduzierbar, mit hoher Auflösung in komplexen Formen, abgeleitet aus digitalen Konstruktionsdaten herstellen können. Die erzielbaren Schichtdicken sollen für die dielektrischen Strukturen in Anlehnung an [59] unter 25 µm und für die Elektrodenlagen unter denen der Dielektrika liegen [118]. Aus der Stapelung dünner Einzellagen ergibt sich weiterhin die Notwendigkeit möglichst kurzer schichtbezogener Druckzeiten im Minutenbereich ohne feste Begrenzung einer maximalen Schichtanzahl. Das Potenzial zur Weiterentwicklung zum echten 3D-Druck mit sechs Freiheitsgraden eröffnet ein weiteres Verbesserungspotential. Somit können künftig neben einfachen Stapelstrukturen auch komplexe Aktor- und Sensorsysteme zur Erzeugung und Erfassung von mehrdimensionalen Bewegungsmustern realisiert und in technischen Anwendungen nutzbar gemacht werden.

3.2 Relevante Komponenten zur Qualifizierung des Aerosol-Jet-Drucks als additives Fertigungsverfahren

Neben den beschriebenen Druckverfahren existiert unter anderem mit dem sogenannten Aerosol-Jet-Druck ein weiteres kontakt- und maskenloses Herstellungsprinzip, welches sich grundsätzlich zur Umsetzung eines programmierbaren, additiven Fertigungsverfahrens eignet. Dabei handelt es sich im Vergleich zu anderen Drucktechnologien um ein vergleichsweise neues Verfahren [221], welches kommerziell in Anlagen der Firma Optomec unter dem Markennamen Aerosol-Jet® und in Abwandlung als NanoJet®-Verfahren von der Firma Integrated Deposition Solutions vertrieben wird [222]. Es basiert auf dem kontinuierlichen Materialauftrag mittels eines aerodynamisch fokussierten Aerosolstroms. Nach dem anfänglich vorwiegenden Einsatz in der Elektronikproduktion zur flexiblen Metallisierung von Schaltungsträgern beziehungsweise zur Herstellung von Leiterbahnen [223, 224, 63] erstreckt sich das Anwendungsspektrum inzwischen auf weitere Applikationsfelder und zahlreiche Druckmaterialien, die beispielsweise von der Produktion von Solarzellen [225, 226] über die Herstellung von Transistoren [227], von Dehnungssensoren [228] und das Erzeugen von Teraherz-Metamaterialien [229] bis hin zu der Additiven Fertigung optischer Leiterbahnen [230] reichen. Hinsichtlich des gesteuerten, lokalen Aufbringens von Material besteht eine gewisse, im Nachfolgenden noch genauer dargestellte, Ähnlichkeit mit dem Inkjet-Druck. Ein weiteres, ebenfalls kontaktloses Druckprinzip mit der Bezeichnung Pico Pμlse® der Firma Nordson ist als Variation des Inkjet-Drucks auf die Verarbeitung pastöser Materialien ausgelegt und kann, wie beispielsweis in [231] dargestellt, typische Schichtdicken im Bereich von 50 μm realisieren. Aufgrund der gewünschten Eignung zur Herstellung dünner Lagen wird dieses Verfahren im nachfolgenden Vergleich nicht weiter berücksichtigt.

Wie in [221, 64, 63] dargestellt, eignet sich der Aerosol-Jet-Druck zur Realisierung von Strukturen mit einer lateralen Auflösung im Bereich von 200 μm bis 50 μm und unter besonderen Voraussetzungen sogar von bis zu

10 µm [232]. Dabei darf der Abstand zwischen Düse und Substrat bis zu 5 mm und mehr betragen [233]. Unter anderem diese Robustheit gegenüber Abstandsschwankungen zeichnet den Prozess gegenüber den meisten Inkjet-Verfahren aus und erleichtert beispielsweise das Bedrucken freigeformter Oberflächen [221, 64, 63]. Ein eingehender Vergleich der beiden Ansätze ist in [234] dargestellt. Neben dem größeren Abstandsbereich zwischen Druckdüse und Substrat werden dort als weitere vorteilhafte Eigenschaften des Aerosol-Jet-Drucks gegenüber dem Inkjet-Verfahren die breitere mögliche Tintenpalette, die effizientere Tintennutzung und die hohe mögliche Druckgeschwindigkeit genannt. Dagegen ist der Inkjet-Druck in der Lage, dickere Schichten in einem Druckzyklus sowie besser aufgelöste Druckkanten zu erzeugen. Weiterhin eignet er sich durch die Möglichkeit zur Parallelisierung zunächst besser zum Bedrucken großer Flächen. Dennoch lässt sich aus der Beschreibung der Rahmenparameter in [234] und der Eignung zur Realisierung von Schichtdicken unterhalb von 10 µm [235, 63] bis 100 nm [236] ein großes Potenzial des Aerosol-Jet-Drucks als neuartiges Herstellungsverfahren für gestapelte Dielektrische Elastomere mit geringen Schichtdicken ableiten. Bevor ein Anlagenkonzept zur wissenschaftlichen Untersuchung dieser These vorgestellt wird, folgt zunächst eine Beschreibung der relevanten Komponenten des Aerosol-Jet-Drucks.

3.2.1 Ansätze zur Aerosol-Erzeugung

Namensgebend für das Fertigungsprinzip des Aerosol-Jet-Drucks sind Aerosole, welche nach der Definition in [237] zweiphasige Systeme von flüssigen Tröpfchen oder festen Partikeln in Trägergasen bilden. Aerosole werden in einer Vielzahl von Anwendungen genutzt, wobei unter anderem im medizinischen Bereich die Herstellung von Aerosolen mit definierten Eigenschaften besonders relevant ist. Hier werden Aerosole zur Verabreichung von Medikamenten genutzt, wobei diese in Abhängigkeit der Partikelgröße unterschiedlich wirken können [238]. Wie ebenfalls in [238] dargestellt, ähnelt das Funktionsprinzip der auch als „Atomizer" bezeichneten medizinischen Verdampfer dem pneumatischen Ansatz zur Aerosol-Erzeugung in Systemen der Firma Optomec [221]. Neben solchen pneumatischen Systemen wird in der vorliegenden Dissertationsschrift auch ein ultraschallbasierter Ansatz, wie in [221] und [222] dargestellt, genutzt. Die beiden Funktionsprinzipien zur Aerosol-Erzeugung sind in Bild 15 schematisch dargestellt. Die pneumatische Aerosol-Erzeugung basiert auf dem Venturi-Effekt. Ein Trägergas, welches im Folgenden auch als Atomizergas bezeichnet wird, wird in eine Düse, in die als Atomizer bezeichnete Prozess- beziehungsweise Tintenvorratskammer eingeleitet. Dort befindet sich direkt unterhalb der seitlichen Ausströmöffnung der Düse ein Kanal, welcher wie in Bild 20 dargestellt, in eine Tinte hineinreicht. Durch die Erhöhung der Strömungsgeschwindigkeit des Trägergases an der Düsenöffnung entsteht ein Unterdruck, infolge dessen Tinte durch den Kanal ansaugt wird. Durch Abscherung der Tinte entsteht schließlich ein Aerosol mit einer charakteristischen Tröpfchengrößenverteilung. Untersuchungen an Systemen für den medizinischen Einsatz zeigen, dass die Größenverteilung maßgeblich durch den Trägergasvolumenstrom Q_{Ato} beziehungsweise durch die resultierende Strömungsgeschwindigkeit des Atomizergases nach der Düse beeinflusst wird [239].

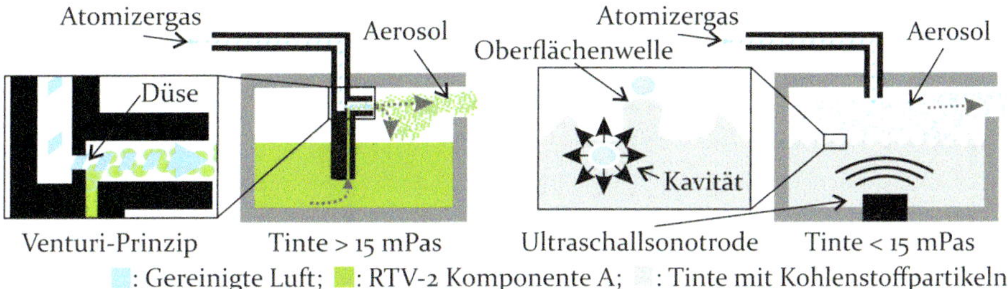

Bild 15: Die zwei alternativen Funktionsprinzipien zur Aerosol-Erzeugung bei Tinten mit höherer oder niedriger Viskosität unterscheiden sich im zugrundeliegenden Wirkprinzip mit der Erzeugung der Tintentröpfchen durch Abscherung in der Düse im pneumatischen System (links) oder durch ultraschallinduzierte Kavitäten und Oberflächenwellen (rechts).

Wie Secor in [232] zusammenfasst, werden bei dem zweiten betrachteten Funktionsprinzip zur Erzeugung des Aerosols sich durch die Einkopplung von Ultraschall ausbildende Kapillarwellen genutzt. Aus diesen Oberflächenwellen lösen sich Tropfen mit einer bestimmten Größenverteilung [240, 241, 232]. Die notwendige Energie zur Aerosol-Erzeugung hängt dabei unter anderem von der Tintenmenge und der Viskosität [242, 232], der spezifischen Größenverteilung der Tropfen von der Ultraschallfrequenz sowie der Tintendichte und der Oberflächenspannung ab [243]. Eine Untersuchung der beiden Ansätze zur Charakterisierung der entstehenden Aerosole wird in [244] beschrieben. Bei Ultraschall-Atomizern führt eine größere eingekoppelte Energie zu größeren Tropfen, bei pneumatischen Systemen führt ein höherer Atomizergas-Volumenstrom zu kleineren Tropfen. Im Vergleich zu pneumatischen Systemen ist weiterhin die Verteilung der Tröpfchengrößen beim Ultraschallansatz breiter. Bei beiden Ansätzen stellt sich eine typische Tröpfchengröße von 10 µm oder kleiner ein. Aus den im Vorangegangenen beschriebenen Eigenschaften der beiden Funktionsprinzipien lässt sich auch die Eignung zur Verarbeitung von Tinten mit unterschiedlichen Viskositäten ableiten. Entsprechend gibt der

Hersteller Optomec für seine Ultraschallsysteme eine mögliche Tintenviskosität 1 mPas bis 15 mPas und bei den pneumatischen Systemen 1 mPas bis 1000 mPas an [245, 246].

Für beide Ansätze gilt, dass die erzeugten Tinten-Tröpfchen mit einer gewissen Wahrscheinlichkeit direkt in die Tinte zurückfallen oder die Behälterwand treffen und anschließend in die Tinte zurücksinken. Der überwiegende Teil des Aerosols wir allerdings vom nachströmenden Atomizergas in die nachfolgend beschriebenen Systemkomponenten weiterbefördert.

3.2.2 Einrichtungen zur Verdichtung und Homogenisierung von Aerosolströmen

Wie zuvor dargelegt, handelt es sich bei der Aerosol-Erzeugung um einen Prozess, bei dem Bestandteile des Aerosols mit einer gewissen Wahrscheinlichkeit in die Ausgangstinte zurückfallen. Für die Tröpfchen, die aus dem Atomizer weitertransportiert werden, kann sich aufgrund eines Phasenübergangs durch Verdampfen beim weiteren Transport des Aerosols die Größe der jeweiligen Tropfen theoretisch ändern. Wie beispielsweise in [247] dargestellt, ist dabei die Veränderung der internen und der Oberflächentemperatur der Tröpfchen ein entscheidender Prozess, welcher von der Verdunstungskühlung und dem internen Wärmetransport dominiert und von einer Vielzahl weiterer Parameter beeinflusst wird. Da es sich bei den Tinten beispielsweise um Systeme mit Partikeln in einem Lösungsmittel handeln kann, kann es über die Zeit auch zu einem geänderten Mischverhältnis in den Aerosoltropfen kommen [248–250]. Secor et al. fassen in [232] allerdings zusammen, dass bei einer Transportzeit von typischerweise einigen Sekunden nach der sehr schnell eintretenden Sättigung des Atomizergasstroms mit den leicht flüchtigen Bestandteilen des Aerosols die Tröpfchengröße beim Weitertransport zunächst als konstant angenommen werden kann. Aus verschiedenen Gründen kann das Verdichten und Homogenisieren von Aerosolströmen im weiteren Prozessablauf des Aerosol-Jet-Drucks sinnvoll sein. Dazu werden im Folgenden zwei unterschiedliche Ansätze zur Reduktion des Atomizergasanteils und zur Reduzierung der Streuungsbreite der Tröpfchengröße im Aerosol dargestellt. Der schematische Aufbau der beiden Ansätze für sogenannte Virtual-Impactor-Einheiten ist in Bild 16 dargestellt.

Die von Chen et al. in [251] beschriebene Virtual-Impactor-Einheit arbeitet mit mehreren aktiven Gasströmen. Wie in Bild 16 rechts dargestellt, werden Aerosolbestandteile zusammen mit einem in der Skizze ebenfalls von oben einströmend dargestellten Schutzgas in den Virtual Impactor eingezogen.

Ein weiterer, unten seitlich eintretender Gasstrom drückt vornehmlich kleinere Bestandteile in den rechtsseitig dargestellten Hauptauslass. Große Tropfen werden nur schwach aus ihrer ursprünglichen Strömungsrichtung abgelenkt und bewegen sich nach unten in den Nebenablass. Über die Geschwindigkeit des von links einströmenden Gases kann die Größe der abgeleiteten Tropfen eingestellt werden. Im Gegensatz dazu basiert der erstmalig von Renn in [221] im Kontext eines Druckverfahrens beschriebene Ansatz auf dem Abzug eines Volumenstroms. Das Prinzip wird in einigen Varianten der Anlagen der Firma Optomec zum Verdichten und Homogenisieren von Aerosolströmen eingesetzt. Dabei wird der unverdichtete Aerosolstrom durch eine in Bild 16 links dargestellte Düse in den Virtual Impactor eingeleitet. Aus dem Aerosol wir ein Exhaustgasstrom genannter Volumenanteil Q_{Exh} abgezogen. Dieser Gasstrom reißt kleinere Aerosolbestandteile mit sich. Lediglich Tropfen mit einer gewissen Mindestgröße beziehungsweise kinetischen Energie werden nur gering abgelenkt und erreichen den gegenüber der Düse liegenden Diffusor. Der so homogenisierte, langsamer fließende Aerosolstrom Q_{Div} kann, wie nachfolgend beschrieben, durch eine aerodynamische Fokussierung verdruckt werden.

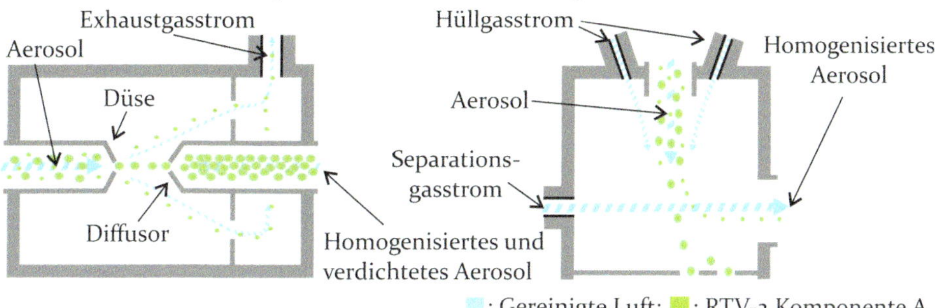

Bild 16: Vergleich einer Virtual-Impactor-Einheit (links nach [221]), bei dem Trägergas und Anteile unterhalb einer bestimmten Tropfengröße aus dem Aerosol entfernt werden, mit dem Ansatz (rechts nach [251]), bei dem ein zusätzlicher Gasstrom vornehmlich kleinere Tropfen weiterleitet.

3.2.3 Druckdüsen und Systeme zur temporären Prozessunterbrechung

Aufgrund der vorab beschriebenen Abläufe stellt sich in einem Aerosol-Jet-Drucksystem ein Aerosol mit einer spezifischen Größenverteilung seiner Bestandteile und einem bestimmten Trägergasanteil ein. Neben den aktiven Komponenten hat während des gesamten Prozessablaufes weiterhin der zufällige Kontakt von Bestandteilen des Aerosols mit den Innenwänden von Transportleitungen und Prozesskomponenten einen Einfluss auf die

Aerosol-Zusammensetzung aufgrund des Verlustes von Tropfen bei Wandkontakt [244]. Ein solcher Wandkontakt ist in der letzten Prozessphase des Aerosol-Jet-Drucks, der aerodynamischen Fokussierung besonders kritisch, da Ablagerungen in der Austrittsdüse zum einen über den Einfluss auf das Ausströmverhalten und zum anderen über das unkontrollierte Abtropfen auf das Druckerzeugnis den Prozess entscheidend beeinträchtigen können. Wie in Bild 17 dargestellt, wird im letzten Prozessschritt der Aerosolstrom unter anderem deshalb von einem Schutzgasmantel eingehüllt und erst danach durch eine Düse auf ein Substrat verdruckt. Der Schutzgasstrom Q_{She} verringert dabei die Wahrscheinlichkeit von Wandkontakten des Aerosolstroms. Dabei können verschiedene Düsengrößen und -geometrien genutzt werden. Binder et al. beschreiben in [252] ein Modell für die aerodynamische Fokussierung, welches für einen breiten Parameterraum die realisierbare Linienbreite aufgrund des Verhältnisses von Schutzgas- und Aerosolvolumenstrom sowie der Düsenöffnung beschreibt. Neben der Fokussierung durch das Schutzgas ist weiterhin, wie in [253, 254] beschrieben, der Effekt einer aerodynamischen Linse relevant, da sich damit Partikel beim Durchströmen der Düsenöffnung zur Strahlmitte konzentrieren lassen.

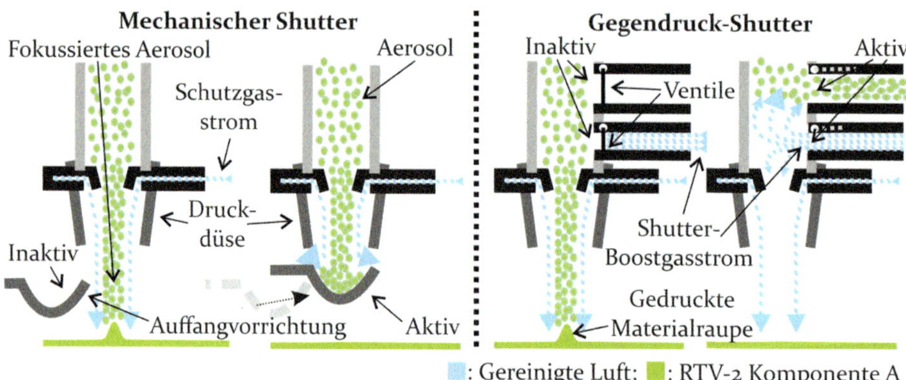

Bild 17: In der Druckdüse wird das einströmende Aerosol von einem Schutzgas umhüllt und aerodynamisch fokussiert, sodass sich Strukturen mit einer Auflösung unterhalb der Düsenöffnungsgeometrie erzeugen lassen. Die mechanische Lösung zur Unterbrechung des Aerosolstroms (links) hat potenziell weniger Rückwirkung auf die vorgelagerte Aerosol-Erzeugung als das Gegendruckprinzip des Inline-Shutters (rechts).

Durch eine Relativbewegung der beschriebenen Düse zu einem Substrat können somit kontinuierliche Druckbahnen erzeugt werden, deren Profile stark von den Druck- und Materialparametern sowie den gewählten Trajektorien abhängen. Da der Aerosol-Jet-Druck, wie später dargestellt, Eindruck- und Stabilisierungsphasen benötigt, sind zur Erzeugung von Druckmustern mit kurzen Unterbrechungen zusätzliche technische Einrichtungen notwendig, welche im Folgenden als Shutter bezeichnet werden. Bild 17 vergleicht mechanische und Gegendruck-Shutter, welche in Anlagen der Firma Optomec verbaut sein können.

In der mechanischen Variante wird ein Auffangtopf von einem angetriebenen Arm zur Prozessunterbrechung unter der Düsenöffnung positioniert. Durch die mechanischen Teile, die in den Aerosolstrom geführt werden, können Tintenbestandteile neben die beabsichtigten Druckmuster abgelenkt werden. Bei dem System auf Basis von Gegendruck wird zur Prozessunterbrechung über dem Bereich, in welchen das Aerosol vom Schutzgas eingehüllt wird, ein Ausströmverschluss geöffnet. Gleichzeitig wird ein weiterer Volumenstrom zusätzlich zum Schutzgas vor dessen Einströmbereich eingekoppelt. Durch den entstehenden Gegendruck wird dann das Aerosol vollständig durch den Ausströmverschluss abgeführt. Durch die Düsenöffnung treten nur noch Schutzgas sowie ein Anteil des zusätzlich eingeleiteten Gases aus. Somit gibt es keine mechanische Störung des Aerosolstroms nach der Düse. Allerdings kann es ohne eine genaue Abstimmung des zusätzlichen Shutter-Boostgasstroms aufgrund der geänderten Druckverhältnisse in der Düse zu einer starken Beeinflussung der vorgelagerten Prozessphasen des Aerosol-Jet-Drucks kommen.

3.3 Entwicklung eines Fertigungsverfahrens zum Aerosol-Jet-Druck Dielektrischer Elastomere

Aus den im Stand der Technik zusammengefassten Merkmalen Dielektrischer Elastomere sowie den beschriebenen, bekannten Herstellungsverfahren können die bereits formulierten Entwicklungspotenziale für neuartige Fertigungsansätze abgeleitet werden. Die Beschreibung der relevanten Prozessphasen des Aerosol-Jet-Drucks lässt erkennen, dass auf Basis dieses Fertigungsprinzips verschiedene, neuartige Systematiken zur Herstellung Dielektrischer Elastomere umsetzbar sind. Im Folgenden sind diese unterschiedlichen Ansätze zunächst in einer schematischen Übersicht dargestellt. Ziel der vorliegenden Dissertation ist die Untersuchung des Aerosol-Jet-Druck-Prinzips hinsichtlich seiner Eignung als Fertigungsverfahren für elastische mechatronische Komponenten am Beispiel Dielektrischer Elastomere. Dazu muss aus den möglichen Prozessvarianten ein Satz aussichtsreicher Abfolgen von Prozessschritten als zugrundeliegender Untersuchungsgegenstand ausgewählt werden, um den Aerosol-Jet-Druck zur Herstellung gestapelter, komplex geformter Dielektrischer Elastomere mit geringen Schichtdicken als Multimaterialsysteme zu qualifizieren. Dazu wird im Folgenden ein grundlegendes Anlagenkonzept beschrieben, um aus den vorgestellten Teilkomponenten eine Versuchsanlage für den Aerosol-Jet-Druck Dielektrischer Elastomere aufzubauen. Mit dieser Versuchsanlage ist es dann möglich, unterschiedliche Materialien und Fertigungsstrategien zur Herstellung von Proben mit reproduzierbaren Eigenschaften zu analysieren und zu bewerten.

3.3.1 Integration von Prozessschritten zur Erzeugung der notwendigen Strukturelemente Dielektrischer Elastomere

Sollen mehrlagige Dielektrische Elastomere komplex strukturiert und gegebenenfalls in einem tatsächlich dreidimensionalen Verfahren mittels Aerosol-Jet-Druck hergestellt werden, sind die beiden wesentlichen zu realisierenden Strukturelemente zunächst gedruckte Elastomer-Dielektrika und additiv gefertigte, elastische Elektrodenstrukturen. Ein mögliches Aerosol-Jet-Druck-Verfahren kann somit, ausgehend von der in Kapitel 3.1 getroffenen Materialauswahl für Dielektrische Elastomere, wie in Bild 18 dargestellt in einzelne Prozessphasen aufgelöst werden.

Diese sind der sequentielle Auftrag von Polydimethylsiloxanen, jeweils gefolgt entweder von der Erzeugung einer Partikelelektrode als Monomaterialsystem oder von der Herstellung partikelgefüllter Silikonmatrizen als Elektrodensysteme mit verbesserter Schichthaftung. Wie auch beispielhaft in [187] dargestellt, ist der überwiegende Teil von Silikonen, welcher im Kontext der Herstellung von Dielektrika für Dielektrische Elastomere beschrieben wird, additionsvernetzend. Somit werden Volumenschwund und Reaktionsrückstände von kondensationsvernetzenden Systemen vermieden. Entsprechend soll eine Versuchsanlage zur Herstellung von RTV2-Silikonen geeignet sein, wobei wiederum verschiedene Variationen zur Herstellung reiner Silikonschichten möglich sind. Grundsätzlich können Zweikomponentensysteme mit sehr langer Topfzeit vorgemischt in einer Prozesskammer vorgehalten werden. Bei Ausgangsmaterialien mit entsprechend kurzen Topfzeiten zur zeiteffizienten Herstellung mehrlagiger Systeme können die beiden Komponenten eines RTV2-Silikons allerdings aufgrund der schnell einsetzenden Vernetzung nicht in einer Prozesskammer vorgehalten werden. Weiterhin ist jedes Konzept für RTV2-Systeme in Bezug auf die notwendigen Aerosol-Erzeugungen stets auch für die Prozessierung von kondensations- beziehungsweise UV-vernetzenden Materialien mit gegebenenfalls nur einer Ausgangskomponente geeignet. Aus den unterschiedlichen Varianten zur Aufbringung entweder reiner Partikelelektroden oder gefüllter Polymermatrizen folgt schließlich die Notwendigkeit, mindestens drei getrennte Aerosol-Erzeugungen in eine Versuchsanlage zu integrieren. Sollen die drei Komponenten rein sequentiell verdruckt werden können, werden, wie in Bild 18 dargestellt, wiederum drei separate Druckdüsen benötigt.

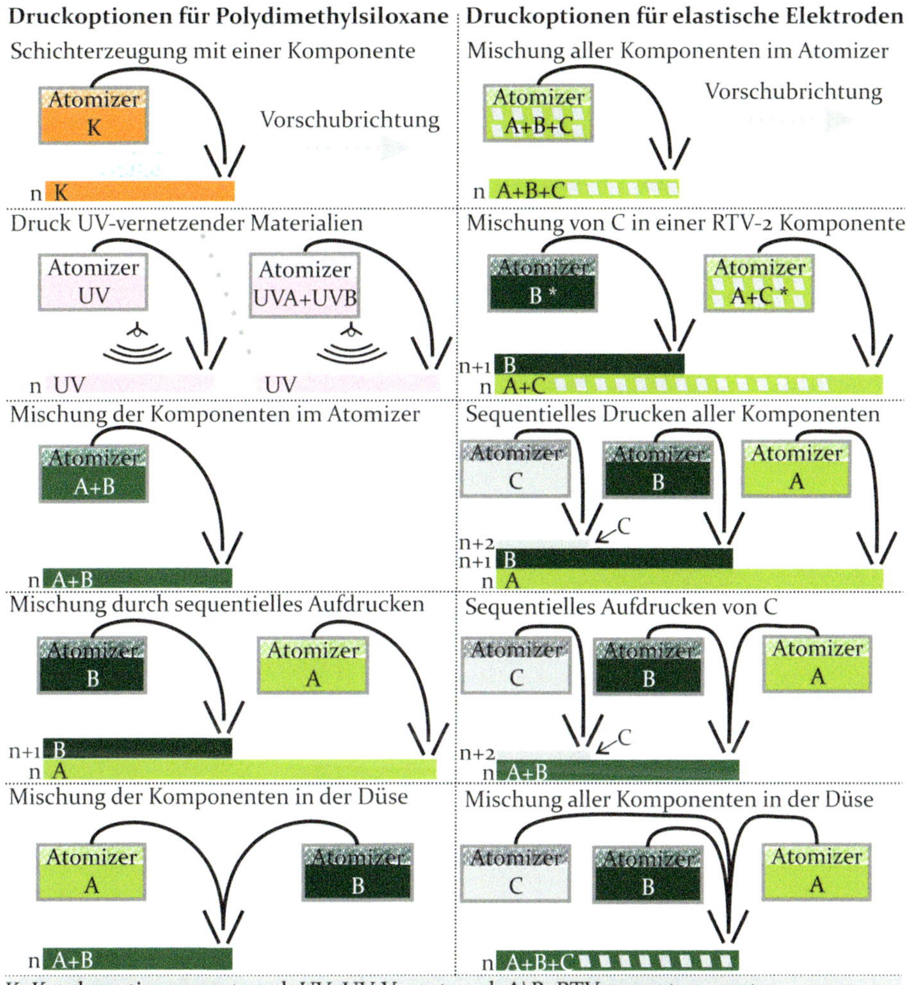

Bild 18: Für die kontinuierliche Herstellung von Silikonlagen (links) werden maximal zwei Prozesskammern zur Aerosol-Erzeugung und zwei Druckdüsen benötigt. Daraus folgen verschiedene Ablaufoptionen (rechts), um Partikelelektroden als Monomaterialsystem zwischen Elastomerschichten oder als Polymermatrizen zu realisieren.

3.3.2 Konzept einer Versuchsanlage für den maskenlosen und frei programmierbaren 2,5D-Aerosol-Jet-Druck Dielektrischer Elastomere

Mit drei getrennten Einrichtungen zur Aerosol-Erzeugung und bis zu drei Druckdüsen lassen sich alle im Vorangegangenen dargestellten Variationen möglicher Prozessabfolgen zum sequentiellen Druck Dielektrischer Elastomere auf der Basis von Silikondielektrika, Partikelelektroden und gefüllter Elastomermatrizen abbilden. Dazu zählen auch Nebenprozesse wie das Drucken von Ankontaktierungszonen, von Leitpfaden sowie von anderen peripheren Elementen wie etwa einhüllenden Isolationsschichten. Die verschiedenen relevanten Elemente sind in einer schematischen Übersicht in Bild 19 dargestellt. Erst durch die Kombination der Einrichtungen zur Aerosol-Erzeugung und Prozessierung mit einem gesteuerten kinematischen System mit mindestens drei Freiheitsgraden ergibt sich ein maskenloses additives Fertigungsverfahren. Die relevanten Komponenten zum Aufbau einer solchen Versuchsanlage zur Untersuchung des Aerosol-Jet-Drucks als Fertigungsverfahren für elastische mechatronische Komponenten werden im Folgenden gegliedert nach Aerosol-Erzeugung und Kinematik beschrieben. Bei der Herstellung der Strukturelemente sollen dünne Schichten, bei gleichzeitig möglichst hoher Druckgeschwindigkeit, ausgehend von unterschiedlichen Materialien mit gegebenenfalls relativ hohen Ausgangsviskositäten verdruckt werden. Die von der Firma Optomec unter der Bezeichnung Aerosol-Jet® vertriebenen Komponenten zum Aerosol-Jet-Druck ermöglichen die parallele Nutzung sowohl pneumatischer als auch ultraschallbasierter Aerosol-Erzeugungen in einer Gesamtanlage. Im Gegensatz zum ausschließlich ultraschallbasierten NanoJet®-Verfahren der

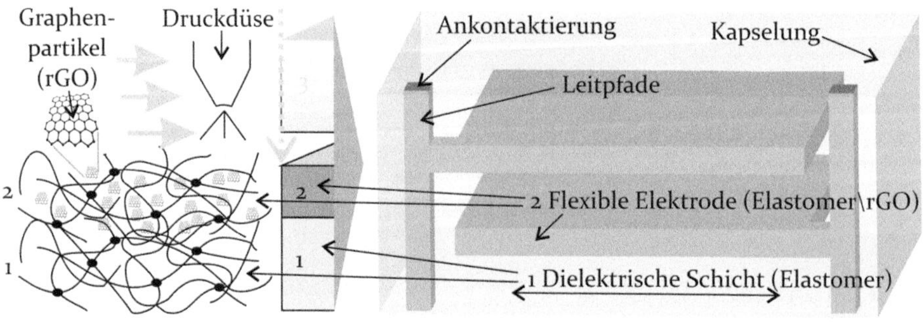

Bild 19: Werden die Prozesskomponenten des Aerosol-Jet-Drucks, wie links schematisch durch eine Druckdüse angedeutet, mit einer Dreiachskinematik kombiniert, lassen sich mit dem maskenlosen Druckverfahren schichtweise komplexe, elastische mechatronische Komponenten additiv fertigen.

Firma Integrated Deposition Solutions ist mit den Komponenten der Firma Optomec daher die Erzeugung höherer Volumen- beziehungsweise Aerosolströme und die Verarbeitung eines breiteren Materialspektrums hinsichtlich der Ausgangsviskositäten möglich. Daher wird die in Bild 20 dargestellte Versuchsanlage für die nachfolgend beschriebenen Untersuchungen aus Aerosol-Jet®-Komponenten der Firma Optomec aufgebaut. Es werden insgesamt neun Masseflusscontroller für die geregelte Erzeugung von Volumenströmen in zwei sogenannten Process Control Modules verbaut. Damit können für die in Kapitel 3.2 beschriebenen Prozessphasen drei Atomizergasströme mit bis zu 5000 sccm, drei Exhaustgasströme mit bis zu 2000 sccm und drei Sheathgasströme mit bis zu 500 sccm in der Anlage kombiniert werden. Zur Aerosol-Erzeugung werden zunächst zwei pneumatische Systeme der Sprint-Laborreihe der Firma Optomec für Untersuchungen zum Silikondruck mit zwei Ausgangskomponenten und ein ultraschallbasiertes System für die Verarbeitung von Partikeltinten integriert. Diese Anlage bildet ebenfalls den Ausgangspunkt für die Entwicklung einer neuartigen hybriden Aerosol-Erzeugung, welche in Kapitel 5 beschrieben wird. Da Voruntersuchungen zu den in Kapitel 3.3.2 dargestellten Prozessvariationen bereits mit zwei Druckdüsen durchgeführt werden können, werden in die Versuchsanlage zunächst lediglich zwei Druckköpfe aus der Sprint-Modellreihe der Firma Optomec integriert. Diese bieten die Möglichkeit zur Nutzung unterschiedlicher Düsengeometrien.

Zur Darstellung der kinematischen Freiheitsgrade werden die Komponenten zur Aerosol-Erzeugung mechanisch in eine computergesteuerte Vierachskinematik der Firma Imes-Icore der Modellreihe Euromod MP30 integriert. Die Linearachsen mit Kugelgewindetrieben und Linearführungen mit Kugelumlaufschlitten besitzen jeweils eine Wiederholgenauigkeit von 20 µm [255]. Die über ein flexibles Schlauchsystem mit den feststehenden Masseflusscontrollern verbundenen Atomizer sowie die Druckdüsen, Virtual-Impactor-Einheiten und weitere periphere Komponenten zur Aerosol-Erzeugung werden in einer mechanischen Aufnahme mit der X-Achse und der Z-Achse mitbewegt. Die Y-Achse sowie eine zusätzliche endlosdrehende Rotationsachse, deren Funktion im nachfolgenden Kapitel beschrieben ist, sind im Anlagenbett zur Probenaufnahme verbaut. Insgesamt ergibt sich aus den Verfahrwegen der einzelnen Achsen ein theoretischer Bauraum von 650 mm mal 450 mm mal 250 mm in der X-, Y- und Z-Achse. Aus dem Programmcode des Vierachssystems können die Drucktrajektorien über digitale Ein- und Ausgänge mit den steuerbaren Prozesskomponenten zur später beschriebenen Vernetzungsunterstützung und zur temporären Prozessunterbrechung synchronisiert werden. Die Volumenströme der Masseflusscontroller werden über ein separates Terminal eingestellt und zur Prozesslaufzeit nicht verändert. In Bild 20 sind die Komponenten der realen Versuchsanlage dargestellt. Eine weitere Beschreibung der dargestellten neuartigen Komponenten und Subsysteme der Anlage erfolgt in den Kapiteln 4 und 5.

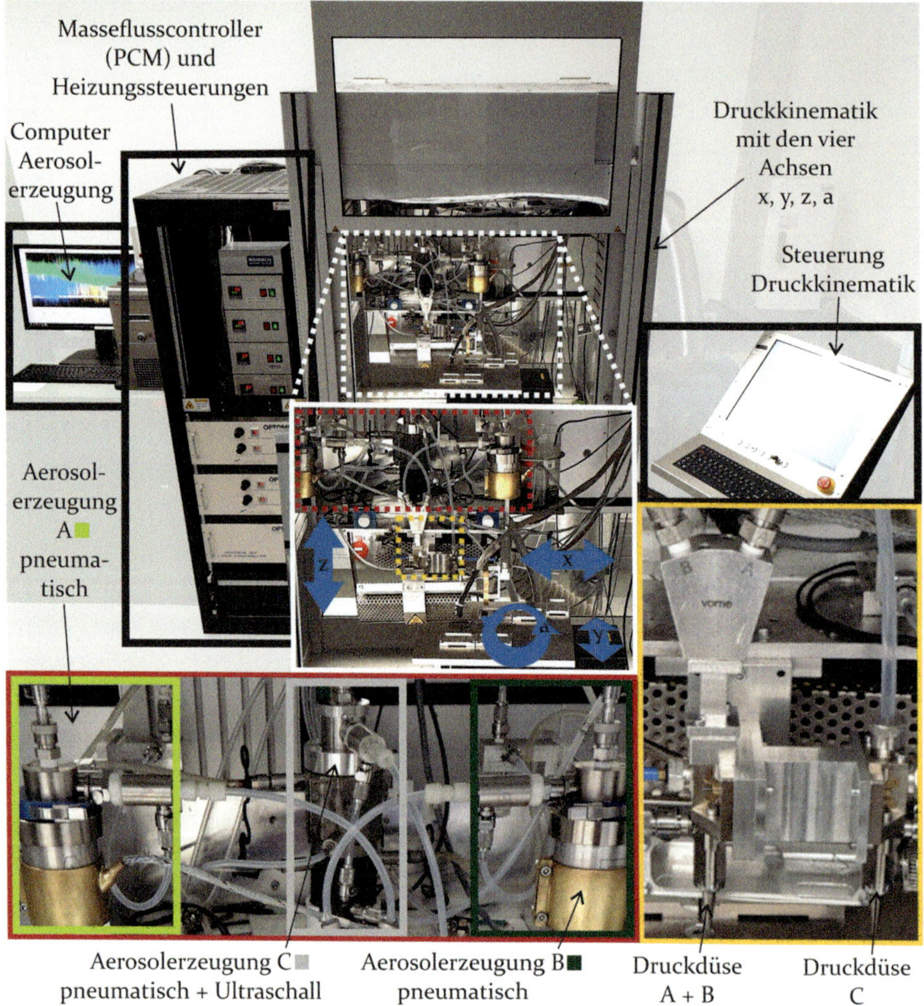

Bild 20: Die links neben der Anlage in einem Steuerschrank verbauten computergesteuerten Masseflusscontroller sind über Schläuche mit den mitbewegten Komponenten zur Aerosol-Erzeugung in der rechts platzierten Vierachskinematik verbunden.

4 Aerosol-Jet-Druck von RTV2-Silikonstrukturen mit homogenen Schichten geringer Dicke

Die additive Fertigung von Silikonmaterialien mit entsprechenden elektromechanischen Eigenschaften ist eine Schlüsseltechnologie zur Realisierung langzeitstabiler und flexibler Komponenten mit komplexen und im Volumen dreidimensional aufgelösten dielektrischen Strukturen. Weiterhin ist für einen Ansatz zur Herstellung Dielektrischer Elastomere, aber auch für andere Anwendungen, etwa in der Mikrofluidik zur Realisierung von Lab-on-a-Chip-Anwendungen, ein Prozess mit der besonderen Merkmalskombination einer Eignung für geringe Schichtdicken sowie einer akzeptablen Ortsauflösung bei einem gleichzeitig möglichst hohen Materialdurchsatz wünschenswert. Die im Stand der Technik dargestellten Verfahren zur additiven Herstellung von Silikonstrukturen haben teilweise deutliche Einschränkungen hinsichtlich der realisierbaren minimalen Schichtauflösung, falls gleiche Produktionszeiten erreicht werden sollen, die absehbar eine industrielle Nutzung realistisch erscheinen lassen.

Im Folgenden wird daher ein neuartiges Verfahren zum Aerosol-Jet-Druck von RTV2-Silikonen zunächst als schichtbezogener 2,5D-Druckansatz vorgestellt. Ausgehend von einer detaillierten Beschreibung der Versuchsanlage wird eine Messkampagne beschrieben, um für den neuartigen Ansatz eine erste Prozessmodellierung bei der Verwendung des RTV2-Silikons Elastosil P7670 der Firma Wacker zu realisieren. Damit lassen sich Werte für bestimmte Materialdurchsätze bei definierten Mischverhältnissen und stabilen Systemzuständen identifizieren. Untersuchungen zu Drucktrajektorien beschreiben danach die Herstellung von homogenen Silikonlagen mit Schichtdicken unterhalb von 50 µm und gestapelten Volumenkörpern auf der Basis des stabilisierten Materialdurchsatzes, welcher möglichst kurze Herstellungszeiten erlauben soll. Die so hergestellten Silikonproben werden schließlich hinsichtlich ihrer elektromechanischen Parameter charakterisiert. Für die vorliegend beschriebenen Forschungsarbeiten besteht die Einschränkung, dass keine kompatiblen Stützmaterialien oder Druckstrategien mit einer lokalen Steuerung der Vernetzungsreaktion untersucht werden. Es handelt sich bei der betrachteten Herstellungssystematik also noch nicht um einen vollständigen additiven Fertigungsansatz, beispielsweise zur Erzeugung von Überhängen oder Hohlräumen.

4.1 Konzept eines Aerosol-Jet-Drucksystems für RTV2-Silikone

Eine der wesentlichen Herausforderungen bei der Verarbeitung von Elastomermaterialien im Aerosol-Jet-Druck sind die Viskositäten der Ausgangsstoffe. Während bei Druckprozessen für Silikone auf Basis von Extrusionsverfahren eine Erhöhung der Viskositäten notwendig sein kann [188], ist beim Aerosol-Jet-Druck die Einhaltung einer maximalen Viskosität der Ausgangsmaterialien beispielsweise von 1000 mPas [246] notwendig. Bei einer Vielzahl der im Stand der Technik aufgeführten RTV2-Systeme, wie beispielsweise Sylgard® 186 [256], weist eine der beiden Ausgangskomponenten eine deutlich zu hohe Viskosität auf, um mittels der in Kapitel 3.2.1 beschriebenen Ansätze in ein Aerosol überführt werden zu können. Gleiches gilt für viele UV-vernetzende Materialien mit nur einer Komponente wie beispielsweise in [257]. Die Nutzung von Lösungsmitteln kann, wie im Stand der Technik beschrieben, ein möglicher Ansatz sein, solche Materialien für Prozesse mit einer ausschließlichen Eignung für niedrigviskose Tinten nutzbar zu machen [187]. Allerdings ergeben sich dann deutlich längere Prozessdauern zur Entfernung der Lösungsmittelanteile.

Mit dem RTV2-Silikon Elastosil P7670 der Firma Wacker existiert ein kommerziell verfügbares Materialsystem, dessen Viskositäten der beiden Ausgangskomponenten A und B von je 1800 mPas bei 296,15 K [258] zumindest annähernd im Bereich der Herstellvorgaben der Aerosol-Jet®-Komponenten liegen. Weiterhin ist das Material bereits im Kontext der Herstellung von Dielektrischen Elastomeren beschrieben [59], eingehend charakterisiert [220] und kann aufgrund seiner kurzen Vernetzungsdauer von 20 Minuten bei 296,15 K einen zeiteffizienten Druckprozess ermöglichen.

Im Folgenden sind Maßnahmen beschrieben, um die Viskositäten der Ausgangsstoffe von Elastosil P7670 durch Wärmezufuhr herabzusetzen und sie so dem Aerosol-Jet-Druck zugänglich zu machen. Aufgrund geänderter Vernetzungseigenschaften, als Folge der Einkopplung von Wärme während der Aerosol-Erzeugung, wird eine Einrichtung zur thermischen Unterstützung der Vernetzungsreaktion benötigt. Die Integration eines solchen Strahlungsheizsystems in die Versuchsanlage sowie Untersuchungen zum Einfluss auf die Vernetzungsreaktion gedruckter Silikonlagen wird ebenfalls beschrieben. Danach werden grundlegende Eigenschaften des Drucksystems dargestellt, welche sich aus der Vorhaltung von schnell vernetzenden Ausgangskomponenten in getrennten Prozesskammern beim Verdrucken durch eine gemeinsame Düse ergeben.

4.1.1 Aerosol-Erzeugung bei hochviskosen Materialien mittels thermisch geregelter Prozesskammern

Erkenntnisse zu ersten Versuchen zur getrennten Verarbeitung einer Komponente A oder B des RTV2-Materials Elastosil P7670 als Drucktinte in einem Aerosol-Jet®-System vom Typ Sprint zur pneumatischen Aerosol-Erzeugung sind in [P8, P9, P4] sowie die zugehörigen Versuchsreihen in [S1] beschrieben. Dabei besteht der in Bild 21 dargestellte Atomizerbehälter des Versuchssystems zunächst aus Teflon.

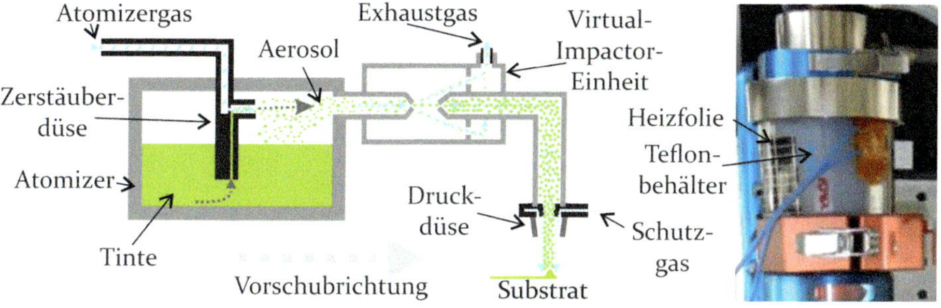

Bild 21: Mit einem pneumatischen Atomizer, einem Virtual Impactor und einer Druckdüse können bei der Verwendung einer Teflon-Atomizerkammer und einer Heizfolie, wie im Bild rechts nach [S1] dargestellt, nur moderate Tintentemperaturen im Bereich von 333,15 K erreicht werden.

Bei Raumtemperatur der Tinten kann mit dem Versuchsaufbau für keine der beiden Ausgangskomponenten eine Aerosol-Erzeugung realisiert werden. Durch die Ummantelung der Teflonkammer des Herstellers Optomec mit einer Widerstandsheizfolie können Tintentemperaturen von maximal 335,15 K für Komponente A und 332,15 K für Komponente B erreicht werden. Die Erwärmung führt zu einer reduzierten Viskosität der Ausgangskomponenten und einer einsetzenden Aerosol-Erzeugung. In Messreihen wird dann der Atomizergasstrom Q_{Ato} von 900 sccm bis 2250 sccm in Schritten von 250 sccm und der Exhaustgasstrom Q_{Exh} zwischen 400 sccm und 2000 sccm in Schritten von 400 sccm und für die letzte Stufe um 800 sccm variiert. Dabei kann ein stark unterschiedliches Verhalten der Komponenten A und B in Bezug auf den Materialdurchsatz Out_A für Komponente A beziehungsweise Out_B bei gleichen Druckparametern beobachtet werden. Es wird weiterhin ein konstanter Schutzgasstrom Q_{She} von 100 sccm genutzt, da dieser den Prozess, wie später gezeigt werden wird, hinsichtlich des Materialdurchsatzes nur sehr geringfügig beeinflusst. Die Bestimmung der Materialdurchsätze Out_A für Komponente A und Out_B für Komponente B basiert für alle folgenden Angaben in dieser Dissertationsschrift auf Messungen mit einer Waage vom Typ ABT 100-5M der Firma

Kern mit einer Messgenauigkeit von 0,01 mg. Es wird das in zehn Minuten verdruckte Material gewogen. Die beispielhaft in Tabelle 6 dargestellten Auszüge der Messreihen mit je acht Wiederholungen zeigen, dass bei diesen Temperaturen für beide Komponenten insgesamt sehr niedrige Materialdurchsätze von maximal 0,2 mg/min zu beobachten sind.

Tabelle 6: Im Bereich von 334 K zeigt sich insgesamt ein niedriger über drei Wiederholungen gemittelter Materialdurchsatz für Komponente A oder B im Aerosol-Jet-Druck, auch wenn die Volumenströme der Prozessgase erhöht werden. Bei einer Heizbandtemperatur T_H von 433,15 K sind deutlich höhere Durchsatzwerte erreichbar. Nach [S1, S2] und [P4, P8-P10]

Komponente	Q_{Ato}	Q_{Exh}	Q_{She}	Materialdurchsatz $Out_{A\ bzw.\ B}$
A (335,15 K)	1400 sccm	400 sccm	100 sccm	0,13 mg/min
B (332,15 K)	1400 sccm	400 sccm	100 sccm	0,05 mg/min
A (335,15 K)	1900 sccm	1200 sccm	100 sccm	0,2 mg/min
B (332,15 K)	2250 sccm	2000 sccm	100 sccm	0,2 mg/min
A (433,15 K) T_H *	2146 sccm	1502 sccm	600 sccm	23,40 mg/min
B (433,15 K) T_H *	2211 sccm	1516 sccm	600 sccm	13,45 mg/min

Volumenströme: Q_{Ato}: Atomizergas; Q_{Exh}: Exhaustgas; Q_{She}: Sheathgas; *Bandtemperatur

Da die Verarbeitung von Elastosil P7670 bei Temperaturen bis zu 473,15 K möglich ist [219], bietet sich die Integration von leistungsfähigen Heizkomponenten in die Atomizersysteme an, um die Auswirkungen einer weiteren temperaturunterstützten Viskositätsverminderung zu untersuchen. Dazu werden zunächst die Teflonbehälter des Komponentenherstellers Optomec durch eigengefertigte Aluminiumkammern mit gleichem Außendurchmesser und einer Wandstärke von 3 mm ersetzt. Diese Kammern werden dann mit Heizbändern der Firma Hewid mit FeCuNi-Thermoelementen ausgestattet, deren Heizleistung von 430 Watt auf einstellbare Bandtemperaturen T_H PID-geregelt werden kann. Ergebnisse von Versuchen zur temperaturunterstützten Erhöhung des Materialdurchsatzes mit diesem neuen Anlagenaufbau sind in [P10] zusammengefasst und umfangreiche Versuchsreihen in [S2] beschrieben. Die in Bild 22 dargestellten Messungen mit einer Thermokamera der Firma FLIR in den oben offenen, mit Komponente B gefüllten Aluminiumbehälter zeigen, dass mit den neuen Komponenten deutlich höhere Tintentemperaturen realisiert werden können. Ein beispielhafter Auszug aus den Messreihen aus [S2] zeigt, wie in Tabelle 6 dargestellt, eine starke Erhöhung des Materialdurchsatzes bei der Nutzung der geheizten Aluminiumprozesskammer. Wie später bei der Beschreibung der Prozessmodellierung noch näher dargestellt, hat also die temperaturinduzierte Verringerung der Viskositäten der Ausgangskomponenten von Elastosil P7670 einen entscheidenden Einfluss auf die erreichbaren Materialdurchsätze im Aerosol-Jet-Druck. Aufgrund der Wärmeleitfähigkeit der Ausgangskomponenten von Elastosil P7670 ergibt sich weiterhin ein zeitlicher Temperaturverlauf, welcher für einen robusten Druckprozess eine stabilisierende Aufwärmphase von mehreren Minuten notwendig macht. Neben einer Temperaturerhöhung kann, wie später dargestellt, auch die Mischung der Ausgangskomponenten mit einem kompatiblen Silikonöl eine zusätzliche Viskositätsverringerung bewirken.

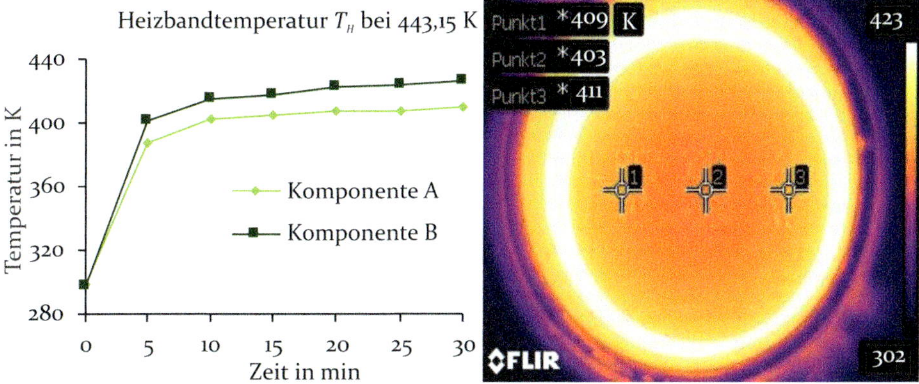

Bild 22: Bei einer Heizbandtemperatur von 433,15 K zeigen sich zeitbezogene Wärmeprofile der Komponenten A und B (links) sowie ein Temperaturgradient im Atomizer (rechts).

4.1.2 Wechselwirkungen von zwei Aerosol-Erzeugungen bei der Zusammenführung reaktiver Aerosolströme

Wie bereits in Kapitel 3 dargestellt, erfolgt der Weitertransport erzeugter Aerosolanteile aus der Atomizerkammer in nachgelagerte Prozesskomponenten des Aerosol-Jet-Drucks mit einer gewissen statistischen Wahrscheinlichkeit. Anteile des Aerosols fallen im Atomizer direkt oder nach einem Wandkontakt in die Ausgangstinte zurück. Im Gegensatz beispielsweise zu Extrusionsprozessen ist eine Angabe der Verweildauer einer spezifischen Fraktion des Materials in der Atomizerkammer daher nicht möglich. Für RTV2-Materialien mit kurzen Topfzeiten, welche durch eine Erwärmung weiter verkürzt werden, sind daher zwei getrennte Aerosol-Erzeugungen notwendig. Nur so kann eine unbeabsichtigte Vernetzungsreaktion im Atomizer verhindert und ein kontinuierlicher Prozess gewährleistet werden. Nach der schematischen Darstellung in Bild 18 in Kapitel 3 sind mehrere Prozessvarianten zum Aerosol-Jet-Druck von RTV2-Silikonen mit zwei getrennten Atomizern für die Ausgangskomponenten A und

B eines RTV2-Silikons möglich. In [P4] sind grundlegende Versuche zum sequentiellen Auftrag der beiden Komponenten A und B beschrieben. Die mittels eines konfokalen Lasermikroskops vom Typ VK-9700 der Firma Keyence bestimmten und in blau dargestellten Höhenprofile von kreisförmig gedruckten Proben in Bild 23 lassen erkennen, dass der Aerosol-Jet-Druck grundsätzlich geeignet ist, dünne, gelb eingezeichnete Schichtstrukturen mit homogener Dicke im Bereich von beispielsweise 5 µm aufzudrucken. Allerdings zeigt sich auch, dass sich bei einem sequentiellen Druck der Komponente A auf die noch unvernetzte und somit mechanisch nicht stabile Schicht der Komponente B ein insgesamt schlechtes Druckbild mit deutlichen Schwankungen der Schichtdicke über den Profilverlauf ergibt.

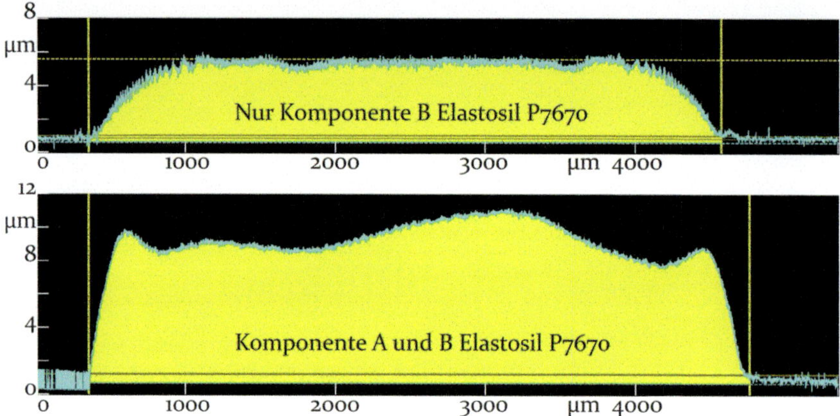

Bild 23: Der sequentielle Druck von Komponente A auf eine unvernetzte Schicht der Komponente B mit einer anfänglich sehr homogenen Dicke führt im Ergebnis zu einer deutlich schlechteren Qualität der resultierenden vernetzten RTV2-Schicht. Nach [P4]

Für RTV2-Materialsysteme kann also ein sequentieller Materialauftrag von zwei dünnen Schichten, welche anschließend zu einem Silikon vernetzen, nicht ohne Weiteres als Fertigungsansatz genutzt werden. Weiterhin ist vom Hersteller eine ausreichende mechanische Durchmischung der beiden Ausgangskomponenten im vorgesehenen Verhältnis von 1:1 als kritischer Faktor zur Erreichung definierter Materialeigenschaften angegeben [219]. Alle weiteren, im Folgenden beschriebenen Versuchsreihen zum Aerosol-Jet-Druck werden daher mit dem gekoppelten System mit einem Aufbau analog zur schematischen Darstellung in Bild 24 durchgeführt. Das Aerosol-Jet-Druck-Versuchssystem zum kontinuierlichen Auftrag von fertig gemischten RTV2-Elastomeren spiegelt die zuvor für eine Materialkomponente beschriebene Anlage basierend auf Aerosol-Jet®-Komponenten an der Druckdüse. Neben den beiden beheizten Atomizerkammern aus Aluminium ist für die Ausgangsmaterialien A und B jeweils eine Virtual-Impactor-Einheit vorhanden.

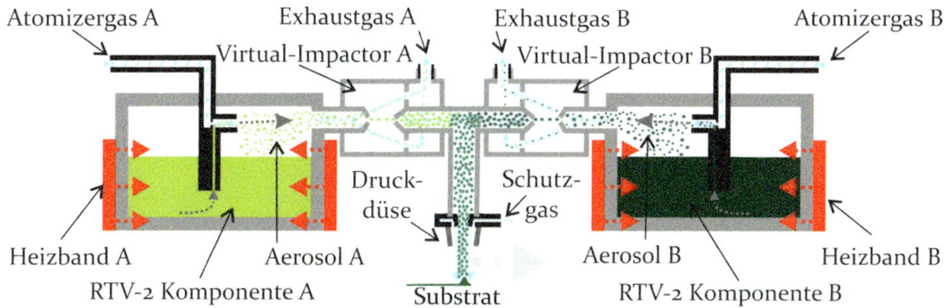

Bild 24: In einem gekoppelten System mit zwei Aerosolerzeugungen werden die Eingangskomponenten eines RTV2-Materials getrennt in Aerosol-Ströme überführt, verdichtet und durch eine Druckdüse im gemischten Zustand verdruckt. Nach [P10]

In [259] wird ein ähnliches System zur Zusammenführung von zwei reaktiven Aerosolströmen in einer Druckdüse zur Mischung von Materialien bei der Herstellung von Solarmodulen beschrieben. In der vorliegend beschriebenen Versuchsanlage sind ebenfalls zwei Virtual-Impactor-Einheiten notwendig, da in diesen Systemteilen eine unbeabsichtigte Vernetzungsreaktion und in der Folge Ablagerungen von bereits gemischten Aerosolströmen die aerodynamischen Eigenschaften von Düse, Diffusor und Absaugung – und somit schließlich das Prozessverhalten – stark beeinflussen können. Die Zusammenführung der reaktiven Materialien erfolgt daher erst direkt vor der Druckdüse, in welcher der dann durchmischte und potenziell vernetzungsfähige Aerosolstrom von einem Schutzgas ummantelt wird. Dadurch ist die Wahrscheinlichkeit einer Berührung mit mechanischen Teilen und nachfolgend eine Zusetzung mit teilvernetztem Material beispielsweise der Düsenöffnung deutlich reduziert. Die Auslegung dieser in Bild 25 dargestellten Komponente wird in [S3] und die Validierung der Annahme einer Addition der eingestellten Materialdurchsätze Out_A und Out_B zu Out_{AB} detailliert in [S2] und [P7] beschrieben.

Wie in [P10] dargestellt, können mit der skizzierten Versuchsanlage ohne weitere Maßnahmen Druckzeiten von 4,5 Stunden mit einem stabilen kombinierten Materialdurchsatz Out_{AB} im Bereich von 20 mg/min erreicht werden. Das instabile Prozessverhalten nach dieser Maximaldauer ist auf beobachtbare, teilvernetzte Ablagerungen in den Virtual-Impactor-Einheiten zurückzuführen [S4]. Wie zuvor dargestellt, verhalten sich die beiden Komponenten, welche zur Herstellung des Silikons im Verhältnis 1:1 gemischt werden müssen, stark unterschiedlich in Bezug auf die Prozessparameter und den resultierenden Materialdurchsatz Out_A beziehungsweise Out_B. Umfangreiche Versuche [S5, S4, S6, S7] zeigen, dass für einen langzeitstabilen Prozess Parameterkombinationen gewählt werden müssen, bei denen das Mischverhältnis von 1:1 erreicht wird und gleichzeitig für beide Komponenten die Differenz Q_{Div} aus Atomizergas- und Exhaustgasvolumenstrom gleich ist. Nur bei einem identischen resultierenden Volumenstrom Q_{Div} hinter den jeweiligen Virtual-Impactor-Einheiten kann verhindert werden, dass Material von der Prozessseite mit der größeren Differenz zwischen Atomizer- und Exhaustgas auf die Prozessseite mit dem dann geringeren Systemdruck verbracht wird und dort an kritischen Stellen vernetzte Ablagerungen bildet. Bei solchen, in Bezug auf die resultierenden Volumenströme angepassten Prozessparametern lassen sich Druckzeiten von 22 Stunden bei einem stabilen Materialdurchsatz im Bereich von 10 mg/min beobachten, wobei der längste Druckversuch nach 22 Stunden bei stabilem Systemverhalten abgebrochen wird.

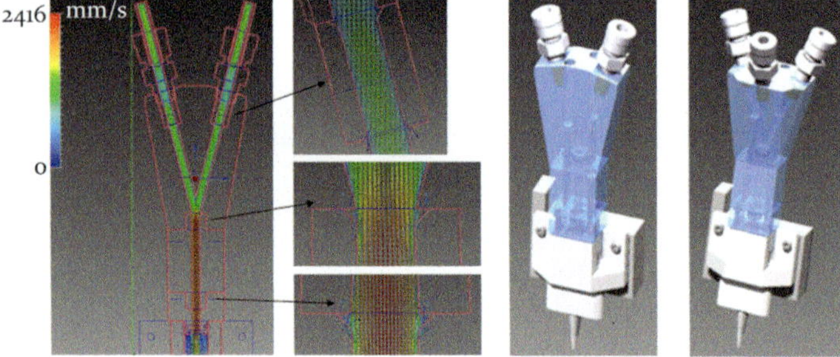

Bild 25: Mit dem Mischsystem können zwei (Mitte) oder drei (rechts) getrennt erzeugte Aerosole zusammengeführt werden, wobei sich zuvor eingestellte Materialdurchsätze und somit auch die Strömungsgeschwindigkeit nach der Mischung addieren. Nach [S3]

4.1.3 Integration einer Strahlungsheizung zur Unterstützung der Vernetzungsreaktion von RTV2-Systemen

Wie bereits dargestellt, ist eine thermische Herabsetzung der Viskositäten der Ausgangsmaterialien der Komponenten A und B beispielsweise bei bis zu 433,15 K notwendig [P10], um den Aerosol-Jet-Druck von Elastosil P7670 zu ermöglichen. Obwohl sich diese Temperatur unterhalb der von der Firma Wacker angegebenen maximalen Verarbeitungstemperatur von 473,15 K [219] befindet, kann bei verschiedenen Versuchsreihen zunächst beobachtet werden, dass mittels des Aerosol-Jet-Drucks bei dieser Prozesstemperatur hergestellte Silikonlagen anschließend bei Raumtemperatur auch nach 24 Stunden nicht zu einer mechanisch stabilen, abriebfesten

Elastomerschicht vernetzen [S6, S7]. Bei mit gleichen Prozessparametern hergestellten Lagen, die anschließend in einem Ofen bei 403,15 K für drei Minuten gelagert werden, kann eine mechanische Stabilität beziehungsweise eine Vernetzung festgestellt werden [P7]. Weitere Versuche an gegossenen Probenkörpern mit einer manuellen Mischung der Ausgangsmaterialien zeigen, dass eine Erwärmung der Ausgangskomponente A auf über 403,15 K eine anschließende Vernetzung bei Raumtemperatur für Elastosil P7670 verhindert. Für Komponente B, welche keinen Platinkatalysator enthält, kann ein solches Verhalten nicht beobachtet werden. Für den Aerosol-Jet-Druck von Elastosil P7670 ergibt sich also die Notwendigkeit einer nachgelagerten Erwärmung der Druckschichten, da Komponente A im Prozess gegebenenfalls über Stunden im Atomizer erhitzt vorgehalten und anschließend bei der Aerosol-Erzeugung mittels nicht vorgeheizter Luft und dem Auftrag in sehr dünnen Schichten wieder auf Raumtemperatur abgekühlt wird.

Versuche mit einem mit der Druckdüse mitgeführten Strahlungsheizsystem mit einem punktförmigen Heizfleck führen nur bei zeitintensivem, mehrmaligem Nachfahren der ursprünglichen Druckbahnen zu vernetzten Elastomerschichten [S8, S6]. Daher wird in die Versuchsanlage eine Strahlungsheizung zur Realisierung einer flächigen Heiz- beziehungsweise Vernetzungszone integriert, in welche Proben mittels der vierten Achse der Versuchskinematik transferiert werden können. Somit können gedruckte Lagen vernetzt werden, während parallel eine neue Schicht einer zweiten Probe in der Druckzone hergestellt wird. Das Heizsystem besteht aus zwei gebogenen Keramikstrahlern der Firma Niggeloh GmbH mit einer Fläche von je 245 mm mal 60 mm. Die Strahler werden mit nach oben hin abschirmenden Reflektoren an die Unterseite der Komponentenaufnahme der Versuchskinematik angebracht. Ihre Temperatur, welche über ein Ni-CrNi-Thermoelement in einem der beiden Strahler ermittelt wird, kann bei einer kombinierten Heizleistung von 800 Watt bis zu einer Maximaltemperatur von 800 K in den Strahlern PID-geregelt werden. Mit der in Bild 26 rechts dargestellten Konfiguration, in welcher beide Strahler mit einer Verkippung von +/-15° und einer Distanz der Mittellinien von 25 cm angebracht sind, ergibt sich bei einem Arbeitsabstand der Unterseite der Reflektoren zum Drehteller der Versuchskinematik von 5 cm eine Heizzone von mindestens 7,8 cm mal 8 cm mit einer homogenen Temperatur T_{VZ}. In verschiedenen Versuchsreihen wird die Temperatur an den Oberflächen mit einer Thermokamera und mit einem an den Unterseiten von 1 mm und 3 mm dicken Elastosil-P7670-Proben eingegossenen Temperaturfühler bestimmt. Ein beispielhafter Verlauf für eine simulierte Druckdauer von vier

Minuten und einem anschließenden Drehen der Probenaufnahme aus dem Druckbereich unter den Düsen zur Positionierung in der Mitte der Heizzone ist in Bild 26 links dargestellt. Es zeigt sich, dass bei einer Strahlertemperatur von 623,15 K nach 90 Sekunden selbst in einer Probentiefe von 1 mm eine Vernetzungstemperatur T_{VZ} über 370 K erreicht werden kann. Versuche zeigen weiterhin die mechanische Vergleichbarkeit von Zugproben, die entweder in einem Ofen oder mittels der Strahlungsheizung vernetzt werden [S9].

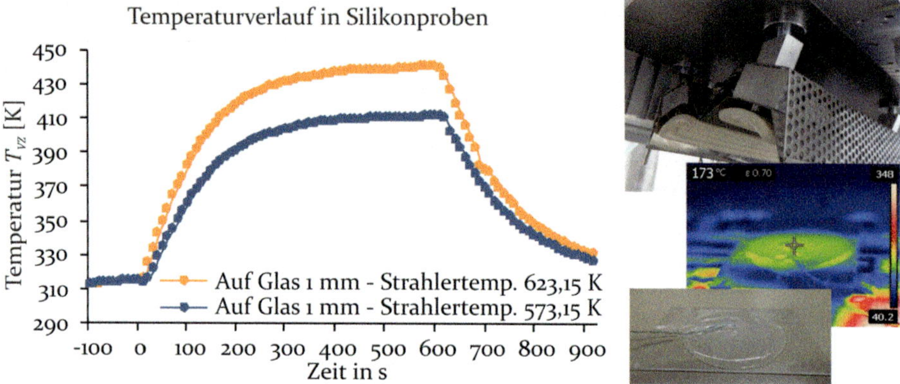

Bild 26: Werden Silikonproben mit einem Strahlungsheizungssystem (rechts oben) beheizt, sind definierte Temperaturprofile (links und rechts Mitte) zur Unterstützung einer Vernetzungsreaktion von Silikonproben (rechts unten) einstellbar.

4.2 Modellierung des Einflusses relevanter Prozessparameter auf den Aerosol-Jet-Druck von Komponenten eines RTV2-Silikons

Für den Aerosol-Jet-Druck von Elastosil P7670 ist das Erreichen eines Mischverhältnisses beider Ausgangskomponenten in Bezug auf den Materialdurchsatz von Out_A und Out_B von 1:1 notwendig. Gleichzeitig müssen die resultierenden Volumenströme nach den Virtual-Impactor-Einheiten nahezu identisch sein, um mit ausgeglichenen Druckverhältnissen auf den beiden Systemseiten einen langzeitstabilen Prozess zu ermöglichen. Bei einer getrennten Betrachtung [S2, S10] ergibt sich für die Komponenten A und B ein stark unterschiedliches Prozessverhalten aufgrund einer Kette von Wechselwirkungen: Je nach Viskosität, Silikonölbeimengung und Tintenfüllstand kann es, wie auch in Kapitel 3 beschrieben, im Atomizer zur Bildung eines Aerosols mit einer sehr unterschiedlichen Größenverteilung der Tropfen kommen. In der Folge ist der Einfluss der Virtual-Impactor-

Einheiten, wie in Bild 27 links dargestellt, ein anderer und auch die Interaktion des Aerosols mit den restlichen Oberflächen der Prozesskomponenten kann unterschiedlich sein. Neben den geregelten Prozessparametern hat auch die Ausgestaltung der Hardwarekomponenten einen entscheidenden Einfluss. Wie in [P7] dargestellt, lassen sich im Atomizer durch Düsenelemente mit mehreren parallelen Zerstäubern höhere Materialdurchsätze realisieren. Dabei sind die maximal zulässigen Volumenströme und Drücke der Massefluss-Controller die begrenzenden Faktoren. In den weiteren Ausführungen beziehen sich alle Angaben auf die Nutzung von zweikanaligen Zerstäubern. Im Folgenden Abschnitt wird ein erstes Prozessmodell für den getrennten Materialdurchsatz von Komponente A und B erstellt, da die Zusammenführung der Volumenströme zu einem nahezu addierten Durchsatz führt [P7] und somit eine Orientierungshilfe für die Einstellung des Druckprozesses ist.

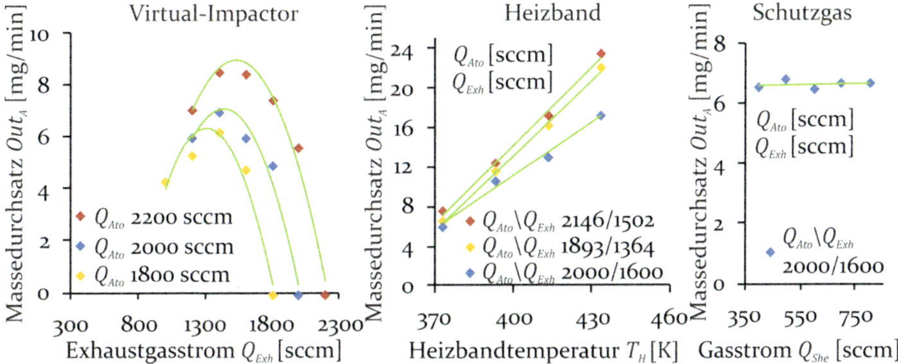

Bild 27: Beispielhaft für Komponente A von Elastosil P7670 dargestellt, lassen sich komplexe Wechselwirkungen der Prozessparameter absehen. Lediglich der Einfluss des Sheathgasstromes auf den Materialdurchsatz ist erkennbar gering.

4.2.1 Entwicklung eines zentral zusammengesetzten Versuchsplans

Die nachfolgend dargestellten Erkenntnisse zu einem Prozessmodell zum Aerosol-Jet-Druck von Komponenten des RTV2-Materials Elastosil P7670 basieren auf der Auswertung von Versuchsreihen, welche in [S2, S10] und in einem statistischen Versuchsplan in [S11] beschrieben werden. Die Auswertung des statistischen Versuchsplans als Grundlage für ein Prozessmodell erfolgt mit der Software Minitab. Zur Abbildung nicht linearer Effekte ist die Durchführung von Versuchsreihen mit einem vollfaktoriellen Versuchsplan auf zwei Faktorstufen + und - für den relevanten Parameterraum des Aerosol-Jet-Drucks einer RTV2-Komponente nicht ausreichend. Es wird daher ein zentral zusammengesetzter Versuchsplan gewählt, welcher einen vollfaktoriellen Versuchsplan um einen gegebenenfalls n-fach realisierten Zentralpunkt und eine definierte Anzahl von Sternpunkten erweitert. Die Sternpunkte werden dabei aus dem Zentralpunkt durch die Multiplikation einer Faktorstufe mit $+/-\alpha$ entwickelt. Ein exemplarisches Modell einer Zielgröße y_i für einen solchen Versuchsplan mit zwei Faktoren x_{1i} und x_{2i} ist in Gleichung (13) dargestellt, wobei die Koeffizienten β_i einen direkten Effekt, β_{ii} Wechselwirkungen zwischen zwei Faktoren und ϵ_i Störgrößen beschreiben. [260]

$$y_i = \beta_0 + \beta_1 x_{1i} + \beta_2 x_{2i} + \beta_{11} x_{1i}^2 + \beta_{12} x_{1i} x_{2i} + \beta_{22} x_{2i}^2 + \epsilon_i \tag{13}$$

Als Zentrum des Versuchsplans werden in Vorversuchen ermittelte, stabile Arbeitspunkte von Komponente A und B verwendet. Für die beiden Komponenten werden jeweils vier kontinuierliche Faktoren untersucht: Die beiden Volumenströme des Atomizer- und Exhaustgases Q_{Ato}und Q_{Exh}, die Temperatur am Atomizerheizband T_H und die Beimengung des Silikonöls AK100 der Firma Wacker. Der Schutzgasstrom wird für alle Versuche konstant auf 50 sccm eingestellt. Prozessbedingt ist an einem 12-stündigen Versuchstag nur die Einstellung einer einzigen Silikonölkonzentration für eine Komponente sinnvoll möglich. In der Folge werden für beide Komponenten A und B nur die drei Faktorstufen 0, 15 und 30 wt% Silikonölbeimengung gewählt. Die Sternpunkte der Ölbeimengung werden mittels des Wertes 1,0 für $+/-\alpha$ flächenzentriert. Die drei anderen Faktoren werden auf fünf Faktorstufen untersucht. Für die Sternpunkte wird dort statt des üblichen Wertes 2.0 [260] für $+/-\alpha$ der Wert 1,68179 von Minitab aufgrund einer im Folgenden beschriebenen Blockbildung für den Faktor

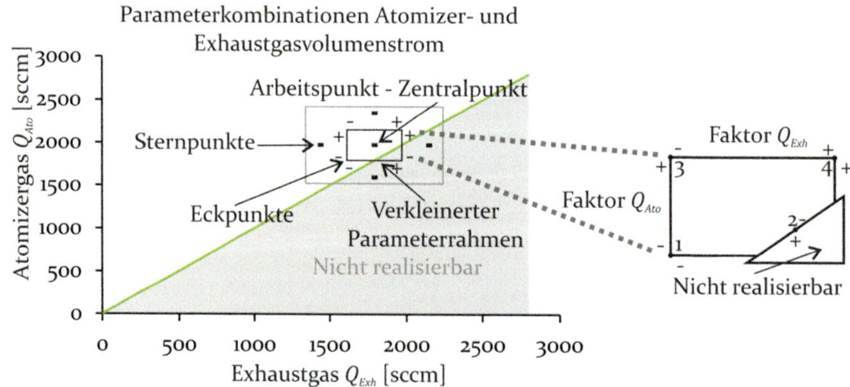

Bild 28: Die Faktorstufen müssen mit einem insgesamt kleineren quadratischen Versuchsplan ermittelt werden, da nur bei einer positiven Differenz zwischen Atomizer- und Exhaustgasvolumenstrom ein Massedurchsatz bestimmt werden kann. Rechts dargestellte Verschiebung eines Eckpunktes des Parameterrahmens nach [260].

Öl vorgegeben. Damit lässt sich zunächst ein quadratischer Versuchsplan aufstellen. Allerdings ergeben sich dabei, wie in Bild 28 dargestellt, Faktorstufenkombinationen, welche technisch nicht realisiert werden können. Ein Exhaustgasvolumenstrom größer als der des Atomizergases und somit ein negativer Wert für Q_{Div} ermöglicht keinen Weitertransport eines Aerosols in die Druckdüse. Daher muss der Parameterrahmen der Volumenströme insgesamt verkleinert und weiterhin für drei Faktorstufen wie in Tabelle 7 angegeben und in Bild 28 rechts schematisch für einen Eckpunkt dargestellt, verschoben werden.

Tabelle 7: Der zentral zusammengesetzte Versuchsplan für Komponente A und B von Elastosil P7670 benötigt die im zweiten Abschnitt angegebenen Anpassungen, um realisierbare Messpunkte zu erreichen.

	Faktor	Stern	Ecke	Zentr.	Ecke	Stern
A	Q_{Ato} sccm	1663,64	1800	2000	2200	2336,36
	Q_{Exh} sccm	1463,64	1600	1800	2000	2136,36
	T_H K	366,33	373,15	383,15	393,15	399,96
	Öl %		0	15	30	
B	Q_{Ato} sccm	1363,64	1500	1700	1900	2036,36
	Q_{Exh} sccm	1163,64	1300	1500	1700	1836,36
	T_H K	376,33	373,15	383,15	393,15	409,36
	Öl wt%		0	15	30	
	Punkt	**Q_{Ato} sccm**	**Q_{Exh} sccm**		**Q_{Ato} sccm**	**Q_{Exh} sccm**
A	Stern	1663,64	1800	->	1850	1800
	Stern	2000	2136,36	->	2000	1950
	Ecke	1800	2000	->	2050	1850
B	Stern	1363,64	1500	->	1600	1500
	Stern	1700	1836,36	->	1700	1600
	Ecke	1500	1700	->	1650	1550

Q_{Ato}: Atomizergas; Q_{Exh}: Exhaustgas; T_H: Bandtemperatur; Öl: Beimengung von AK100

Trotz des Verlusts der strengen Orthogonalität kann damit eine sinnvolle Modellbildung möglich sein [260]. Eine weitere technische Einschränkung ergibt sich hinsichtlich der Temperaturstufen, da Vorversuche zeigen, dass für eine vorgesehene Faktorstufe von 373,15 K bei einer Silikonölbeimengung von 15 % kein Massedurchsatz für Komponente B erzeugt werden kann. Daher werden die Faktorstufen der Temperaturen von Komponente B im Vergleich zu Komponente A um 10 K angehoben. Letztlich ergibt sich mit einer doppelten Untersuchung der Zentralpunkte ein Versuchsplan wie in Tabelle 7 dargestellt mit je 60 Faktorstufenkombinationen pro Komponente. Die Stufen werden dabei zweifach ausgeführt, wobei jede einzelne Messung aufgrund der in Vorversuchen beobachteten Standardabweichungen über 10 % des Materialdurchsatzes, wiederum auf dem Mittelwert von drei Wiederholungsmessungen über je zehn Minuten Druckzeit basiert. Für die Silikonölbeimengung erfolgt eine Blockbildung. Eine Randomisierung wird mit der Einstellung der Temperatur erreicht, wobei hier als Einschränkung stets eine Temperaturerhöhung mit einer Stabilisierungsphase von 20 Minuten vor Messungen auf der nächsthöheren Temperaturstufe genutzt wird.

4.2.2 Ableitung eines Prognosemodells für den Aerosol-Jet-Druck von Einzelkomponenten eines spezifischen RTV2-Silikons

Ausgehend von den ermittelten Messwerten des bereits beschriebenen zentral zusammengesetzten Versuchsplans kann mittels der verwendeten Software Minitab eine Übersicht zu den Residuen der Messreihen in vier Einzeldiagrammen dargestellt werden. In Bild 29 können für die beispielhaft dargestellte Messreihe der Komponente A von Elastosil P7670 aus [S11] insgesamt neun Messpunkte mit großen Residuen identifiziert werden,

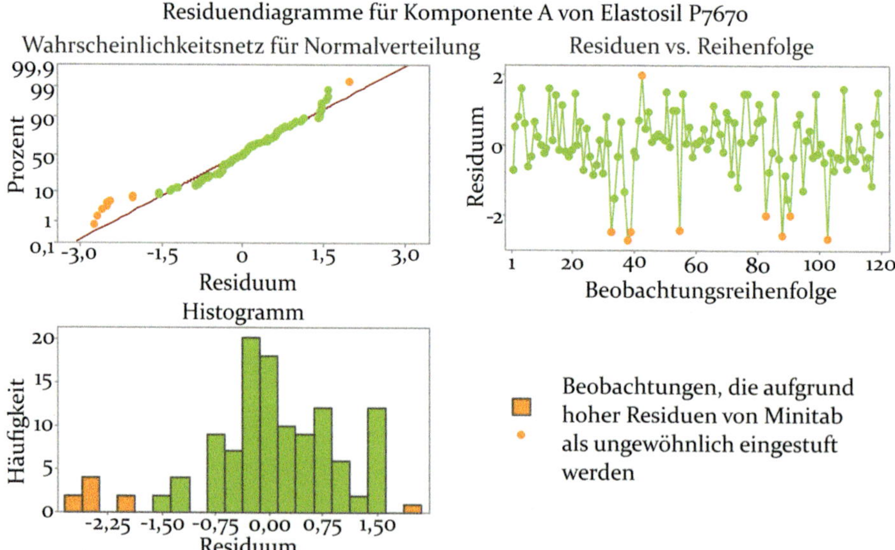

Bild 29: Für die unbereinigten Messreihen nach [S11] zeigen sich Abweichungen im Wahrscheinlichkeitsnetz der Normalverteilung und beim Histogramm, welche auf neun Messpunkte mit großen Residuen zurückzuführen sind.

welche von Minitab als Punkte mit einer ungewöhnlichen Abweichung angegeben werden. Ein zeitlicher Trend ist aus der Beobachtungsreihenfolge nicht abzuleiten. Allerdings gibt es eine Abweichung des Histogramms von einer Normalverteilung und für das Wahrscheinlichkeitsnetz eine Abweichung von der idealen Gerade. Fünf der neun Punkte liegen in Bereichen mit minimalem oder aber für die verwendete Anlagenkonfiguration sehr großen Massedurchsätzen Out_A von 0,04 mg/min beziehungsweise 18 mg/min und können somit als potenziell fehlerbehaftet identifiziert werden. Für die weiteren vier Punkte lässt sich kein direkter Zusammenhang mit besonderen Prozessparametern erkennen. Die Software Minitab ermittelt für ein aus Versuchsdaten generiertes Modell weitere Indikatoren zur Beurteilung. Die Größe σ der Standardabweichung der Versuchsdaten von den berechneten Wirkflächen ist ein Indiz für die Genauigkeit des Modells [261]. R^2 ist ein Maß für den Grad der Anpassung des Modells an die Messdaten [260, 261]. Dazu kann mit R^2_{korr} der Einfluss der Anzahl der Faktoren und mit R^2_{prog} die Prognosefähigkeit eines Modells bewertet werden [261]. In Tabelle 8 sind die Effekte des schrittweisen Entfernens von zunächst vier Werten und von allen neun Werte mit großen Residuen sowie ein Vernachlässigen des Öleinflusses durch eine Zusammenfassung zu den Blocktagen in Bezug auf die Ölbeimengung für Komponente A dargestellt. Weiterhin sind die Effekte einer automatischen Vorwärtsauswahl von Faktoren, die das Modell verbessern und von einer automatischen Entfernung von Faktoren mit negativem Einfluss aufgeführt.

Tabelle 8: Das Entfernen von vier Ausreißeren ohne erkennbaren technischen Zusammenhang, das Entfernen von allen neun Ausreißern, eine Zusammenfassung zu Blocktagen bei der Ölbeimengung und zwei Anpassungsfunktionen von Minitab führen zu unterschiedlichen Verbesserungen der Prognosefähigkeit des Modells für Komponente A.

Modifikation	σ	R^2	R^2_{korr}	R^2_{prog}
Vollständig	1,05576	93,96 %	93,16 %	91,52 %
-4 Werte	0,82307	95,94 %	95,37 %	93,92 %
-9 Werte	0,614040	97,83 %	97,51 %	96,81 %
Blöcke	0,614040	97,83 %	97,51 %	96,81 %
Vorw. Ausw.	0,608848	97,82 %	97,55 %	96,97 %
Rückw. Elim.	0,608848	97,82 %	97,55 %	96,97 %

Für Komponente A wird für die weiteren Betrachtungen das mittels der Rückwärtselimination entwickelte Modell genutzt. Bei einem analogen Vorgehen für das Modell basierend auf den Versuchsreihen von Komponente B führt schließlich ebenfalls die Rückwärtselimination auf den besten Wert für das Genauigkeitsmaß R^2 von 97,25 % und eine Prognosefähigkeit R^2_{prog} 96,20 %. Damit ergeben sich, wie in [S11] beschrieben, nach dem beispielhaften Aufbau aus Gleichung (13) nach [260] folgende Modelle für Materialdurchsatz für die Komponenten A und B in Abhängigkeit der Atomizer- und Exhaustgasvolumenströme, der Heizbandtemperatur und der Silikonölbeimengung:

$$\begin{aligned} Durchsatz_A = {} & 46{,}8 - 0{,}08697 Q_{Ato} + 0{,}0657 Q_{Exh} - 0{,}3 T_H \\ & - 1{,}229 Öl - 0{,}000024 Q_{Exh} * Q_{Exh} \\ & + 0{,}009912 Öl * Öl + 0{,}000025 Q_{Ato} * Q_{Exh} \\ & + 0{,}000443 Q_{Ato} * T_H + 0{,}000589 Q_{Ato} * Öl \\ & - 0{,}000338 Q_{Exh} * T_H - 0{,}000352 Q_{Exh} * Öl \\ & + 0{,}005524 T_H * Öl \end{aligned} \tag{14}$$

$$\begin{aligned} Durchsatz_B = {} & 32{,}0 - 0{,}0497 Q_{Ato} + 0{,}02781 Q_{Exh} \\ & - 0{,}2104 T_H - 0{,}7258 Öl - 0{,}000021 Q_{Ato} \\ & * Q_{Ato} - 0{,}000029 Q_{Exh} * Q_{Exh} + 0{,}005161 Öl \\ & * Öl + 0{,}000053 Q_{Ato} * Q_{Exh} + 0{,}000405 Q_{Ato} \\ & * T_H + 0{,}000617 Q_{Ato} * Öl - 0{,}000302 Q_{Exh} \\ & * T_H - 0{,}000496 Q_{Exh} * Öl + 0{,}003439 T_H * Öl \end{aligned} \tag{15}$$

Zur Verifikation beider Modelle werden jeweils sechs Untersuchungspunkte in der Nähe des Zentralpunks und an einem Eckpunkt definiert, und experimentell nachvollzogen. Für Komponente A sind die Untersuchungspunkte in Tabelle 9 dargestellt. Nur vier der sechs Prognosewerte liegen im Konfidenzintervall (KI). Es zeigt sich, dass das Modell den Prozess an den Randbereichen ungenauer abbildet als im Zentralbereich. Eine ähnliche Betrachtung von sechs Messpunkten für das Modell von Komponente B führt auf eine abweichende Systematik. Hier liegen ebenfalls die

Tabelle 9: Die Messpunkte im zentralen Bereich des Versuchsplans zeigen für Komponente A eine höhere Genauigkeit des Modells im Vergleich zu den Randbereichen.

$Q_{Ato}/Q_{Exh}/T_H/Öl$	Prognose	SE	Ergebnis Out_A	95%-KI
2000/1800/373,15/10	1,279	0,129	1,586	N (Lim. 1,536)
2000/1800/383,15/10	1,604	0,103	1,713	J (Lim. 1,809)
2000/1800/393,15/10	1,929	0,129	2,000	J (Lim. 2,186)
1800/1600/373,15/20	2,335	0,236	2,587	J (Lim. 2,804)
1800/1600/383,15/20	3,003	0,183	2,720	J (Lim. 2,640)
1800/1600/393,15/20	3,671	0,236	2,987	N (Lim. 3,203)

Q_{Ato}&Q_{Exh}: sccm; T_H: K; Öl: wt%; Prog.&Erg.&SE&Lim.: mg/min

Ergebnisse von vier von sechs Messpunkten im Konfidenzintervall, wobei sich nur ein Messpunkt im Zentralbereich darunter befindet. Allerdings sind hier die errechneten Standardfehler (SE)-Werte für die Randbereiche gegenüber dem Zentralbereich deutlich größer.

Insgesamt zeigen die Modelle eine gute Eignung zur Beschreibung des Prozesses, da Versuche zeigen [S2], dass die Abweichungen bei der Mischung beider Komponenten im Toleranzbereich zur Herstellung eines ausreichend vernetzten Elastomers liegen. In der praktischen Anwendung der Modelle muss weiterhin auf ein leicht abweichendes Anlagenverhalten an unterschiedlichen Drucktagen bei identischen Prozessparametern reagiert werden. Die Modelle dienen dabei als Ausgangspunkt zur Bestimmung von stabilen Betriebspunkten, welche dann in einer Eindruckphase an den jeweiligen Drucktagen durch ein leichtes Anheben oder Absenken der Atomizergasströme in Kombination mit einer entsprechenden Anpassung der Exhaustgasströme auf den gewünschten Materialdurchsatz beider Komponenten justiert werden.

4.2.3 Konturdiagramme der Prozessmodelle für ausgewählte Wechselwirkungen

Auf der Basis der Modelle für den Aerosol-Jet-Druckprozess für Komponente A und B des Silikons Elastosil P7670 lassen sich, wie in [S11] exemplarisch dargestellt, verschiedene Visualisierungen ableiten. Neben der Ausleitung von Wirkflächen bieten sich vor allem Konturdiagramme an, um Wechselwirkungen zwischen Einflussfaktoren sowie Trends des Prozesses grafisch darzustellen. Zweidimensionale Konturdiagramme beschreiben dabei immer den Parameterraum von zwei Faktoren, während die restlichen Größen eines Prozesses auf Haltewerten verbleiben. Flächen mit gleichbleibendem Systemverhalten werden dabei, wie beispielhaft in Bild 31 für Komponente B dargestellt, von Höhenlinien eingeschlossen. Konturdiagramme der Modelle von Komponente A und B zeigen, dass sich die entsprechenden Parameterfenster für verschiedene Materialdurchsätze über breite Bereiche erstrecken. So wird etwa die Auswahl angeglichener Prozessparameter bei technisch realisierbaren Einstellungen für die beiden Komponenten bei gleichen Druckverhältnissen erleichtert. Diese kann in der Folge zu einer Optimierung des Fertigungsansatzes durch die erleichterte Identifikation alternativer Arbeitspunkte genutzt werden. Versuche zeigen wie in Bild 30 beispielhaft dargestellt, dass insgesamt niedrigere Volumenströme der Prozessgase vorteilhaft sind.

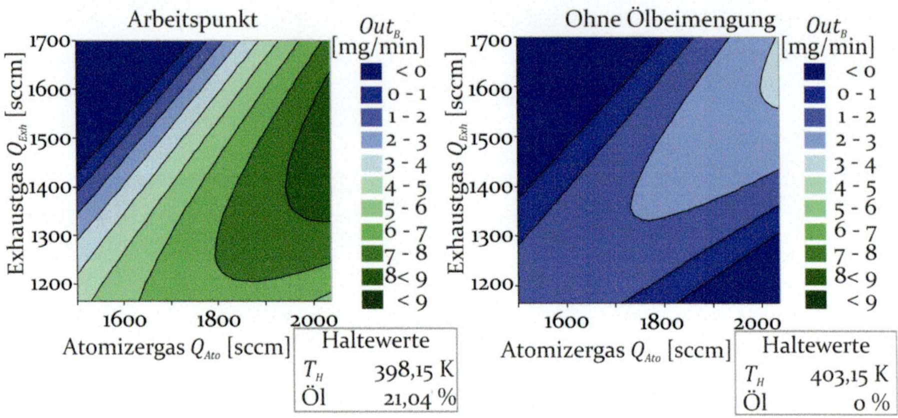

Bild 31: In Konturdiagrammen für Komponente B zeigt sich bei der Darstellung der Wechselwirkung der Atomizer- und Exhaustgasvolumenströme auf unterschiedlichen Faktorstufen der starke Einfluss der Silikonölbeimengung auf den Materialdurchsatz.

In Bild 30 werden beispielsweise zwei Druckproben verglichen, die mit einem identischen eingestellten Materialdurchsatz Out_{AB} von 5 mg/min mittels der gleichen programmierten Drucktrajektorie hergestellt sind. Im Bild links ist für einen Arbeitspunkt mit hohen Prozessgaseinstellungen beziehungsweise einer hohen Differenz zwischen den Atomizer- und Exhaustgasvolumenstrom Q_{Div} eine deutlich schlechtere Druckqualität zu erkennen als für eine Probe, deren Herstellung mit niedrigen Volumenströmen erfolgt. Weiterhin kann aus den Konturdiagrammen der starke Einfluss der Silikonölbeimengung für beide Ausgangsmaterialien abgeleitet werden.

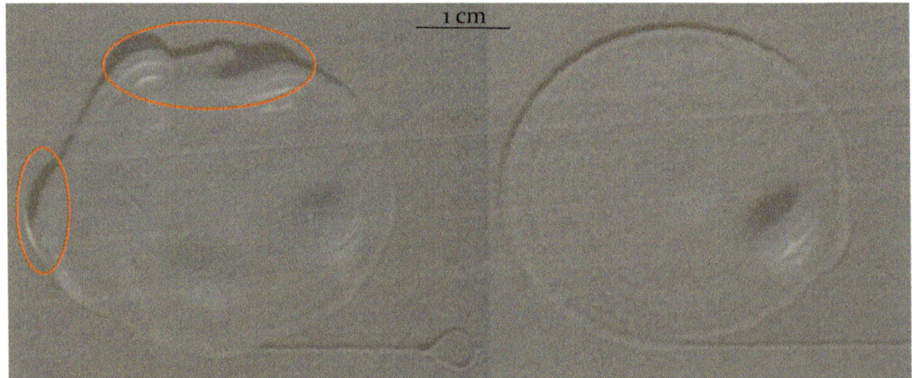

Bild 30: Die Struktur einer Probe links bei einer Volumenstromdifferenz Q_{Div} von 1800 sccm zwischen Atomizer- und Exhaustgas ist besonders in den markierten Bereichen verlaufen. Eine Gasstromdifferenz von 300 sccm zeigt rechts bei gleichem Materialdurchsatz ein besseres Druckbild.

4.3 Erzeugung dielektrischer Silikonschichten für gestapelte Systeme

Ausgehend von einem stabilisierten beschreibbaren Prozess zur Umsetzung eines definierten Materialdurchsatzes von Komponente A und B des Werkstoffs Elastosil P7670 ist zusammen mit der bereits beschriebenen Versuchskinematik die Entwicklung eines neuartigen programmierbaren, additiven Fertigungsprozesses für RTV2-Silikone möglich. Die getrennt erzeugten Aerosole werden dabei direkt vor der Druckdüse in einem Y-Stück kombiniert. Der im Folgenden beschriebene Ansatz ähnelt in seinen Grundzügen einem Fused-Deposition-Modeling-Verfahren nach der VDI-Richtlinie 3405 [262] oder dem Direct-Ink-Writing wie beispielsweise in [204] dargestellt. Durch die Relativbewegung der Druckkinematik kann mit dem Aerosolstrahl unter der Druckdüse kontaktlos eine Materialraupe erzeugt werden. Deren Höhe ist unter anderem vom Materialdurchsatz sowie von der Relativgeschwindigkeit zwischen Druckkopf und Substrat abhängig. Durch ein gesteuertes Ablegen dieser Materialraupen können geometrische Strukturen gefertigt und durch schichtweise Stapelung Volumenkörper mit nicht mehr rein flächigem Charakter erzeugt werden. Im Gegensatz zu Drop-On-Demant Verfahren ist eine Unterbrechung der Druckbahnen mit den in Kapitel 3 dargestellten Shutter-Systemen nur bedingt möglich.

4.3.1 Steuerung des resultierenden Profils gedruckter Silikonbahnen

Aufgrund der beschriebenen aerodynamischen Fokussierung des Aerosols an der Druckdüse ist ein Einfluss des Abstands zwischen Düse und dem Substrat zu erwarten. Die folgenden Untersuchungsergebnisse beziehen sich zunächst auf einen eingestellten kombinierten Materialdurchsatz Out_{AB} im Bereich von 5 mg/min ohne Silikonölbeimengung. Es wird eine Runddüse mit einer Austrittsöffnung mit einem Durchmesser von 1 mm verwendet, um ein isotropes Druckbild erzeugen zu können.

Einfluss des Düsenabstandes zum Substrat

Messreihen, welche in [S6] beschrieben sind, zeigen, wie in Bild 32 dargestellt, für eine konstante Vorschubgeschwindigkeit v von 13 mm/s entsprechend unterschiedliche Ausprägungen der aerosol-jet-gedruckten Materialraupe in Abhängigkeit einer Druckdüsenhöhe von 2 mm bis 7 mm bei einem Schutzgasvolumenstrom von Q_{She} 600 sccm. Die Höhenprofile basieren auf Messungen mit einem konfokalen Lasermikroskop der Firma

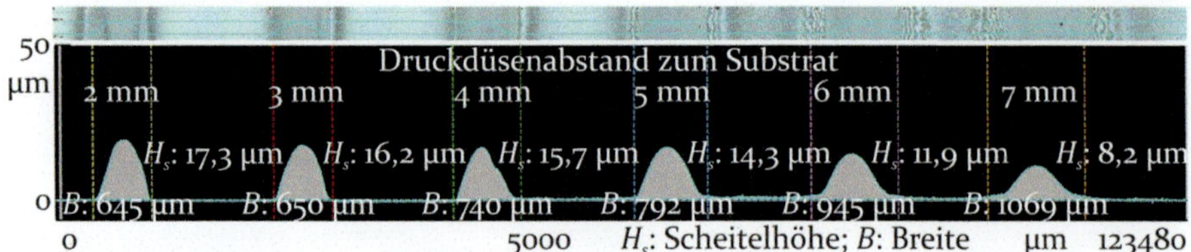

Bild 32: Mit einem konfokalen Lasermikroskop kann das Höhenprofil von Druckbahnen für aerosol-jet-gedruckte Linien von Elastosil P7670 vermessen werden, wobei die Abhängigkeit der jeweiligen Profilausprägung von einem zunehmendem Abstand zwischen Düse und Substrat sichtbar wird. Nach [S6]

Keyence vom Typ VK9700. Als Substrat werden Glasobjektträger verwendet. Bei den Messungen für Abstände von 2 mm bis 4 mm zeigen sich unsymmetrische Höhenprofile mit Scheitelhöhen H_s von 17,3 µm bis 15,7 µm bei einer scharf definierten minimalen Breite von 645 µm. Für Abstände von 6 mm beziehungsweise 7 mm wird dagegen bereits deutlich ein abgeflachter Randbereich mit einer manuell bestimmten Breite von maximal 1069 µm erkennbar. Die Messungen im Abstand von 5 mm lassen bei einer Scheitelhöhe der Materialraupe von 14,3 µm und einer Breite von 792 µm ein nahezu symmetrisches Profil der Druckbahn mit einer wenig ausgeprägten Materialstreuung im Randbereich erkennen. Wie in Tabelle 10 ersichtlich wird, zeigt eine Auswertung von Versuchen, deren Durchführung in [S12] beschrieben wird, eine Ähnlichkeit von Druckbahnen auf Glassubstrat mit solchen, die auf gegossenem Elastosil-P7670-Substrat hergestellt werden. Bei höheren Vorschubgeschwindigkeiten ergeben sich für Einzelbahnen leicht geringere Profilhöhen auf dem Silikonsubstrat sowie konstant geringere Druckbahnbreiten, nachdem die Druckprofile vollständig vernetzt sind.

Tabelle 10: Ein Vergleich der Druckbahnhöhen zeigt bei zunehmender Vorschubgeschwindigkeit leicht verringerte Profilhöhen und kleinere Bahnbreiten beim Druck auf vollständig vernetztes, gegossenes Elastosil-P7670-Substrat .

	v	5 mm/s	10 mm/s	15 mm/s	20 mm/s	25 mm/s	30 mm/s
$Hs\backslash B$ Glas	Profil 5 mg/min						
	5 mg/min	34\1020	22\740	18\660	14,5\590	12\570	10,5\550
	2,5mg/min	20\830	14\650	10\600	8,5\560	7\530	6\500
$Hs\backslash B$ PDMS	Profil 5 mg/min						
	5 mg/min	34\900	21,5\750	17\630	12,5\610	10\550	8\520
	2,5mg/min	20,5\650	11,5\600	8\550	5\525	4,8\500	4\475

Hs: Gemittelte Scheitelhöhe in µm über 500 Messlinien pro Profil zu manuell bestimmter Bahnbreite in µm; *v*: Vorschubgeschwindigkeit

Einfluss von Vorschubgeschwindigkeit und Schutzgasvolumenstrom

Weiterführende Versuche zur Charakterisierung der Materialraupen, welche in [S13] beschrieben sind, werden ebenfalls bei einem Materialdurchsatz Out_{AB} im Bereich von 5 mg/min durchgeführt. Allerdings werden hier bei einem konstanten Düsenabstand von 5 mm die Parameter Vorschubgeschwindigkeit und Schutzgasvolumenstrom Q_{She} variiert. Die Werte für Q_{She} werden insgesamt niedriger gewählt. Versuche zeigen, dass hier unterschiedliche Optionen gegeneinander abgewogen werden müssen, da sehr niedrige Werte unter Umständen zu einer Tropfenbildung an der Düse und somit zu einer Prozessinstabilität führen können [S14]. Gleichzeitig lassen sich bei niedrigen Volumenströmen bessere Druckbilder erzeugen [S4, S14, S15]. Den Ausgangskomponenten A und B von Elastosil P7670 wird entsprechend einer gewünschten Absenkung des Elastizitätsmoduls für die Erzeugung optimierter Dielektrika jeweils 15 % Silikonöl vom Typ Ak100 der Firma Wacker beigemengt. Die Messgrößen sind bei diesen Versuchen das arithmetische Mittel der Spurhöhe $\overline{h}_S$, die Spurbreite b_s sowie die resultierende Querschnittsfläche A_S. Die Messungen basieren auf einer Höhenglättung und einer manuellen Neigungskorrektur mit der Berechnung eines Profildurchschnitts aus jeweils 500 Messlinien. Wie in Bild 33 dargestellt, ist der Einfluss des Schutzgasvolumenstroms beziehungsweise der aerodynamischen Fokussierung auf die Raupengeometrie deutlich geringer als der Effekt einer Variation der Relativgeschwindigkeit. Die ermittelten Profile lassen ebenfalls einen Vergleich der erzeugten Querschnitte mit den erwarteten Flächen einer Druckraupe bei dem Materialdurchsatz von 83,33 µg/s bei einer angenommenen Dichte von 1 g/cm³ für das gedruckte

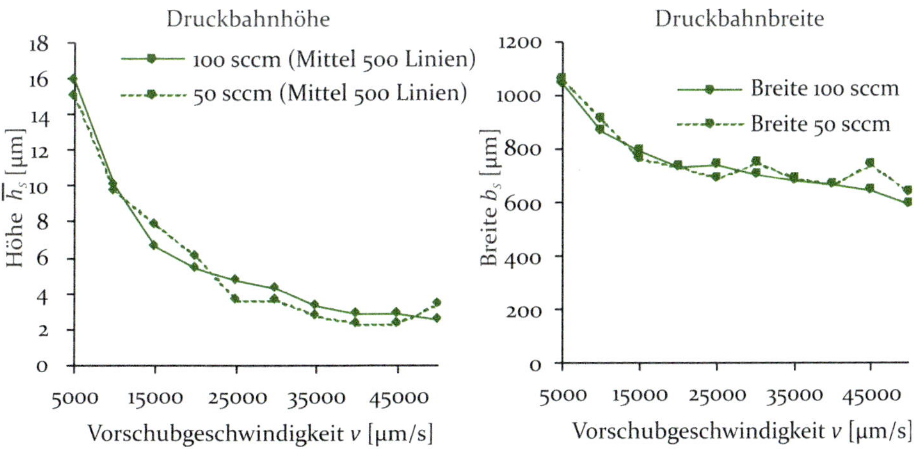

Bild 33: Die Messung der Höhe und Breite von Druckbahnen zeigt für Elastosil P7670 einen geringen Einfluss des Schutzgasvolumenstroms im Vergleich zur Variation der Vorschubgeschwindigkeit. Nach [S13]

Elastomer zu, wobei der Volumenstrom $\dot{V}$ als Quotient des Materialdurchsatzes und der Dichte genutzt wird. Die Fläche ergibt sich dann mit der Vorschubgeschwindigkeit v zu:

$$A_S = \frac{\dot{V}}{v} \tag{16}$$

Und die Spurbreite b_S mit dem arithmetischen Mittel $\bar{h}_S$ zu:

$$b_S = \frac{\dot{V}}{v\bar{h}_S} \tag{17}$$

Die in Bild 34 erkennbare gute Übereinstimmung der gemessenen Werte mit den errechneten Profilflächen deutet darauf hin, dass das verdruckte Material auch bei niedrigen Schutzgasvolumenströmen vollständig in der Druckbahn abgelegt wird und kein relevanter Anteil zum Beispiel als sogenannter Overspray verloren geht oder durch eine, zur Versuchszeit aktive, lokale Absaugung der Anlage entfernt wird.

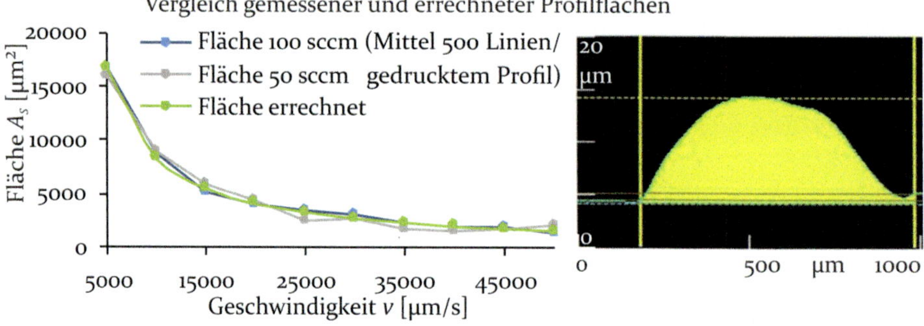

Bild 34: Die gute Übereinstimmung der errechneten Querschnittsfläche einer Druckbahn mit den gemessenen Profilen zeigt eine Konzentration des gedrucken Werkstoffes in der Druckbahn auch bei niedrigen Schutzgasstömen von 50 und 100 sccm. Nach [S13]

Einfluss der Geometrie der Druckdüse

Eine weitere Variationsmöglichkeit im vorgestellten Aerosol-Jet-Druckansatz ist die Geometrie der Druckdüse. Versuche mit einer Schlitzdüse mit dann nicht mehr richtungsunabhängig herstellbaren Druckraupen sind in [S16] dargestellt. Da an dieser zweiten untersuchten Düse ein Schutzgasvolumenstrom von 400 sccm zur Vermeidung von Tropfenbildung am Düsenaustritt notwendig ist, wird dieser zum Vergleich für beide Düsenformen genutzt. Bei einem kombinierten Materialdurchsatz Out_{AB} von 5 mg/min, einer Ölbeimengung von 15 % und einem Substratabstand von 5 mm werden drei verschiedene Geschwindigkeiten v von 5 mm/s, 15 mm/s und 30 mm/s untersucht, woraus sich die Profile in Bild 35 ergeben.

Der Vergleich der Raupenprofile der Runddüse mit denen einer elliptischen Düse mit einer Länge von 1,5 mm und einer Breite von 0,25 mm zeigt stets ungleichmäßiger geformte Höhenprofile für die Schlitzdüse. Für eine möglichst breite Druckbahn wird bei der Schlitzdüse die Vorschubrichtung dabei parallel zum kleinsten Durchmesser der elliptischen Düsenöffnung ausgerichtet.

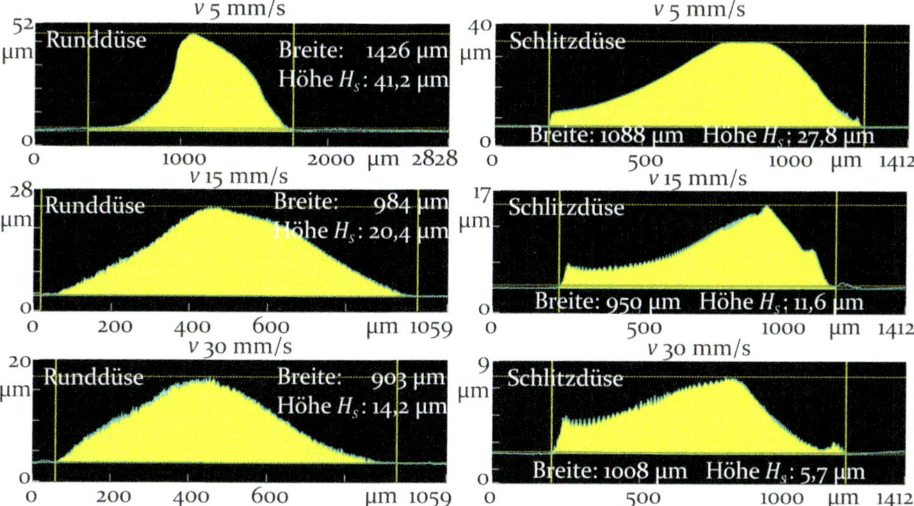

Bild 35: Druckraupen, die mit einer Runddüse hergestellt werden (links), zeigen für verschiedene Druckgeschwindigkeiten *v* homogenere Höhenprofile als Proben, die mit einer Schlitzdüse hergestellt werden (rechts). Nach [S16]

4.3.2 Angepasste Trajektorien zur Realisierung homogener Schichtdicken

Wie im Vorangegangenen dargestellt, ergeben sich für den Aerosol-Jet-Druck von Einzelbahnen mit Elastosil P7670 glockenförmige Höhenprofile entsprechend der Bahntrajektorie der Druckdüse über dem Substrat. Zur Erzeugung flächiger Strukturen müssen diese Druckraupen relativ zueinander platziert werden, wobei unter anderem der Bahnabstand b_{Abs} entscheidend für die Ausprägung der entstehenden Druckfläche ist. Die Auswertung erster Versuche, welche in [S6] beschrieben werden, zeigen für einen Massedurchsatz Out_{AB} von 5 mg/min mit einer Runddüse für jeweils vier parallele Druckbahnen eine sukzessive Überlappung bei einer schrittweisen Verringerung des programmierten Bahnabstandes b_{Abs} von 700 µm auf 100 µm. Wie in Bild 36 dargestellt, kommt es bei einem Düsenabstand von 4 mm und einem Schutzgasvolumenstrom von 600 sccm ab einem

Bahnabstand von 300 µm zu einer Verschmelzung der individuellen Druckbahnen. Eine weitere Reduktion führt zu einer Höhenzunahme der überlagerten Materialraupen.

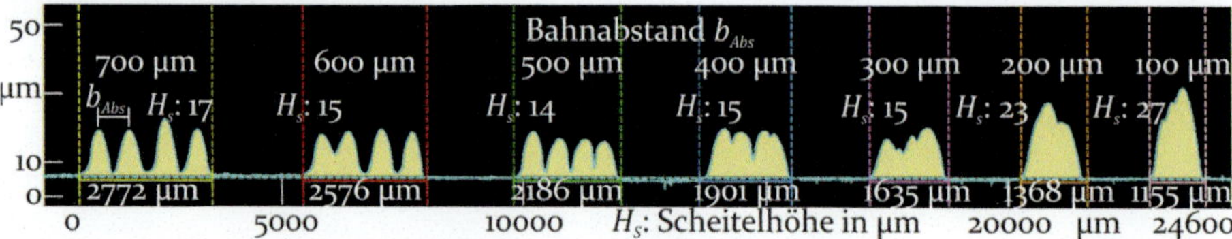

Bild 36: Bei einer schrittweisen Reduktion der Bahnabstände von vier Einzelbahnen kommt es ab 300 µm zur Ausbildung einer geschlossenen Fläche und einer nachfolgenden Zunahme der Scheitelhöhe H_S. Nach [S6]

Die theoretisch auf eine Bezugsfläche abgeschiedene Masse lässt sich zunächst mit folgender aus dem Materialdurchsatz $\dot{m}$ und Parametern der Drucktrajektorie abgeleiteten Gleichung beschreiben:

$$m = \dot{m}\,\frac{Probenbreite}{Bahnabstand} * \frac{Probenlänge}{Vorschubgeschwindigeit} \tag{18}$$

In Bezug auf die Probenabmessungen für den Aerosol-Jet-Druck von Elastosil P7670 ergibt sich mit der Probenfläche A:

$$m_{A=}\frac{m}{A} = \frac{\dot{m}}{b_{Abs} * v} = \frac{Out_{AB}}{b_{Abs} * v} \tag{19}$$

Die Auswertung von Versuchen, deren Durchführung in [S10] beschrieben ist, zeigt einen in Bild 37 dargestellten nahezu linearen Zusammenhang

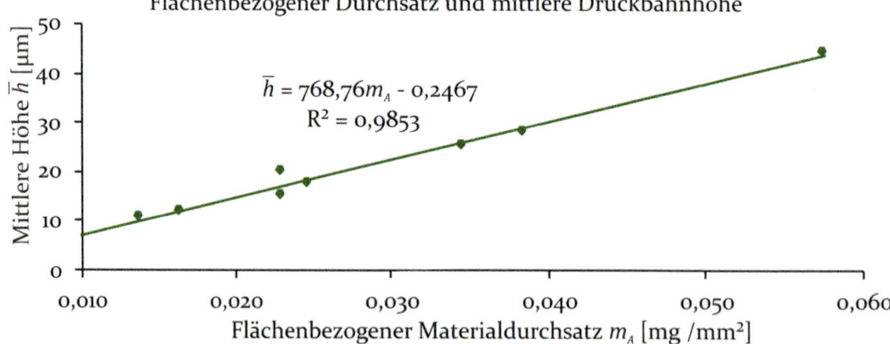

Bild 37: Für den flächenbezogenen Materialdurchsatz von Elastosil P7670 zeigt sich bei Schichtdickenmessungen an neun Proben mit 500 Messlinien pro Probe ein nahezu linearer Zusammenhang mit der mittleren Probenhöhe. Nach [S10]

zwischen dem flächenbezogenen Materialdurchsatz und der resultierenden Probenhöhe bei der Untersuchung von quadratischen Proben mit einer Kantenlänge von jeweils 2 cm. Zur Variation des flächenbezogenen Materialdurchsatzes werden dabei zur Herstellung dieser Proben bei einem konstanten Materialdurchsatz Out_{AB} von 5,18 mg/min insgesamt neun Parameterstufen mit Werten für den Bahnabstand b_{Abs} von 150, 250 und 350 µm sowie für die Vorschubgeschwindigkeit v von 10, 15 und 20 mm/s genutzt. Mit einer ermittelten Regression kann so die folgende Abschätzung für die resultierenden, idealisierten Schichtdicken z_0 beziehungsweise die durchschnittlichen Schichtdicken $\bar{h}$ von Druckproben genutzt werden:

$$\bar{h} = z_0 = -0{,}2467 + 768{,}764 \frac{Out_{AB}}{b_{Abs} * v} \tag{20}$$

Für die Umsetzung flächiger Elemente zeigt eine Auswertung von Versuchen, deren Durchführung in [S15, S17] beschrieben ist, dass das Verhältnis der Drucktrajektorien zum Materialdurchsatz maßgeblich ist. Bei einem zu hohen Durchsatz Out_{AB} lässt sich, wie beispielhaft in Bild 38 für eine spiralförmige Druckbahn dargestellt, bei 10 mg/min kein definiertes Druckbild erzeugen. Vielmehr wird überschüssiges Material durch das nachströmende Aerosol in die Randbereiche verbracht. Bei der mittig dargestellten Probe, welche bei einer konstanten Geschwindigkeit v von 25 mm/s mit einer Reduzierung der Materialmenge Out_{AB} von 10 mg/min auf 5 mg/min in Kombination mit einer deutlichen Reduktion der Differenz Q_{Div} der Gasvolumenströme von 1800 sccm auf 100 sccm für die Komponenten A und B nach den Virtual-Impactor-Einheiten hergestellt ist, lässt sich das Ergebnis deutlich verbessern. Allerdings zeigen Versuche, unter anderem in [S10], zahlreiche wechselseitige Abhängigkeiten von Bahnabstand, Geschwindigkeitsprofil und Materialanhäufung im zentralen Start- oder Endpunkt bei spiralförmigen Drucktrajektorien im Hinblick auf die resultierenden Höhenprofile. Im Folgenden werden daher rechteckige Proben zur Ermittlung

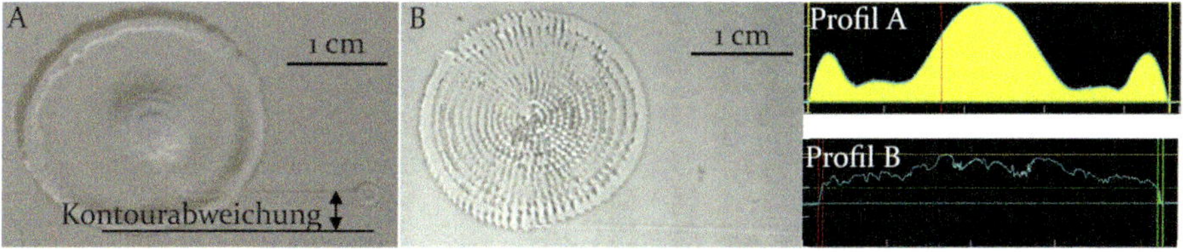

Bild 38: Ein Materialüberschuss zeigt sich im Abstand zwischen der tangentialen Ausgangsbahn und dem tatsächlichen Konturrand (links). Bei 5 mg/min liegt diese nahezu auf dem Konturrand (Mitte). Eine Optimierung von Druckparametern und -trajektorien führt dennoch für runde Proben zu einem herausgehobenen Mittelbereich (rechts unten).

der relevanten Einflussparameter auf die Herstellung flächiger Strukturen untersucht. Dabei werden bei allen Proben jeweils 10 % des Randbereichs nicht betrachtet, da diese Bereiche in Dielektrischen Elastomeren beispielsweise als Kapselung dienen können und somit keinen direkten Einfluss auf die Elektromechanik haben.

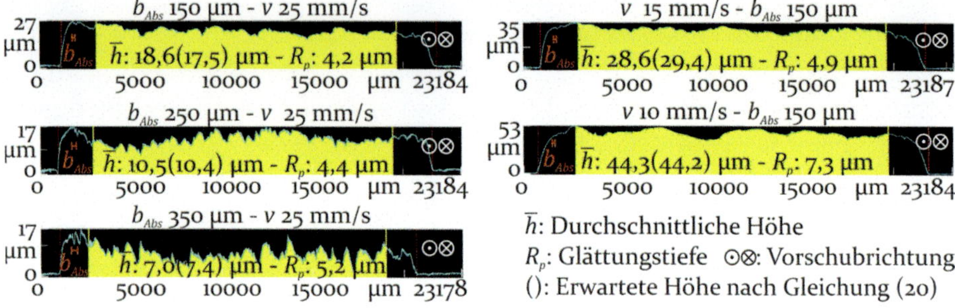

Bild 39: Messung gemittelt über je 50 Höhenprofile zeigen eine Verbesserung der Glättungstiefe bei einem Bahnabstand b_{Abs} von 150 µm (links) und bei einer Bahngeschwindigkeit v (rechts) von 15 mm/s.

Bei einem Materialdurchsatz Out_{AB} von 5,2 mg/min werden die Druckgeschwindigkeiten sowie die Bahnabstände auf jeweils drei Stufen von 25 mm, 15 mm und 10 mm/ s beziehungsweise 350 µm, 250 µm und 150 µm variiert. Als Bewertungskriterium wird die Glättungstiefe R_P mit dem niedrigsten ermittelten Wert der Schichtdicke zum arithmetischen Mittel des Höhenprofils als relevantes Maß für die zu erwartende maximal ertragbare Einsatzspannung und den resultierenden Maxwell-Druck herangezogen. Wie in Bild 39 dargestellt, ergibt sich mit einem Wert der Glättungstiefe von 4,2 µm für einen Bahnabstand b_{Abs} von 150 µm das beste Höhenprofil hinsichtlich der Glättungstiefe. Die beispielhaft in Bild 39 dargestellten Messergebisse für unterschiedliche Geschwindigkeiten bei einem Bahnabstand von 150 µm zeigen eine Verbesserung der Glättungstiefe bei zunehmenden Geschwindigkeiten.

Tabelle 11: Aus der Charakterisierung von Proben mittels eines konfokalen Lasermikroskops, die mit neun Faktorkombinationen von Vorschubgeschwindigkeit v und Bahnabstand b_{Abs} hergestellt werden, lässt sich tendentiell ein positiver Einfluss von höherer Geschwindigkeit und geringerem Bahnabstand auf die Glättungstiefe R_p erkennen.

	b_{Abs} 150 µm	b_{Abs} 250 µm	b_{Abs} 350 µm
v 10 mm/s	R_p: 7,3 µm	R_p: 7,9 µm	R_p: 11,2 µm
v 15 mm/s	R_p: 4,9 µm	R_p: 6,7 µm	R_p: 5,5 µm
v 25 mm/s	R_p: 4,2 µm	R_p: 4,4 µm	R_p: 6,8 µm

Bahnabstand: b_{Abs}; Vorschubgeschwindigkeit: v; Glättungstiefe: R_p

Dieser Trend spiegelt sich ebenfalls in den in Tabelle 11 zusammengefassten Messwerten von insgesamt neun Faktorstufen wider. Eine Auswertung von Versuchen, deren Durchführung in [S12] beschrieben ist, zeigt weiterhin die Eignung des Aerosol-Jet-Drucks von Elastosil P7670 zur Herstellung von Lagen mit nochmals reduzierter Schichtdicke bei einem kombinierten Materialdurchsatz Out_{AB} von 2,5 mg/min. Mit einer Silikonölbeimengung von 30 wt% und einer Bahngeschwindigkeit v von 30 mm/s ergibt sich bei einem Bahnabstand b_{Abs} von 150 µm eine Schichtdicke von 7 µm. Wie in Bild 40 erkennbar ist, kann für diese Strukturgröße eine Glättungstiefe von 1,7 µm erreicht werden.

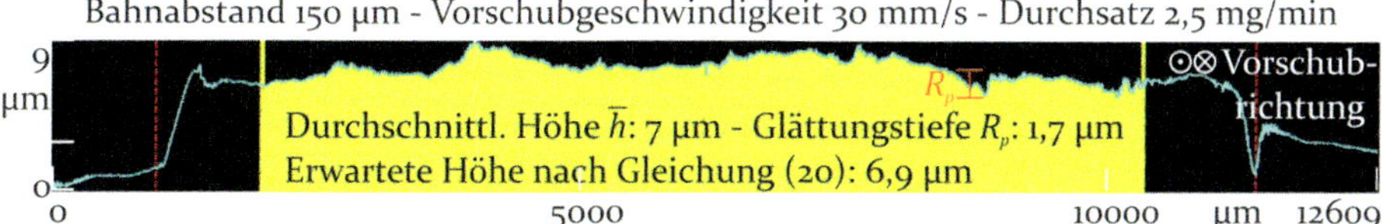

Bild 40: Mit einem reduzierten Materialdurchsatz Out_{AB} von 2,5 mg/min und einer erhöhten Vorschubgeschwindigkeit v von 30 mm/s lassen sich Elastosil-P7670-Schichten mit einer Dicke $\bar{h}$ von 7 µm bei einer Silikonölbeimengung von 30 wt% realisieren. Die Messung sind über 500 Profillinien gemittelt.

Neben den Parametern Bahnabstand und Geschwindigkeit existieren weitere Einflüsse auf die resultierenden Schichtstrukturen. Versuche zu abweichenden Düsengeometrien, welche in [S16] beschrieben werden, bestätigen die schlechtere Eignung von Schlitzdüsen auch für die Betrachtung der resultierenden Glättungstiefe. Von den Erwartungen abweichend stellen sich Versuche zu Ruheintervallen gedruckter Proben vor der thermischen Vernetzungsunterstützung dar. Aufgrund des viskosen Verhaltens der gedruckten, noch unvernetzten Schichten ist ein zunehmender Ausgleich von Höhenunterschieden bei längeren Ruheintervallen naheliegend. Tatsächlich zeigen Messungen, wie in Bild 41 dargestellt, allerdings bessere Druckergebnisse ohne oder mit kurzem Ruheintervall vor dem Transport in die Vernetzungszone bei einer Vorschubgeschwindigkeit von 15 mm/s, einem Bahnabstand von 150 µm und einem Durchsatz von 5 mg/min. Für alle im Vorangegangenen dargestellten Proben zeigt sich eine gute Übereinstimmung der mittleren gemessenen Schichthöhe $\bar{h}$ mit dem aus Gleichung (20) errechneten Erwartungswert. Diese kann somit für weitere Untersuchungen zur Einstellung der Schichthöhe herangezogen werden. Beispielsweise mit einer Vernetzungsphase von einer Minute ergibt sich damit bei einer Vorschubgeschwindigkeit v von 15 mm/s und einem Bahnabstand b_{Abs} von 150 µm für ein Dielektrikum mit einer Fläche von 1 cm^2 eine schichtbezogene Herstellungsdauer von knapp unter zwei Minuten. Durch die Parallelisierung mit der Herstellung weiterer Strukturen kann die effektive Herstellungszeit noch weiter um einen wesentlichen Anteil der Vernetzungsphase reduziert werden.

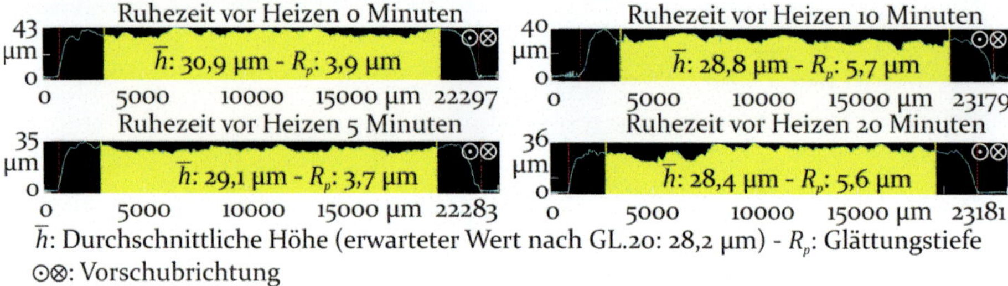

Bild 41: Proben ohne oder mit kurzem Ruheintervall vor der thermisch unterstützten Vernetzung zeigen die besten Werte für die Glättungstiefe gemittelt über je 50 Linien. Bei gleichen Druckparametern nimmt mit zunehmender Wartedauer die Schichthöhe leicht ab.

4.3.3 Phänomene bei der Stapelung von aerosol-jet-gedruckten Silikonlagen

Bei der Erzeugung definierter Volumenkörper mittels geschichteter Lagen mit programmierbarer Kontur und Dicke sind mehrere kritische Wechselwirkungen absehbar. Beispielsweise die Fortpflanzung von Schichtdickenschwankungen oder die Ausprägung von Randkonturen können das erreichbare Druckergebnis beeinflussen. Der folgende Abschnitt beschreibt das Prozessverhalten des Aerosol-Jet-Drucks von Elastosil P7670 bei der Stapelung von Schichten als Grundlage für eine Weiterentwicklung zu einem 2,5D-Druckverfahren.

Charakterisierung der Schichtdicke über mehrere Drucklagen

Zunächst muss die Annahme einer konstanten Schichtdicke beim sequentiellen Auftrag mehrerer Lagen verifiziert werden. Nur so ist das Nachführen der Druckdüse mit einem Abstand über dem Substrat in einem definierten Toleranzbereich möglich. Die Auswertung von Messungen mit einem konfokalen Lasermikroskop, welche in [S13] dargestellt sind, bestätigt die Annahme einer konstanten Schichtdicke bei einem Materialdurchsatz von 5 mg/min ohne Silikonölbeimengung, einem Bahnabstand von 150 µm und einer Vorschubgeschwindigkeit von 15 mm/s. Wie in Bild 42 dargestellt, ergibt sich unabhängig von der Anzahl der Schichten ein Wert im Bereich 30 µm pro Schicht. Die dargestellten Schwankungen ergeben sich aus Abweichungen des erzielten Materialdurchsatzes an verschiedenen Drucktagen aufgrund von Prozessinstabilitäten der Anlage im Versuchszeitraum.

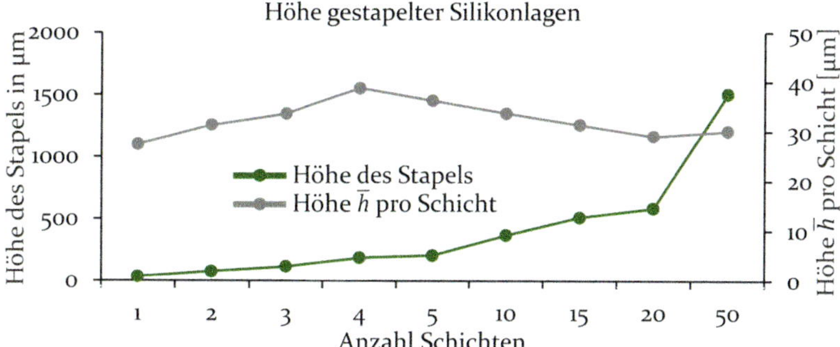

Bild 42: Mit Schwankungen über verschiedene Drucktage ergibt sich ein gemittelter Wert der Schichtdicke pro Lage mit 300 Messlinien pro Probe unabhängig von der Anzahl der Lagen falls gleiche Druckparameter für die Schichten verwendet werden. Nach [S13]

Oberflächengüte bei mehrlagigen Strukturen

Die Auswertung von Messergebnissen aus [S6, S13, S16] zur Oberflächengüte bei sequentiell gedruckten Silikonschichten zeigt, dass die Glättungstiefe R_p über mehrere Schichten konstant bleibt. Werden, wie in Bild 43 links dargestellt, Schichten, die zum Beispiel aufgrund einer sehr großen programmierten Druckgeschwindigkeit deutliche Eintiefungen aufweisen, mit einer weiteren Schicht überdruckt, kann es bei dieser zweiten Schicht zu einer verbesserten Oberflächenqualität kommen. Das verdruckte und noch nicht vernetzte RTV2-Silikon kann Unebenheiten folglich ausgleichen. Allerdings ist bei der Stapelung neben den schichtbezogenen Merkmalen wie der Glättungstiefe ohne weitere Maßnahmen eine Zunahme von Höhenabweichungen durch die Ausbildung von lokalen topologischen Strukturen in bestimmten Zonen wie etwa den Randbereichen feststellbar.

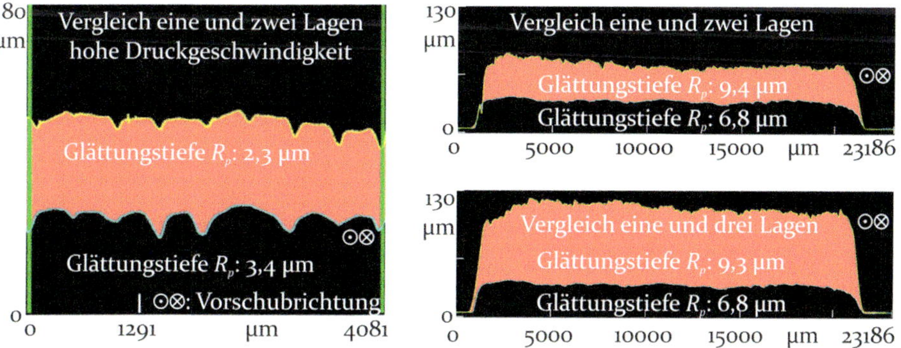

Bild 43: Beim Überdrucken von Schichten kann es zu einer leichten Verbesserung der Glättungstiefe kommen (links). Bei mehreren Lagen nimmt die Glättungstiefe nicht pro Schicht zu (rechts).

Ausprägung der Randkonturen

Die Ausprägung und das Stapelverhalten der Randkonturen sind weitere wesentliche Merkmale eines 2,5D-Druckverfahrens. Die Randkonturen sind in vielen Anwendungen zur Funktionserfüllung relevant. Beispielsweise können sie bei der Verwendung in einem Dielektrischen-Elastomer-Aktor aufgrund des dort reduzierten Elektrodenabstands nicht als aktive Fläche, sondern lediglich als passive Kapselung genutzt werden. Weiterhin beeinflusst der Grad, in dem eine Randkontur bei einem nachfolgenden Durchlauf überdruckt werden kann, allgemein die Eignung eines Fertigungsansatzes mit niedrigviskosen Werkstoffen zur Herstellung von schichtweise aufgebauten Volumenkörpern. Läuft das aufgedruckte Material einer nachfolgenden Schicht in großem Umfang von der zuvor gedruckten Randkontur ab, führt beispielsweise der Versuch, schichtweise einen Quader herzustellen, auf einen pyramidenförmigen Körper. Trotz gleicher Drucktrajektorie in der Druckebene wird die Randkontur dann pro Schicht um bis zu der Breite einer Druckbahn versetzt. Im Folgenden wird der Beginn der Randschicht als das Ende der ebenen Druckfläche der einzelnen, nebeneinander gelegten Druckbahnen definiert. Das Ende der Randschicht wird beim Erreichen des vorangegangenen Schichtniveaus festgelegt. In den nachfolgenden Auswertungen geschieht diese Festlegung manuell in den Höhenprofilen aus Messungen mit einem konfokalen Lasermikroskop. Die in Bild 44 dargestellte Vermessung der Randbereiche bei Proben mit einer Kantenlänge von 2 cm führt bei 50 Schichten auf einen Anteil der Randbereiche von 20 %. Die zuvor in Bild 43 dargestellten Profile von zwei sowie die Messungen an fünf Schichten aus Bild 44 zeigt, dass grundsätzlich ein definierter Randaufdruck möglich ist. Allerdings können ohne weitere Maßnahmen bei quaderförmig programmierten Proben mit mehreren hundert Schichten und einer resultierenden Höhe von über

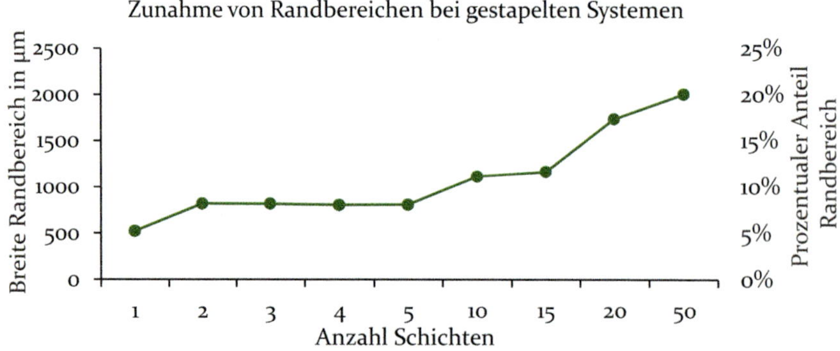

Bild 44: Bei 50 Schichten ergeben sich ohne weitere Maßnahmen für einen rechteckigen Körper bei einer Kantenlänge von 2 cm Randbreiten von bis zu 20 %. Nach [S13]

einem Zentimeter Neigungswinkel der Seitenwände von bis zu 10 Grad beobachtet werden.

Der Einfluss von Konditionierungslinien

Um die Charakteristik von Randstrukturen weiter zu verbessern, sind unterschiedliche Strategien für die Verarbeitung eines Werkstoffs wie Elastosil P7670 vorstellbar. Es können beispielsweise Konditionierungslinien des gleichen Werkstoffes um die eigentlich programmierte Kontur gedruckt werden. Wie in Bild 45 dargestellt, hat diese Strategie bei einer Silikonölbeimengung von 15 % keinen positiven Einfluss auf die eigentlich gewünschte Randstruktur. Bei Bahnabständen größer oder kleiner als die programmierten Druckbahnabstände b_{Abs} von 200 µm, welche bei der eigentlichen Schichtherstellung genutzt werden, zeigt die Auswertung von Messdaten, welche in [S16] zusammengefasst sind, entweder Materialanhäufungen oder deformierte Randbereiche.

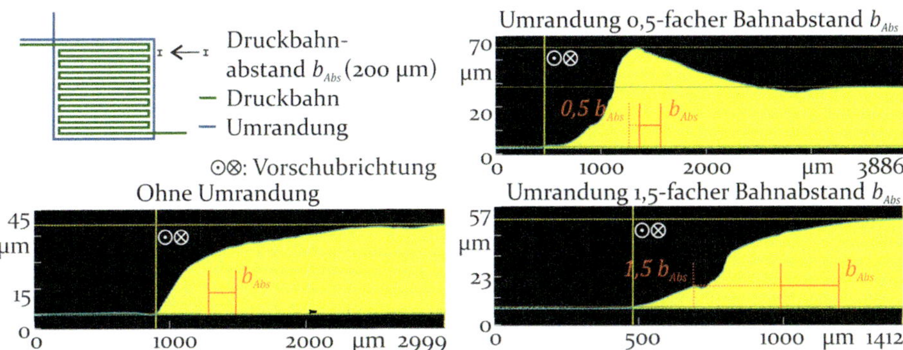

Bild 45: Konturlinien als Umrandung um die eigentliche Druckstruktur mit ebenfalls zwei gestapelten Lagen haben keinen positiven Einfluss auf die Randkontur. Nach [S16]

Das Eindrucken in Formen

Eine weitere Option zur Herstellung definierter Randbereiche ergibt sich aus der Möglichkeit des Aerosol-Jet-Verfahrens mit relativ großem Abstand zwischen Düse und Substrat zu drucken. Damit kann ein Drucken in mechanische Formen realisiert werden. Hierfür müssen allerdings sehr geringe Volumenströme und in der Folge auch geringe Materialdurchsätze gewählt werden, da bei zu hohen Volumenströmen Material vom nachströmenden Aerosol und dem Schutzgas über die Ränder aus den Formen gedrückt werden kann. In Bild 46 ist das Ergebnis eines Drucks in eine Form dargestellt, wobei klar definierte senkrechte Seitenwände erkennbar sind. Allerdings schränkt der Druck in Formen die flexible programmierbare Herstellung von beliebigen Geometrien deutlich ein.

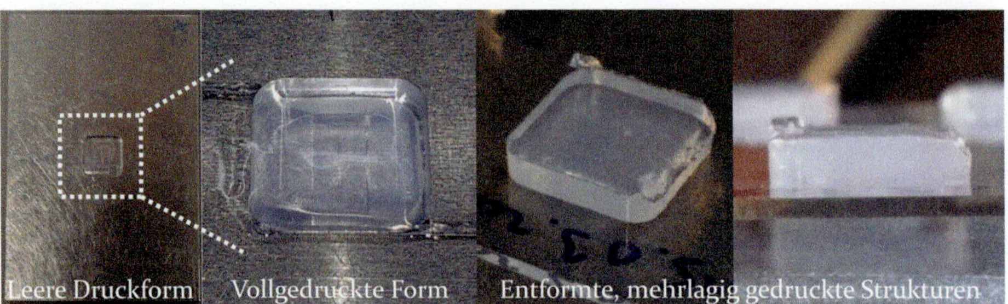

Bild 46: Bei Einhaltung geringer Materialdurchsätze kann mit der Versuchsanlage schichtweise Elastosil P7670 in Metallformen verdruckt werden, wobei die Möglichkeit zur flexiblen Formgebung damit allerdings deutlich eingeschränkt wird. Nach [S16]

Der Einfluss von Drucktrajektorien auf das Druckergebnis

Bei der Herstellung von Proben durch die parallele Anordnung einzelner Druckbahnen zu einer Schicht ergeben sich weiterhin Effekte an Wendestellen von Drucktrajektorien. Wie im vorangegangenen Kapitel dargestellt, kann die Schichtdicke einzelner Lagen über die Relativgeschwindigkeit v der Druckdüse und den zeitbezogenen Materialdurchsatz Out_{AB} eingestellt werden. Der kontinuierliche Materialdurchsatz kann dabei zur Prozesslaufzeit nicht ohne Weiteres verändert werden. Aus den maximal möglichen Beschleunigungen und Achsgeschwindigkeiten der Druckkinematik ergeben sich von der Programmierung abweichende Geschwindigkeitsprofile mit verminderten Geschwindigkeiten und in der Folge Materialanhäufungen an den Punkten mit Richtungswechseln. Mit zunehmender programmierter Druckgeschwindigkeit der einzelnen Bahnen verstärkt sich dieser Effekt. In Bild 47 ist für eine sehr hohe Bahngeschwindigkeit v

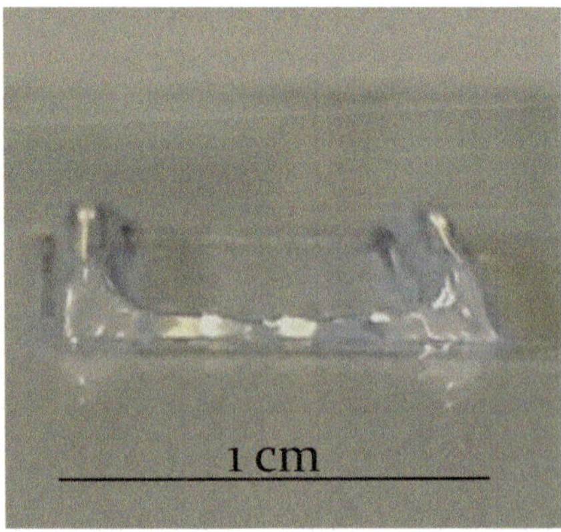

Bild 47: Bei zunehmend hoher Bahngeschwindigkeit v (die Probe im Bild ist bei 100 mm/s hergestellt) verstärkt sich der Effekt von Materialanhäufungen an den Wendepunkten aufgrund der begrenzten Achsbeschleunigungen und Geschwindigkeiten.

von 100 mm/s erkennbar, dass die Materialanhäufungen an den Wendestellen im Vergleich zu den Druckschichten bereits ab einer zweistelligen Lagenzahl extrem ausgeprägt sind. Um dünnere Schichten im Aerosol-Jet-Druck von RTV2-Silikonen zu realisieren, sollte also stets der Materialdurchsatz reduziert und nicht die Bahngeschwindigkeit erhöht werden.

Daneben kann mit speziellen Drucktrajektorien ein kontinuierliches Geschwindigkeitsprofil erreicht werden, wobei allerdings nur noch bogenförmige Konturen mit bestimmten minimalen Bahnradien gedruckt werden können. Alternativ können Wendepunkte auch außerhalb der eigentlich gewünschten Konturen gelegt werden und in einem nachfolgenden Prozessschritt mit einem trennenden Verfahren entfernt werden. Schließlich können auch die bereits beschriebenen Shutter der Aerosol-Jet®-Druckköpfe genutzt werden, um den Materialausstoß an den Wendestellen temporär zu unterbrechen. In der Versuchsanlage führt die Nutzung der Shutter allerdings bereits nach kurzen Prozesszeiten zu Instabilitäten durch vermehrte Tropfenbildung an der Druckdüse.

Schließlich zeigen Versuche zur Herstellung von quaderförmigen Proben mit über 100 Schichten als einen weiteren Effekt eine starke Abschrägung der oberen Druckfläche zu einer Ecke hin. Ohne weitere Maßnahmen kann diese Abweichung bei einer Probenhöhe von einem Zentimeter und einer Grundfläche von 1 cm² bis zu 20 Grad betragen. Eine solche Abweichung ist beispielhaft in Bild 48 links dargestellt. Bei dieser Probe, deren Herstellung in [S18] beschrieben ist, wird eine stets gleiche Drucktrajektorie für jede Schicht genutzt, wobei lediglich die Druckdüse bei jedem Durchlauf um 30 µm angehoben wird. Der beobachtbare Abfall der Fläche verläuft dabei mit dem höchsten Punkt von der ersten Druckbahn einer Fläche abwärts zur letzten Druckbahn. Wird die Drucktrajektorie in der Druckebene rotiert, dreht sich auch der Abschrägungseffekt im selben Winkel. Bei einer zyklischen Rotation der Drucktrajektorien um jeweils 90 Grad bei der Stapelung von Schichten ist, wie beispielhaft in Bild 48 rechts dargestellt, keine Neigung der Quaderfläche mehr zu erkennen.

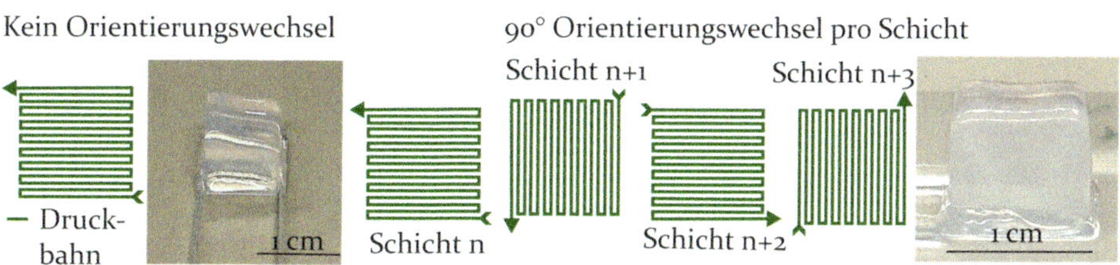

Bild 48: Findet kein schichtbezogener Wechsel der Druckrichtung statt, kommt es zu einer Abschrägung der Druckflächen (links). Mit einer Rotation der Bahnorientierung nach jeder Druckschicht kann dem Effekt entgegengewirkt werden (rechts).

Die Abhängigkeit vom Verlauf der Drucktrajektorie wird auch durch zahlreiche weitere Versuche bestätigt. Ohne die schichtweise Rotation des Druckmusters stellt sich stets eine ähnliche Abschrägung bei entsprechend hohen Proben ein, auch wenn mögliche weitere Einflussparameter der Versuchsanlage variiert werden. Dazu zählen die Deaktivierung einer lokalen Absaugung hinter der Druckdüse, die Verlängerung oder Verkürzung von Heizzeiten, das Einfügen einer zusätzlichen Wartedauer vor dem Heizen oder Veränderung der Position der Probe während des schichtweisen Heizens in der Heizzone. Bei der Untersuchung einzelner Schichten kann bei der Auswertung von Höhenprofilen keine Abschrägung festgestellt werden.

4.4 Elektromechanische Charakterisierung aerosol-jet-gedruckter Silikonstrukturen

Mit den im Vorangegangenen dargestellten Prozessparametern wird in der ebenfalls vorgestellten Versuchsanlage ein neuartiger Ansatz zur additiven Fertigung von RTV2-Silikonen realisiert. Die erzielbaren Schichtauflösungen von 30 µm bis zu 10 µm führen dabei für einen Einsatz als Dielektrikum in Dielektrischen-Elastomer-Aktoren auf mögliche Einsatzspannungen unterhalb von 1 kV und können für Elastosil P7670 theoretisch mit der häufig angegebenen Durchbruchfeldstärke $\overrightarrow{E_D}$ im Bereich von 30 V/µm [69, 84] bis auf 300 V reduziert werden. Gleichzeitig kann der vorgestellte, programmierbare Ansatz mit schichtbezogenen Herstellungszeiten im Bereich von zwei Minuten für eine Fläche von 1 cm^2 die effiziente Herstellung von gestapelten Strukturen mit gegebenenfalls komplexen Geometrien ermöglichen.

Neben diesen vorteilhaften Rahmenparametern ist zur weiteren Bewertung des Ansatzes zur additiven Fertigung nachgiebiger mechatronischer Komponenten mit definierten Eigenschaften die elektromechanische Charakterisierung von aerosol-jet-gedruckten Elastomerproben notwendig. Damit kann für Materialproben, welche mit dem neuartigen Ansatz hergestellt sind, eine Vergleichbarkeit mit weiteren Proben gezeigt werden, die mit einem herkömmlichen Herstellungsansatz gefertigt sind. Im Folgenden werden dazu zunächst die Ergebnisse von Zugversuchen an Probekörpern vorgestellt. Die Probekörper sind dabei mittels Aerosol-Jet-Druck hergestellte Grundkörper, aus denen Schulterstäbe ausgeschnitten werden. Diese werden hinsichtlich ihrer Zugfestigkeit und Rissdehnung mit gegossenen und anschließend ebenfalls geschnittenen Elastosil-P7670-Proben verglichen. Weiterhin wird in einem Versuchsstand der wichtige Parameter der Durchbruchfeldstärke bestimmt. Dazu werden hinsichtlich ihrer Schichtdicke und der gewählten Aufbaustrategie verschiedene Proben mit exakt vermessener Dicke schrittweise mit erhöhten Spannungen bis zum Erreichen der Isolationskapazität beaufschlagt. Schließlich kann durch das Aufbringen von Elektrodenschichten und somit über das Erzeugen von Kapazitäten an einem Plattenkondensator mit bekannter Geometrie die relative Permittivität ε_r von aerosol-jet-gedruckten Elastosil-P7670-Schichten ermittelt werden.

4.4.1 Nachweis der Eignung des Aerosol-Jet-Drucks zur Herstellung vernetzter Silikonlagen

Zur Untersuchung des mechanischen Materialverhaltens werden Zugversuche an aerosol-jet-gedruckten Elastosil-P7670-Proben und an gegossenen Referenzproben durchgeführt. Für die gegossenen Proben werden die Ausgangskomponenten A und B manuell mit einem Silikonölanteil von jeweils 15 wt% gemischt und anschließend zusammen in rechteckige Formen mit einer Kantenlänge von 10 mm mal 20 mm und einer Tiefe von 2 mm gegossen. In einer Vakuumkammer werden Blasen entfernt, um die Proben anschließend in einem Ofen bei 393,15 K für 10 Minuten zu vernetzen. Die gedruckten Proben werden bei einem eingestellten kombinierten Materialdurchsatz Out_{AB} von 5 mg/min, mit einem Bahnabstand b_{Abs} von 150 µm und einer Vorschubgeschwindigkeit v von 15 mm/s gedruckt. Dabei werden jeweils Rechtecke mit den bereits genannten Kantenlängen mit einer Rotation der Bahnen um 90° pro Schicht realisiert. Durch die Stapelung von 70 Schichten, mit einer errechneten Einzelhöhe $\bar{h}$ von 28,2 µm ergeben sich bei sechs Proben Dicken zwischen 1,81 mm und 2,01 mm an unterschiedlichen Drucktagen. Aus den rechteckigen Grundkörpern werden mit einer CO_2-Laserscheidanlage vom Typ Speedy 100 der Firma Trotec Schulterstäbe ausgeschnitten. Die Schulterstäbe orientieren sich am Typ S3 der Norm DIN 53504:2017-03 [263] und sind um den Faktor 2,0 kleinskaliert, um mehrere Druckproben herstellen zu können. Die Ergebnisse der Zugversuche sind in Bild 49 in zwei Spannungs-Dehnungsdiagrammen zusammengefasst. Die aerosol-jet-gedruckten Proben zeigen eine herabgesetzte ertragbare Spannung, die bei drei von vier Proben im Mittel bei 0,69 N/mm² liegt. Die maximal erreichte Dehnung bei den schichtweise hergestellten Proben liegt im Mittel für die drei Proben mit der geringsten Dehnung bei 229 %. Diese Werte liegen unter denen der gegossenen Referenzproben mit einer durchschnittlichen ertragbaren Spannung der drei schlechtesten Proben von 1,13 N/mm² und einer erreichbaren Dehnung von 331 %. Allerdings ist die Herabsetzung der Werte für den schichtweisen

Aufbau erwartbar und zeigt sich auch bei anderen additiven Verfahren, wie beispielsweise in [264] dargestellt.

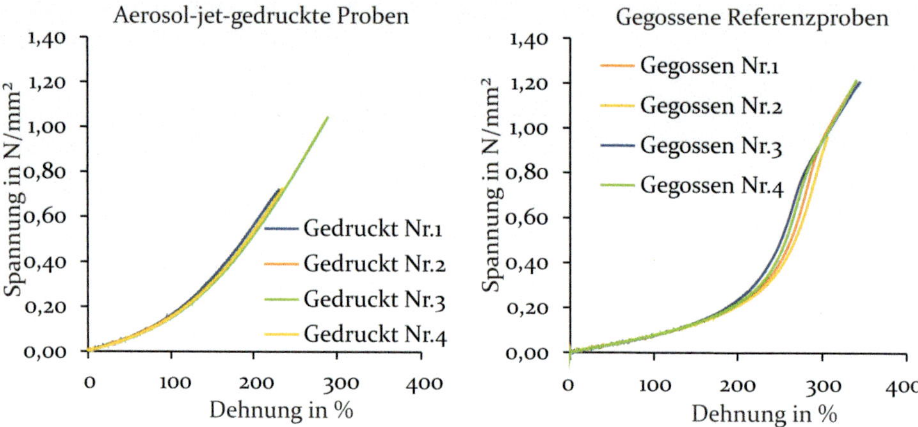

Bild 49: Aus dem Vergleich der Spannungs-Dehnungsdiagramme von gedruckten Elastosil-P7670-Proben mit gegossenen Refenrenzproben des gleichen Materials wird eine Reduzierung der durchschnittlichen Bruchspannung auf 73 % und auf 94 % der durchschnittlichen Rissdehnung der gedruckten Proben ersichtlich.

4.4.2 Untersuchungen zur Durchschlagfestigkeit und Permittivität aerosol-jet-gedruckter Silikonlagen

Die Durchbruchfeldstärke $\overrightarrow{E_D}$ des Dielektrikums ist, wie im Stand der Technik dargestellt, eine entscheidende Kenngröße Dielektrischer-Elastomer-Aktoren, da sie den erreichbaren elektrostatischen Druck limitiert. Im Folgenden wird für aerosol-jet-gedruckte Lagen von Elastosil P7670 in Abhängigkeit unterschiedlicher Druckstrategien die maximal ertragbare Potenzialdifferenz bezogen auf die Schichtdicke ermittelt. In [265] wird von Carpi et al. ein Messaufbau zur Bestimmung der Durchbruchfeldstärke dielektrischer Lagen vorgeschlagen. Weiterhin sind in den Normen DIN EN 60243-1:2014-01, DIN EN 60243-2:2014-08 und DIN EN 60674-2:2014-06 Rahmenbedingungen für entsprechende Messungen festgelegt [266–268]. Der für die vorliegend beschriebenen Versuche entwickelte Messaufbau, welcher in Bild 50 dargestellt ist, orientiert sich an dem Vorschlag von Carpi et al. Ein 4,21 g schwerer Tastkopf aus Stahl mit einer halbkugelförmigen Messspitze wird in einer Stahlführung gehalten. Die Messspitze hat einen Radius von 2 mm. Über einen Lasertriangulationssensor der Firma MicroEpsilon vom Typ ILD1750-2 mit einer Messauflösung von 30 nm kann der Kontaktzeitpunkt ermittelt werden, wenn eine Elastomerprobe mittels einer feinjustierbaren Z-Achse gegen den Tastkopf gefahren wird. Für die nachfolgend beschriebenen Messreihen werden aufgrund der begrenzten Anzahl verfügbarer Proben nicht, wie in der Norm vorgesehen, zehn Messungen herangezogen. Weiterhin wird die geforderte Luftfeuchtigkeit mit einem gemessenen Wert von 33 % unterschritten. Zur Bestimmung der Durchbruchfeldstärke wird die Stahlhalterung des Tastkopfes mit einer steuerbaren Hochspannungsquelle des Herstellers EMCO vom Typ XP Power CB101 verbunden. Die angelegte Spannung wird zusätzlich mit einem Oszilloskop der Firma Agilent Technologies vom Typ MSO-X2024A mit einem Hochspannungstastkopf mit einem Verhältnis von 1000:1 gemessen. Alle untersuchten Proben werden auf Glasobjektträger mit einer Beschichtung aus Indium-Zinnoxid (ITO) mit einem Flächenwiderstand von 70-100 Ω gedruckt. Die ITO-Träger dienen in den Versuchen als Elektrode für das Massebezugspotenzial.

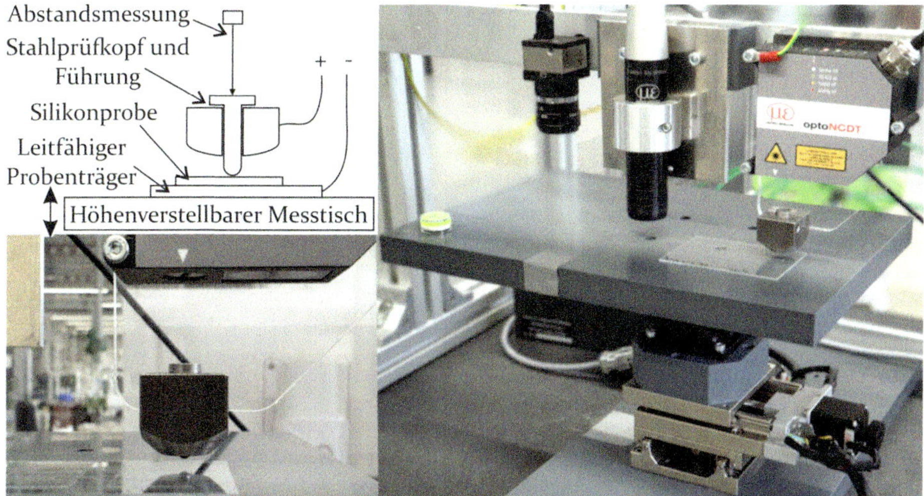

Bild 50: Aufbau zur Messung der Durchbruchfeldstärke. Mit einer Laserabstandsmessung mit einer Auflösung von 30 nm kann der Kontakt des Prüfkopfes mit der Probenoberfläche detektiert werden.

Die in Bild 51 dargestellten Verläufe der Durchbruchfeldstärken in Abhängigkeit der mittels eines konfokal-chromatischen Sensors zuvor über zehn Messungen ermittelten Schichtdicken von Silikonlagen zeigen mit einem Maximum von 75,5 V/µm eine gute Übereinstimmung mit einer Charakterisierung von Elastosil P7670 von Gatti et al. in [269], in welcher für eine vergleichbare Schichtdicke eine Durchbruchfeldstärke von 75 V/µm ermittelt wird. Mittels Aerosol-Jet-Druck von Elastosil P7670 können also dielektrische Lagen mit Durchbruchfeldstärken realisiert werden, welche mit Proben aus anderen Herstellungsprozessen vergleichbar sind. Alle Proben werden mit einem eingestellten Materialdurchsatz von 2,5 mg/min und einer Bahngeschwindigkeit von 15 mm/s mit einem Bahnabstand von

150 µm realisiert. In Bezug auf die Druckstrategien haben X-gedruckte Proben, deren einzelne Lagen jeweils mit um 90° gedrehten Druckbahnen hergestellt werden, eine leicht geringere Durchbruchfeldstärke als Proben mit parallelen Bahnanordnungen der einzelnen Lagen. Die Variation des Silikonölanteils AK100 führt für 15 wt% und 30 wt% zu keiner eindeutigen Beeinflussung hinsichtlich der Isolationsfähigkeit.

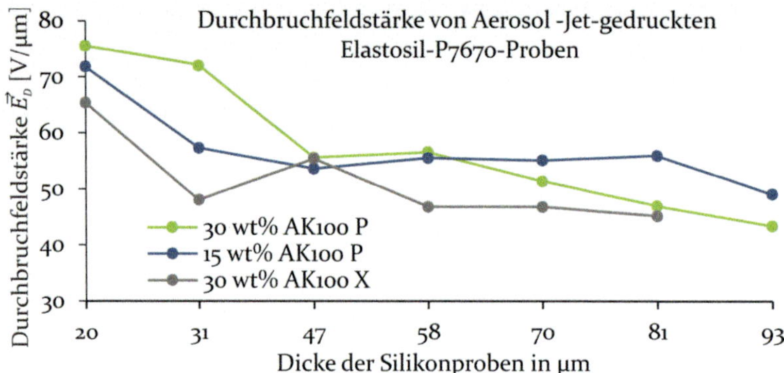

Bild 51: Die Durchbruchfeldstärke in Abhängigkeit der über zehn Messungen gemittelten Probendicke variiert in Abhängigkeit der Silikonölbeimengung weniger als in Bezug auf eine Druckstrategie mit gekreuzten (X) oder parallelen (P) Druckbahnen pro Schicht und bleibt über den häufig angegebenen (vergleiche [69, 84]) 30 V/µm.

Neben der Durchbruchfeldstärke kann auch die relative Permittivität gedruckter Schichten ε_r untersucht werden. Dazu werden zwei quadratische Silikonproben mit einer Kantenlänge von 10 mm auf ITO-Objektträger aufgedruckt. Die Proben werden bei einem eingestellten Materialdurchsatz Out_{AB} von 5 mg/min mit einer Silikonölbeimengung von 15 wt%, einem Bahnabstand b_{Abs} von 200 µm und einer Druckgeschwindigkeit v von 10 mm/s hergestellt. Bei einer Schichtdickenbestimmung mit einem konfokal-chromatischen Sensor wird eine Probendicke im Schnitt von je zehn Messungen von 32 mm und 36 µm ermittelt. Auf die dünnere Probe wird manuell mittig eine quadratische Elektrode aus Grafitfett mit einer Kantenlänge von 7 mm und auf die zweite Probe eine Elektrode mit einer Kantenlänge von 8 mm aufgebracht. Für die erste Probe wird in acht Wiederholungsmessungen eine Kapazität C von 42 pF und für die zweite Probe eine Kapazität von 53 pF mit einem Multimeter vom Typ MM11 der Firma Benning bestimmt. Damit ergibt sich nach Gleichung (1) für die erste Probe ein Wert für ε_r von 3,1 und für die zweite Probe ein Wert von 3,37. Im Vergleich zu den Herstellerangaben einer relativen Permittivität von ε_r von 3,0, welche sich durch die Silikonölbeimengung theoretisch auf 2,96 reduziert, stellen sich im Aerosol-Jet-Druck dünnerer Schichten von Elastosil P7670, also leicht höhere Permittivitäten ein.

5 Hybridatomizer zur Herstellung elastischer Elektrodenstrukturen

Neben nachgiebigen dielektrischen Komponenten als mechanische Funktionsträger sind entsprechende leitfähige Strukturen ein zweiter elementarer Baustein zur Realisierung integrierter elastischer mechatronischer Komponenten. Für die Herstellung solch leitfähiger und elastischer Strukturen ist dabei ein Prozess wünschenswert, der die Möglichkeiten des bereits beschriebenen Herstellungsansatzes für Dielektrika nicht durch eigene prozessbedingte Limitierungen einschränkt. Weiterhin muss der Ansatz mit den verwendeten Substraten kompatibel sein. Für den prototypischen Anwendungsfall der Herstellung Dielektrischer Elastomere werden aus dem Stand der Technik abgeleitete Anforderungen eines masken- und kontaktlosen, frei programmierbaren, potenziell 3D-geeigneten Druckverfahrens für Partikelsysteme als Elektroden in Kapitel 3 formuliert. Ausgehend von Vorversuchen mit klassischen Ansätzen zur Kombination von Partikelsystemen mit Polymeren wird im nachfolgenden Abschnitt zunächst der Aufbau einer Versuchsanlage mit Eigenschaften beschrieben, welche den genannten Anforderungen an ein Verfahren grundlegend entsprechen. Dies bildet dann eine Basis zur Entwicklung verschiedener Tintensysteme zur Erzeugung von Leiterbildern, welche unter den besonderen Rahmenbedingungen des Druckens auf vernetzende RTV2-Systeme entwickelt und mittels der Versuchsanlage validiert werden. Anschließend wird die Konzeption, Realisierung und Systemintegration einer neuartigen hybriden Prozesskomponente zur Aerosol-Erzeugung beschrieben. Diese erlaubt eine zeiteffiziente Herstellung von Elektrodenstrukturen mit einstellbaren elektrischen Eigenschaften auf der Basis der entwickelten Partikeltinten. Schließlich werden mit diesem neuartigen System hergestellte Elektrodenstrukturen hinsichtlich einer Nutzung in Dielektrischen Elastomeren elektromechanisch charakterisiert. Wie bereits im Abschnitt zum Stand der Technik beschrieben, stellt die Produktion elastischer Elektroden mit der Fähigkeit zum zyklischen Ertragen großer Deformationen und Rückstellbewegungen eine Herausforderung dar. Die Elektrodenstrukturen, die im folgenden Kapitel beschrieben werden, erfüllen diese Anforderungen, werden aber in einem ersten Schritt zunächst als Monomaterialsysteme in Lagen auf die Substrate aufgetragen. Die gewonnenen Erkenntnisse dienen als Grundlage der in Kapitel 6 beschriebenen Versuche zur direkten additiven Fertigung von Multimaterialsystemen.

5.1 Nutzung eines maskenlosen Druckprozesses zur Erzeugung definierter flächiger Elektroden- und Leiterstrukturen

Im Kontext Dielektrischer Elastomere als beispielhafte Anwendung für flexible mechatronische Systeme ist die Eignung eines Herstellungsverfahrens zur Erzeugung komplex geformter, flächiger Leiterbilder besonders relevant. Dies gilt bereits dann, wenn sehr einfache Aktor- oder Sensorsysteme hergestellt werden sollen, da auch diese zur alternierenden Ankontaktierung schichtbezogen andere Elektrodenstrukturen benötigen können. Mit zunehmend komplexer Gestaltung der mechatronischen Komponenten wird die Nutzung, zum Beispiel von Maskensystemen wie im Siebdruck von Pasten, schließlich impraktikabel.

Im nachfolgenden Abschnitt werden Vorversuche beschrieben, welche für die Herstellung leitfähiger elastischer Strukturen auf der Basis von Partikelsystemen die zunächst naheliegende Option der Beimengung von Partikeln in den Silikonausgangskomponenten oder in einem Öl untersuchen, um sie so für ein programmierbares Druckverfahren wie den Aerosol-Jet-Druck nutzbar zu machen. Abgeleitet aus den gewonnenen Erkenntnissen folgt die Beschreibung einer angepassten Versuchsanlage zur Verarbeitung kompatibler Partikeltinten für einen masken- und kontaktlosen Druckprozess auf der Basis von ultraschallbasierten Aerosol-Jet®-Komponenten der Firma Optomec. Da aus den beschriebenen Vorversuchen eine Nutzung von Lösungsmitteln für den Druck von Partikeltintensystemen absehbar ist, werden schließlich prozessrelevante Einrichtungen zum Verdampfen von Lösungsmittelanteilen nach dem Aufdrucken der Partikeltinten in mehreren Variationen beschrieben.

5.1.1 Untersuchungen zur Herstellung von Partikeltinten auf der Basis von Silikonölen

Wie in der schematischen Übersicht möglicher Prozessvarianten in Bild 18 in Kapitel 3 dargestellt, ist die direkte Beimengung von leitfähigen Partikeln zu Ausgangsstoffen von Polymeren eine mögliche Option zur Realisierung von Elektrodenstrukturen auf der Basis gefüllter Polymermatrizen. Zum Zeitpunkt von Versuchen, welche in [S1] beschrieben werden, sind Carbon Nano Tubes (CNTs) als organische Füllstoffpartikel in Mengen marktverfügbar, die eine Durchführung von belastbaren Versuchsreihen erlauben. Die erstmalig von Lijima in [270] beschriebenen Kohlenstoffröhren aus Tuben mit ein- oder mehrlagiger, zweidimensionaler Gitterstruktur sind potenziell sehr gut geeignet, um bei niedrigen Füllgraden von 1 wt% bis 2 wt% [271] und damit einer geringen verfestigenden Wirkung auf das resultierende Verbundsystem leitfähige Polymerkomposite herzustellen [272, 273].

Eine häufig genutzte Methode, um Füllpartikel wie CNTs in die Ausgangskomponenten von Elastomeren einzubringen, sind sogenannte Dreiwalzwerke. Mit diesen Systemen lassen sich dabei sehr gute Dispergierungsgrade erreichen. In Versuchsreihen wird die Compoundierung der Ausgangskomponenten A oder B des Werkstoffs Elastosil P7670 mit mehrwandigen CNTs, welche von der Firma Bayer unter der Produktbezeichnung Baytubes C150P vertrieben werden, mit einem Dreiwalzwerk von Typ 80E der Firma Exakt untersucht. Für fertig vernetzte Proben mit einer Beimengung von 1 wt% ergibt sich keine messbare Leitfähigkeit. Bei einem Füllgrad von 2 wt% sind flächenbezogene Widerstände $R_{S\square}$ im Bereich von 1 kΩ messbar. Zugversuche bestätigen den geringen Einfluss auf den mechanischen Widerstand bei diesen geringen Füllgraden mit einer erwarteten Herabsetzung der ertragbaren mechanischen Spannung.

Bild 52: Bereits die Beimengung geringer Gewichtsanteile von CNTs zu Ausgangskomponenten von Elastosil P7670 oder dem Silikonöl AK 100 führt zu extrem hochviskosen Pasten (oben). Wässrige Lösungen hingegen bleiben niedrigvsikos. Mittels Ultraschall lässt sich eine gute Dispergierung erreichen (unten). Nach [S1]

Allerdings ergeben sich für die in Bild 52 dargestellten Mischungen sowohl mit Komponente A als auch mit Komponente B bereits bei einer Beimengung von 1 wt% CNTs extrem hochviskose Pasten. Auch eine Erwärmung der Mischung auf 120° C führt zu keiner merklichen Herabsetzung der Verarbeitungsviskosität. Die Proben lassen sich nur schwer manuell mit einem Spatel deformieren und können für eine nachgelagerte Vernetzung nicht mehr manuell durch Rühren vermischt werden. Die Nutzung in aerosolbasierten Druckprozessen ist für diese Mischungen ausgeschlossen. Auch eine versuchsweise Beimengung der beschriebenen CNTs zu dem deutlich niedrigviskoseren Silikonöl AK100 der Firma Wacker führt auf ein, im Vergleich zur Ausgangsviskosität von 100 mPas, extrem hochviskoses Materialsystem, welches für eine Aerosol-Erzeugung ungeeignet ist. Spätere Versuche einer manuellen Beimengung von reduziertem Graphenoxid (rGO) in die drei möglichen Materialkomponenten als alternatives Partikelsystem zeigen ähnliche Ergebnisse. Erste Versuche zur Dispergierung der genannten CNTs in einer wässrigen Lösung mittels eines Ultraschallbades führen hingegen auf eine gut durchmischte, niedrigviskose Tinte, welche absehbar zur Aerosol-Erzeugung genutzt werden kann.

5.1.2 Integration eines Ultraschall-Aerosol-Jet-Drucksystems

Zur Verarbeitung von niedrigviskosen Tinten kann für den Aerosol-Jet-Druck sowohl der pneumatische als auch der ultraschallbasierte Ansatz gewählt werden. Unter anderem aufgrund der prinzipbedingten Einkopplung von Ultraschall in die Drucktinten, welche neben der Aerosol-Erzeugung auch zur kontinuierlichen Durchmischung der Tintensysteme in der Prozesskammer führt, wird die ultraschallbasierte Variante häufig in Anwendungen der Elektronikproduktion zum Verdrucken von niedrigviskosen Partikeltinten genutzt [274–276]. Die in Bild 52 unten dargestellte Dispergierung von Partikeln in einem Lösungsmittel wird so bei einer kontinuierlichen Einkopplung von Ultraschall aufrechterhalten und es wird einer möglichen Agglomeration der gelösten Partikel entgegengewirkt.

Abgeleitet aus Vorversuchen kann dies ebenfalls für die Herstellung von Elektroden aus leitfähigen kohlenstoffbasierten Partikeln sinnvoll sein. Die Versuchsanlage wird daher mit ultraschallbasierten Aerosol-Jet®-Komponenten der Firma Optomec erweitert. Eine schematische Darstellung der Prozesskomponenten zum Aerosol-Jet-Druck von Partikeltinten für Elektrodenstrukturen ist in Bild 53 dargestellt. Wie in Kapitel 3 beschrieben, wird der Tröpfchennebel bei dem dargestellten Ansatz durch ultraschallinduzierte Oberflächenwellen erzeugt. Um einer erhöhten Verdampfungsrate potenziell flüchtiger Lösungsmittel durch die eingebrachte Energie der Ultraschallerzeugung entgegenzuwirken, wird die Tinte im Druckkopf über einen primären Kühlkreislauf aktiv gekühlt. Dieser ist mit einem zweiten regelbaren Wasserkühlkreislauf der Firma Thermo Scientific Fischer vom Typ SC100-A10 gekoppelt. Zusätzlich kann der Abnahme der Lösungsmittelkonzentration in der Drucktinte durch ein vorgeschaltetes Lösungsmittelreservoir entgegengewirkt werden, durch welches das Atomizergas vor dem Eintritt in die Prozesskammer geleitet werden kann. In der Versuchsanlage wird die zweite Druckdüse, die ohne Virtual-Impactor-Einheit direkt mit dem Atomizer verbunden ist, in Bezug auf die Achsen der Versuchskinematik um 5,4 cm in X-Richtung versetzt zur Druckdüse für den Silikondruck angebracht. Analog zur bereits beschriebenen Erzeugung von Elastomerschichten können durch Relativbewegungen der Versuchskinematik einzelne Druckbahnen der Partikeltinten auf einem Substrat hergestellt werden. Die parallele Anordnung dieser einzelnen Bahnen führt dann entsprechend auf flächige Leiterbilder.

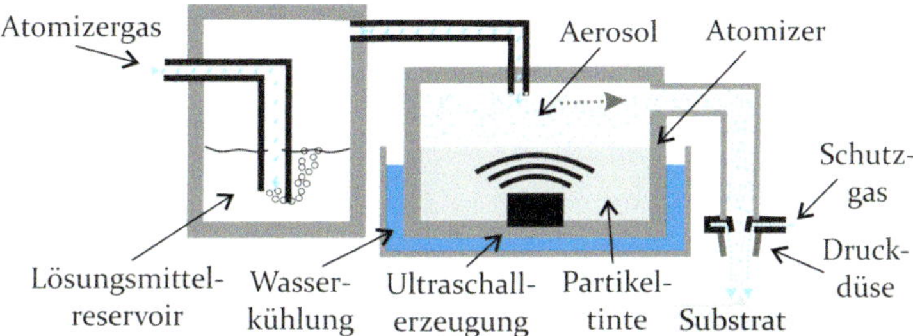

Bild 53: Mit Ultraschall-Aerosol-Jet®-Komponenten kann eine niedrigviskose, aktiv gekühlte Tinte, welche in der vorliegenden Dissertationsschrift aus Partikeln und Lösungsmitteln besteht, in ein Aerosol überführt und durch eine separate Düse aerodynamisch fokussiert in der Versuchsanlage verdruckt werden.

5.1.3 Periphere Einrichtungen zur Herstellung von Elektrodenstrukturen

Vorversuche sowie in nachfolgenden Kapiteln detailliert beschriebene Versuchsreihen zur Herstellung leitfähiger, elastischer Strukturen auf Silikonsubstraten zeigen für niedrigviskose Partikeltintensysteme einen starken Einfluss der thermischen Verhältnisse in der Prozessebene auf die erreichbare Qualität der Druckbilder mit der beschriebenen Versuchsanlage. Ohne ein thermisch beschleunigtes Verdampfen von Lösungsmittelanteilen aufgedruckter Strukturen ergeben sich keine gut definierten Druckbahnen, sondern stark verlaufende Bereiche. Dies gilt in besonderem Maße, wenn einzelne Druckbahnen sequentiell direkt nebeneinander gedruckt werden, um flächige Elemente beispielsweise für Elektroden in Dielektrischen Elastomeren zu realisieren.

Zur definierten Erwärmung der Prozessebene können daher zwei unterschiedliche Heizsysteme in der Versuchsanlage genutzt werden. Zum einen ist ein Induktionsheizsystem mit einer Temperaturmessung verfügbar, auf welches Probenträger direkt aufgelegt werden können. Mit diesem Ansatz können sehr einfach unterschiedliche Temperaturverhältnisse für das Substrat eingestellt werden. Für einen additiven Herstellungsansatz ist allerdings bei mehrlagigen Strukturen der Wärmeleitkoeffizient des verdruckten Materials zu beachten. Wie in Bild 54 oben dargestellt, ist eine Erwärmung der Substratoberfläche von unten durch den Volumenkörper hindurch nur eingeschränkt möglich. Experimente, die in [S19] beschrieben werden, zeigen bei Elastosil-P7670-Strukturen mit mehr als 1 mm Dicke auch nach Heizdauern von mehreren Minuten eine starke Temperaturdifferenz zwischen der unteren beheizten Fläche und der entfernt liegenden Probenoberfläche. Wie bereits beschrieben, führen zu geringe Temperaturen in der Prozessebene zu schlechten Druckergebnissen für leitfähige Strukturen. Daher muss für viellagige Proben ein Lichtheizsystem genutzt werden. Analog zu den Komponenten zur thermischen Unterstützung der Vernetzungsreaktion, welche in Kapitel 4.1.3 beschrieben werden, kann in diesem Heizsystem die Temperatur eines 400-Watt-Keramikstrahlers der Firma Niggeloh über ein integriertes Thermoelement PID geregelt werden. Wie in Bild 54 unten dargestellt, ist die Strahlungsheizung mit einem einstellbaren Winkel vor den Druckdüsen mit einem Abstand von 13 cm zwischen dem Mittelpunkt der Strahleroberfläche und dem zentralen Punkt

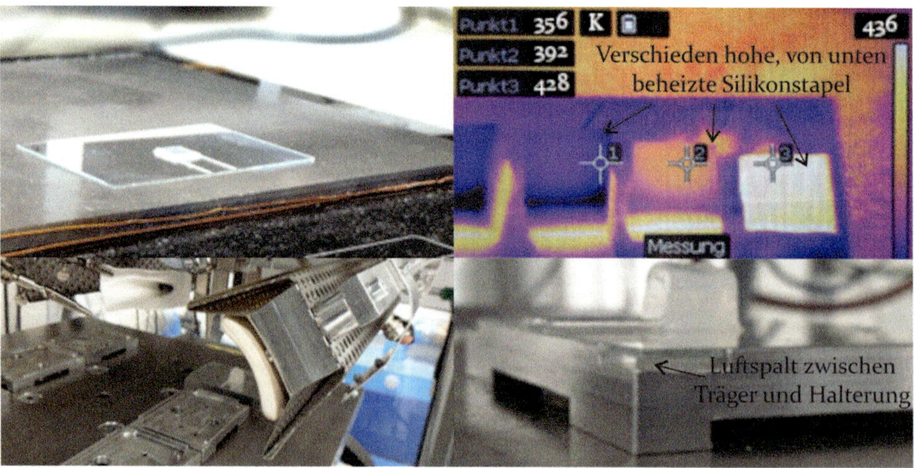

Bild 54: Bei der Erwärmung von Silikonproben auf einer induktiven Heizplatte sind ab einer Dicke von 1 mm die Temperaturen auf der Probenoberfläche zu niedrig (oben rechts nach [S18]). Mit einem Lichtheizsystem können für die Entfernung von Lösungsmitteln notwendige Temperaturen unabhängig von der Probendicke erreicht werden. Der Probenträger liegt dabei zur thermischen Isolation nur an den Seiten auf (rechts unten).

der jeweiligen Probenaufnahme unter der Druckdüse angebracht. Somit lässt sich durch die Mitführung durch die Z- und X-Achse unabhängig von der Probendicke eine konstante Temperatur T_{DZ} der zu bedruckenden obersten Substratlage erreichen. Versuche zeigen, dass hierzu keine Vorheizzeiten notwendig sind, wenn die zu bedruckende Silikonschicht direkt aus der Vernetzungs- in die Prozesszone gedreht wird. Allerdings ist, wie ebenfalls in Bild 54 dargestellt, eine thermische Entkopplung von der Probenaufnahme und der Grundplatte notwendig. Ist dies nicht der Fall, zeigt sich bei dünnen Proben ansonsten ein stark abweichendes Prozessverhalten durch die Kühlwirkung der Probenaufnahme und der Grundplatte. Die Probenträger liegen dazu nur an den Seitenflächen auf, um eine isolierende Luftschicht unter den Probenträgern zur Entkopplung nutzen zu können.

5.2 Entwicklung niedrigviskoser Partikeltinten für die Herstellung leitfähiger und flexibler Strukturen

Die Herstellung elastischer leitfähiger Strukturen in einem kontaktlosen Druckverfahren bedingt die Verfügbarkeit von geeigneten Drucktinten mit Eigenschaften, die sowohl zum eingesetzten Druckprozess als auch zu den Drucksubstraten kompatibel sind. Wie im Stand der Technik dargestellt, sind vor allem Partikelsysteme geeignet, große Deformationen reversibel unter der Beibehaltung einer gewissen Leitfähigkeit zu ertragen. Um einen Einsatz zunächst als Monomaterialelektroden sowie später auch in gefüllten Polymermatrizen zu ermöglichen, sind Tinten mit Kohlenstoffnanopartikeln besonders interessant. Sie ermöglichen, wie in den vorangegangenen Kapiteln beschrieben, ein Erreichen der Perkolationsgrenze bei geringen Füllgraden einer Polymermatrix, falls nicht nur Monomateriallagen, sondern auch gefüllte Matrizen als leitfähige Strukturen dienen sollen. Ferner benötigen diese Materialsysteme keine nachgelagerten Sinterprozesse zur Herstellung leitfähiger Netzwerke und sind somit in Bezug auf die thermischen Anforderungen kompatibel zu Silikonsubstraten mit einer maximalen Verarbeitungstemperatur von 473,15 K. Schließlich ist im Stand der Technik ein breites Spektrum an Lösungsmitteln für solche Partikelsysteme dargestellt.

In den folgenden Kapiteln wird die Entwicklung von Tinten beschrieben, welche als leitfähige Partikelanteile CNTs oder rGO enthalten. Dazu werden zunächst chemische Stabilisatoren für solche Tinten hinsichtlich ihrer Kompatibilität mit Silikonsubstraten untersucht. Anschließend erfolgt ein Vergleich der Partikelsysteme hinsichtlich erreichbarer Eigenschaften in

Bezug auf elektrische Widerstandswerte. Schließlich folgt eine Beschreibung von Material- und Prozessparametern zur Erzeugung definierter Druckbilder. Die komplexen Effekte bei der Ausbildung von leitfähigen Netzwerken mit CNTs werden unter anderem in [277, 278] und die elektrischen Eigenschaften von Graphen in [147] beschrieben. Im Folgenden wird lediglich, wie in Kapitel 5.4 dargestellt, die Perkolationstheorie als Grundlage der Beschreibung einer Ausbildung von leitfähigen Strukturen herangezogen.

Analog zum Aerosol-Jet-Druck von RTV2-Silikonen ist das Druckergebnis für Partikeltinten absehbar sowohl von den Eigenschaften einer Drucktinte als auch von weiteren Prozessparametern der Anlage abhängig. Allerdings ist der Materialdurchsatz nicht sinnvoll als quantitatives Beurteilungskriterium bei der Herstellung leitfähiger Strukturen auf der Basis der nachfolgend beschriebenen Tinten nutzbar. Im Gegensatz zum Verdrucken beispielsweise eines RTV2-Elastomers ist die Materialmenge der letztlich relevanten Partikel deutlich geringer als bei der parallelen Aerosol-Erzeugung von zwei Materialkomponenten ohne Lösungsmittelanteile. Die Partikelmengen können daher auch bei langen Druckzeiträumen nicht mit vertretbarem Aufwand gewogen werden. In allen weiteren Versuchen sowohl zur Entwicklung von Tinten als auch zur Untersuchung des Prozessparameterraums wird daher der Widerstand gedruckter Strukturen als Bezugsgröße zur Beurteilung genutzt.

5.2.1 Stabilisierung von organischen Partikeltinten für den sequentiellen Druck auf vernetzende Elastomere

Kohlenstoffbasierte Nanopartikel wie beispielweise CNTs neigen stark zur Agglomeration aufgrund von Van-der-Waals-Kräften zwischen den Partikeln [279]. Diese Agglomerate lassen sich zum Beispiel in Lösungen durch die Einkopplung von Ultraschall aufbrechen, um so eine gute Dispergierung der Partikel im Lösungsmittel zu erhalten. Ohne weitere Maßnahmen kann allerdings eine schnelle Reagglomeration beziehungsweise ein Absetzen der Partikel in Lösungsmitteln beobachtet werden. In Bild 55 links ist dies beispielhaft für rGO in einer 2-Propanollösung dargestellt. Die Reagglomerationszeiten liegen dabei in einem Bereich, der für das Verarbeiten solcher Tinten im Aerosol-Jet-Druck relevant ist. Bereits während einer Druckdauer von wenigen Stunden kann eine Entmischung eintreten. Um diesem Effekt entgegenzuwirken, können neben einer kontinuierlichen mechanischen Durchmischung auch chemische Stabilisatoren als Bestandteile von Lösungsmittelsystemen genutzt werden. Eine chemische Stabilisierung hat dabei den Vorteil, dass einzelne Nanopartikel nicht beschädigt werden, wie dies beispielsweise bei CNTs bei einer langanhaltenden Ultraschallbehandlung der Fall sein kann [280]. Im Kontext von CNTs als beispielhaftes organisches Partikelsystem wird zur Stabilisierung häufig Polysorbat 80 (kommerziell verfügbar als Tween 80), wie etwa in [281] und [282] beschrieben, sowie Polyvinylpyrrolidon (PVP) [283, 284] genutzt. Das Tensid Tween 80 und das langkettige Polymer PVP sind unter anderem auch aufgrund der unproblematischen Handhabung hinsichtlich der Toxizität gut geeignet, um Carbon-Nano-Tube-Tinten in Anlehnung an [282] mit Tween 80 und mit PVP [283, 284] herzustellen. Wie in Bild 55 rechts dargestellt, lassen sich so in einer wässrigen Lösung mit einer kurzen Ultraschallbehandlung von fünf Minuten durch eine Beimengung von Singlewall CNTs mit 0,05 mg/ml und 10 mg/ml PVP beziehungsweise 0,2 mg/ml der gleichen Nanopartikel und 1 mg/ml Tween 80 niedrigviskose Tinten realisieren. Diese bleiben bei eigenen Versuchen mehrere Tage bis zur Verwendung oder, wie in der Literatur dargestellt, bis zu drei Wochen [282] stabil.

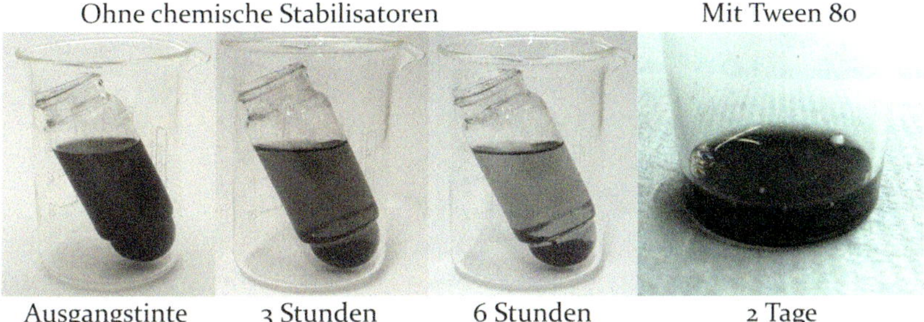

Bild 55: Reduziertes Graphenoxid in einer 2-Propanollösung zeigt eine schnelle Reagglomeration und Entmischung, wenn keine weiteren chemischen Stabilisatoren genutzt werden (links). Mittels chemischer Stabilisatoren wie PVP und Tween 80 kann eine Dispergierung über lange Zeiträume erhalten werden (rechts).

In [285] werden verschiedene zugrundeliegende stabilisierende Mechanismen beschrieben, welche zusammenfassend auf der Einhüllung von CNTs durch Moleküle der oben beschriebenen Stabilisatoren in wässrigen oder organischen Lösungsmitteln basieren. Für die Nutzung solcher chemischer Stabilisatoren bei der Herstellung elastischer Elektroden auf beziehungsweise in zuvor gedruckten RTV2-Substraten muss der Einfluss der Stabilisatoren auf die Vernetzungsreaktion der Silikone untersucht werden. Da die Schichten bei Kontakt mit den Partikeltinten gegebenenfalls noch nicht oder nur teilweise vernetzt sind, muss eine Wechselwirkung der Stabilisatoren mit den Bestandteilen der Ausgangskomponenten der Elastomere ausgeschlossen werden. Abkapselungseffekte analog zur Stabilisierung organischer Partikel können die Bildung von Elastomeren beeinflussen. Die

Auswertung von Versuchen, die in [S20] beschrieben werden, zeigt tatsächlich gravierende Einflüsse der Beimengung von Tween 80 und PVP auf die Vernetzungsfähigkeit von Elastosil P7670 als beispielhaftes RTV2-System. Bei der für eine Tintenherstellung realistischen Beimengung von 2,5 wt% Tween 80 zu den Ausgangskomponenten A und B des Silikons verfärben sich diese und werden schlagartig extrem hochviskos. Die Zugfestigkeit nur sehr klebrig herstellbarer Proben fällt zu vergleichbaren Proben ohne Tween 80 auf 20 % nach einer thermisch unterstützten Vernetzung von mehreren Stunden. Bereits bei der Beimengung von 1 wt% PVP lassen sich keine Zugproben mehr herstellen. Für alle weiteren Versuche, die im Rahmen des vorliegend beschriebenen Promotionsvorhabens durchgeführt werden, wird daher auf chemische Stabilisatoren in Drucktinten verzichtet. Es wird stets die Einkopplung von Ultraschall genutzt, um Partikeltinten über den Verarbeitungszeitraum stabil in der notwendigen Dispergierung zu halten.

5.2.2 Graphen und Carbon Nano Tubes als leitfähige Partikel für Tintensysteme im Aerosol-Jet-Druck

Wie bereits im Stand der Technik dargestellt, können sowohl CNTs als auch Graphenvarianten zur Herstellung elastischer Elektroden genutzt werden. Um einen additiven Fertigungsansatz mit dem bereits beschriebenen Substrat Elastosil P7670 zu realisieren, muss sowohl für einwandige CNTs (SWCNT) und für mehrwandige Varianten (MWCNT) als auch für Vertreter von Graphenen die Eignung zum Herstellen leitfähiger Schichten auf diesem Substrat mittels des ultraschallbasierten Aerosol-Jet-Drucks untersucht werden.

Vorversuche, welche in [S21] beschrieben werden, nutzen dazu zwei kommerziell verfügbare Tintensysteme der Firma Brewerscience vom Typ CNTRENE 3023 A7-R (SWCNTs) und CNTRENE 3021 A3-R (MWCNTs). Weiterhin wird eine selbst hergestellte Tinte mit rGO der Firma GraphenBox mit 1 mg rGO gelöst in 1 ml 1-Butanol genutzt. Diese Tinte zeigt nach 30 Minuten in einem Ultraschallbad bei 318,15 K eine gute Durchmischung bei sehr niedriger Viskosität. Mit einem 4-Punkt-RLC-Meter der Firma Keithley vom Typ 196 kann bei gedruckten Quadraten mit einer Kantenlänge von 15 mm, die mit einer Breitschlitzdüse mit einer 3 mm mal 0,25 mm Düsenöffnung bei einem Bahnabstand b_{Abs} von 250 µm hergestellt werden für SWCNTs auf Papiersubstrat ein Flächenwiderstand $R_{S\square}$ von 150 MΩ bei einer und von 600 kΩ bei sechs Drucklagen gemessen werden. Für MWCNTs ergeben sich bei vier Überfahrten 6,4 MΩ und bei sechs Lagen 280 kΩ. Für rGO kann mit dem Referenzmuster auf Papier keine Leitfähigkeit hergestellt werden. Auf dem RTV2-Substrat werden mit SWCNTs bei sechs Schichten 62 MΩ erreicht. MWCNTs erzeugen keine Leitfähigkeit. Für rGO können hingegen mit neun Drucklagen sehr gute Werte von 60 kΩ realisiert werden.

Weitere Versuche, welche in [S22] dargestellt sind, bestätigen die Eignung von rGO-Partikeln zur Elektrodenherstellung auf Elastosil P7670 und lassen die erwarteten Abhängigkeiten von den Prozessparametern des Aerosol-Jet-Drucks erkennen. Zur Herstellung der Tinte werden, wie nachfolgend eingehend beschrieben, 2-Propanol und in Anlehnung an [286] und [287] Terpineol im Verhältnis neun zu eins gemischt. Die Beimengung des rGO der Firma Graphenea beträgt in diesem Fall maximal 3 mg/ml, da niedrigere Lösungsmittelkonzentrationen und höhere resultierende Viskositäten mit dem ultraschallbasierten Ansatz der Aerosol-Erzeugung nicht zu besseren Leitwerten führen. Bild 56 zeigt, dass sowohl eine Erhöhung des Atomizergasvolumenstroms Q_{Ato} als auch eine Erhöhung des Schutzgasstroms Q_{She} zu einem niedrigeren Flächenwiderstand beziehungsweise einer höheren Partikeldichte in einlagigen Druckbahnen aufgrund eines höheren Materialdurchsatzes führen kann. Dabei zeigen sich bei einem Verhältnis der Volumenströme von fünf zu drei für Q_{Ato} zu Q_{She} die niedrigsten Widerstandswerte. Weiterhin ist ein Einfluss der Vorschubgeschwindigkeit v sowie der Anzahl von Drucklagen zu erkennen. Für einen Wert von 500 sccm für $\dot{Q}_{She}$ liefert ein Düsenabstand von 4 mm zum Substrat die niedrigsten Widerstandswerte. Schließlich zeigen Messungen zur Schichtdicke mit einem konfokalen Lasermikroskop einen nahezu linearen Zusammenhang mit dem erreichbaren Flächenwiderstand von 2,4 MΩ bei 2 µm bis 200 kΩ bei 5,8 µm.

Für Graphen existieren unterschiedliche Herstellungsansätze, wie unter anderem in [146, 288–291] beschrieben. Mit Weiterentwicklungen der Methode zur Herstellung von Grafitoxid von Hummer und Offeman [292] existieren, wie etwa in [293] beschrieben, effiziente Verfahren, um rGO für kommerzielle Zwecke herzustellen. Zum Beispiel ermöglicht rGO der Firma Graphenea dabei die Herstellung von Drucktinten, die selbst bei einer Beimischung von 5 mg/ml in Bezug auf die eingangs beschriebene SWCNT-Tinte der Firma Brewerscience um den Faktor 40 geringere Materialkosten verursachen und dabei gleichzeitig bessere Leitwerte gedruckter Strukturen erreichen. Die Deformation von Graphenpartikeln durch Ultraschall im Aerosol-Jet-Druck hat dabei einen potenziell positiven Einfluss auf die Leitfähigkeit erzeugter Strukturen [286].

Da CNTs aufgrund ihrer möglichen karzinogenen [294] und toxischen Wirkung [295, 296] im Gegensatz zu potenziell weniger kritischem rGO [297] weiterhin deutlich höhere Anforderungen sowohl an die Versuchsinfrastruktur als auch generell hinsichtlich einer zukünftigen sicheren Nutzung in Anwendungen stellen, werden im Folgenden nur Drucktinten auf der Basis von rGO für Versuche zur Herstellung elastischer Elektrodenstrukturen genutzt.

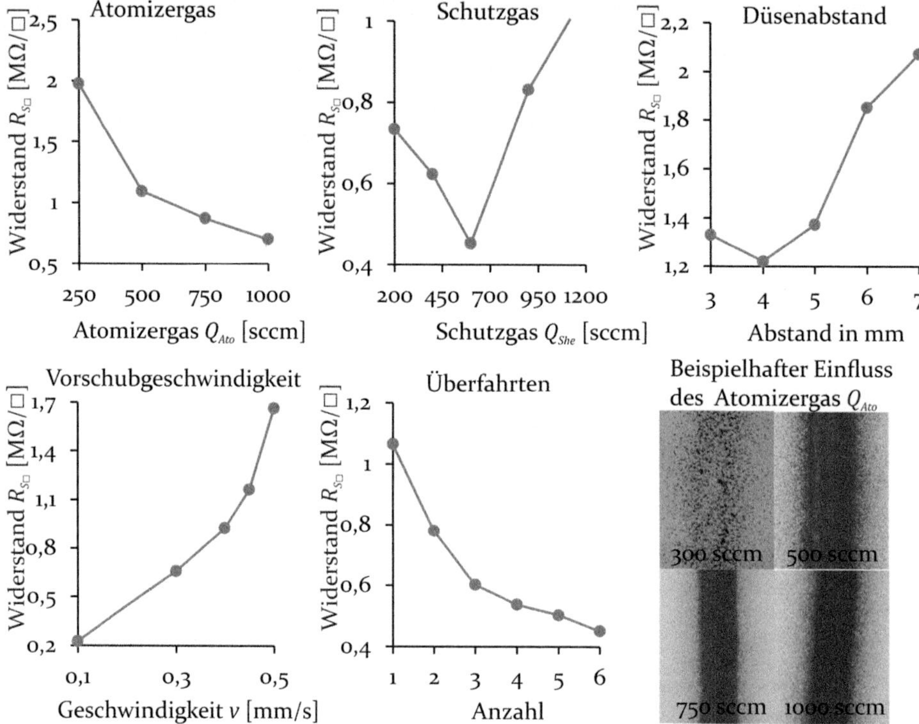

Bild 56: Die Erhöhung des Atomizer- und des Schutzgasvolumenstroms zeigen einen positiven Einfluss auf die Leitfähigkeit beziehungsweise die Dichte gedruckter rGO-Bahnen. Die Druckgeschwindigkeit und Anzahl der Lagen beeinflussen das Ergebnis ebenfalls mit einem optimalen Düsenabstand von 4 mm. Nach [S22]

5.2.3 Lösungsmittel, Additive und Prozessparameter zur Erzeugung definierter Druckbilder mit Graphentinten

Für den Aerosol-Jet-Druck von rGO-Strukturen ergeben sich zahlreiche Optionen in Bezug auf die Tintenformulierung sowie auf die Prozessparameter. In Abhängigkeit des zu bedruckenden Substrats können vor allem Lösungsmittel, Additive und Wärmeeinkopplung in der Prozessebene Einfluss auf die Erzeugung definierter Druckmuster nehmen. Dies gilt insbesondere dann, wenn Strukturen aus den niedrigviskosen Tinten mit einem hohen Materialdurchsatz eng zusammen gedruckt werden, um flächige Leiterbilder beispielsweise für Elektroden in Dielektrischen Elastomeren zu erzeugen. Der hohe Lösungsmittelanteil trägt dann in besonderem Maße zu unterschiedlichen negativen Effekten bei, wie etwa dem Verlaufen der Druckmuster mit ausgeprägten Randstrukturen, das in der Literatur häufig als Coffee-Ring-Effekt [298, 299] bezeichnet wird.

Grundsätzlich kommen unterschiedliche Lösungsmittelsysteme zur Herstellung von rGO-Tinten infrage. Der Hersteller Graphenea gibt für sein rGO an, dass für wässrige Lösungen stets Tenside zur Stabilisierung genutzt werden müssen [300]. In der Literatur werden mehrere alternative, nicht wasserbasierte Lösungsmittel beschrieben [301, 286]. Mit einer Auswahl dieser Lösungsmittel werden Versuche durchgeführt, welche in [S23] beschrieben sind. Eine Betrachtung der Ergebnisse zeigt, dass sich mit Cyclohexanon, 2-Propanol mit und ohne Terpineol Beimischung sowie mit 1-Butanol als Lösungsmittel sehr ähnliche Ergebnisse in Bezug auf das Druckbild bei Druckversuchen mit gleichen Parametern des Aerosol-Jet-Drucks ergeben. Besonders der in [286] beschriebene positive Effekt von Terpineol als Additiv auf die reduzierte Ausbildung des Coffee-Ring-Effekts tritt auf Elastosil P7670 mit den untersuchten Prozessparametern wenig zutage. Wie in Kapitel 5.3.2 beschrieben, führen Tinten mit Terpineolanteil dennoch stets zu besseren Leitwerten gedruckter Strukturen. Der mögliche Anteil einer Beimengung ist allerdings begrenzt. Eine Erhöhung des Terpineolanteils auf ein Mischungsverhältnis von 4:1 von 2-Propanol zu Terpineol führt zu einer deutlichen Verschlechterung der Druckergebisse, da somit ein größerer Lösungsmittelanteil aufgrund des hohen Siedepunkts von Terpineol bei 492,15 K auf einem Silikonsubstrat nicht schnell verdampft werden kann. Neben den Erkenntnissen zum Additiv Terpineol ist weiterhin die Lösbarkeit von rGO bei 3 mg/ml bis 5 mg/ml grundsätzlich gegeben. Nach einer Ultraschallbehandlung lassen sich keine großen Agglomerate mehr in den Tintensystemen erkennen. Aufgrund des höheren Aufwands zur sicheren Verarbeitung werden Cyclohexanone und 1-Butanol nicht weiter zur Herstellung von Lösungsmitteln betrachtet.

Einen sehr ausgeprägten Einfluss auf die Druckergebnisse haben hingegen die thermischen Verhältnisse in der Druckebene. Wie Bild 57 dargestellt, kommt es ohne Wärmeeinkopplung zu einem sehr starken Verlaufen der gedruckten Strukturen. Mit einer punktförmigen Strahlungsheizung, welche nur im Fokuspunkt am Auftreffpunkt des Aerosols auf dem Substrat

Energie einbringt, verbessern sich die erzielbaren Druckergebnisse. Allerdings sind immer noch deutlich verlaufene Strukturen erkennbar. Nur durch eine flächige Erwärmung des Elastosil-P7670-Substrats über den Siedepunkt von 2-Propanol bei 355,15 K lassen sich bei hohem Materialdurchsatz definierte Druckbilder erzeugen. Dazu wird ein induktives Heizelement unter dem Substrat auf 433,15 K aufgeheizt, wodurch sich in der Druckebene eine Temperatur T_{DZ} über 355,15 K einstellt. Ein ähnlicher Effekt lässt sich durch die in Kapitel 5.1.3 beschriebene Strahlungsheizung erzielen. Mit dieser kann bei einer Strahlertemperatur von 693,15 K eine Heizzone mit den notwendigen Temperaturen beispielsweise von 355 K bis 433 K in der Prozessebene erzeugt werden. Coffee-Ring-Effekte treten damit nicht mehr auf. Abgeleitet aus diesen Versuchen werden im Folgenden ausschließlich Tinten mit rGO Partikeln und einem Lösungsmittel aus 2-Propanol und Terpineol näher untersucht. Sie werden dabei stets in eine beheizte Prozesszone verdruckt.

Bild 57: Ein Vergleich zeigt, dass nur mit einer thermischen Unterstützung die Herstellung definierter Druckbilder möglich ist. Ergebnisse ohne Heizung (links), nur punktuell geheizt (Mitte links), flächig (Mitte), mit mehr als 355 K im Substrat (rechts).

5.3 Beschleunigte Herstellung flächiger Graphenelektroden

Wie im vorangegangenen Kapitel dargestellt, können mit ultraschallbasierten Aerosol-Jet®-Komponenten der Firma Optomec sowie mit einer Tinte aus 2-Propanol, Terpineol und rGO-Strukturen mit flächenbezogenen Widerstandswerten $R_{S\square}$ im Bereich von mehreren Kiloohm bis zu einigen Megaohm auf Elastosil P7670 im kontaktlosen Aerosol-Jet-Druckverfahren hergestellt werden. Ausgehend von den gewonnenen Erkenntnissen zu Tinten und Prozessparametern kann eine erste Einordnung der entwickelten Herstellungssystematik erfolgen. Für den exemplarischen Anwendungsfall der additiven Fertigung Dielektrischer Elastomere ergeben sich notwendige Elektrodenflächen, die nur wenige Prozent kleiner ausfallen als die Oberflächen der zugehörigen Dielektrika. Die Dicke der Elektroden kann dabei mit minimal 2 µm deutlich geringer als die Schichtdicke der Silikonstrukturen ausfallen. Dennoch zeigen sich mit der beschriebenen Drucktechnik und den untersuchten Lösungsmittelkonzentrationen erhebliche Einschränkungen im Vergleich zum Silikondruck. Während dort für den Anwendungszweck gut nutzbare Schichtstrukturen bei Vorschubgeschwindigkeiten v im Bereich von 15 mm/s erreicht werden, führen bei der Elektrodenherstellung Werte von lediglich maximal 1 mm/s auf akzeptable Leitwerte. Entsprechend kann beispielsweise die Herstellung von 1 cm^2 einer dielektrischen Schicht in Abhängigkeit der Schichtdicke wenige Minuten [P7] oder sogar nur Sekunden [P10] dauern. Das Drucken einer entsprechenden Elektrode benötigt mit dem beschriebenen Ansatz mindestens 45 Minuten [P11]. Widerstandswerte im Kiloohmbereich werden erst nach über einer Stunde Druckzeit erreicht.

Unter anderem für die Herstellung von Dielektrischen Elastomeren mit einer Vielzahl von Lagen führt dies auf inakzeptable Herstellungszeiten. Weiterhin ist absehbar, dass mit diesem Ansatz der Direktdruck von gefüllten Multimaterialsystemen nicht untersucht werden kann. Der Materialdurchsatz der RTV2-Komponenten kann nicht soweit abgesenkt werden, dass der Bereich einer Beimengung mehrerer Gewichtsprozent von rGO für den Druck leitfähiger Matrizen erreicht wird. Im Folgenden wird daher zunächst ein neuartiges hybrides Atomizersystem beschrieben, dessen grundlegendes Konzept ebenfalls in [P11] dargestellt wird. Dieses kombiniert den pneumatischen und den ultraschallbasierten Ansatz zur gesteigerten Aerosol-Erzeugung bei gleichzeitiger, kontinuierlicher Durchmischung. Für dieses System werden dann Anpassungen der entwickelten Tintensysteme untersucht. Schließlich erfolgt eine Charakterisierung des Drucksystems hinsichtlich erreichbarer geometrischer, topologischer und elektrischer Parameter in Abhängigkeit der relevanten Prozessgrößen.

5.3.1 Konzept und Realisierung eines Hybridatomizers

Um den Materialdurchsatz für den Aerosol-Jet-Druck von Partikeltinten zu erhöhen, wird, wie nachfolgend beschrieben, ein neuartiger, erstmals in [P11] beschriebener Hybridatomizer entwickelt. Dieser kombiniert die beiden im Stand der Technik beschriebenen Ansätze zur Aerosol-Erzeugung. Mit dem pneumatischen Systemteil können, wie vom Hersteller Optomec angegeben, im Vergleich zu den Ultraschallsystemen höherviskose Tinten verdruckt werden [245]. Somit besteht die Möglichkeit einer höheren Beimengung von Graphenpartikeln in Bezug auf den Lösungsmittelanteil. Die druckluftbasierte Aerosol-Erzeugung führt weiterhin absehbar auf eine höhere Tropfenerzeugungsrate. Aufgrund des lokal beschränkten Wirkortes der Aerosol-Erzeugung durch Abscherung in der Düse erfolgt bei einem rein pneumatischen System allerdings kein beständiger Energieeintrag in das gesamte Tintenvolumen im Atomizer. Die parallele Einkopplung von Ultraschall wirkt im entwickelten Hybridatomizer hingegen kontinuierlich einer möglichen Reagglomeration der gelösten Partikel im gesamten Tintenvolumen entgegen. Somit können in einem System mit der Durchsatzcharakteristik eines pneumatischen Atomizers Partikeltinten ohne chemische Stabilisatoren genutzt werden. Durch die Ultraschalleinkopplung können weiterhin zusätzliche Aerosolanteile im Atomizer erzeugt werden. Schließlich bleiben gegebenenfalls positive Effekte wie die Erhöhung der Leitfähigkeit gedruckter Strukturen durch das Einknicken einzelner Graphenpartikel [286] in einem hybriden System erhalten. In Bild 58 ist eine schematische Übersicht des integrierten Hybridatomizers dargestellt.

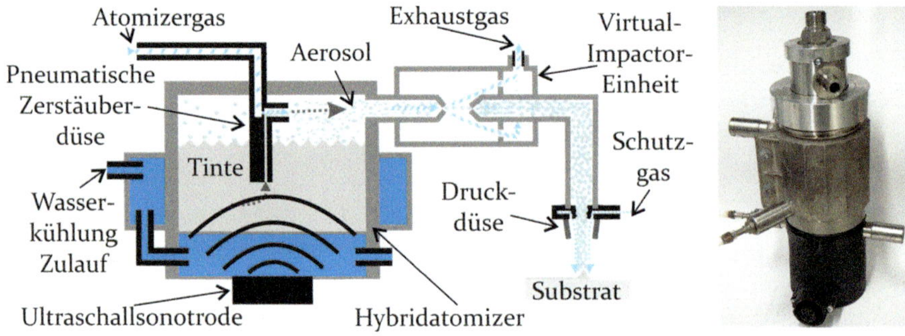

Bild 58: Der Hybridatomizer kombiniert eine pneumatische Aerosol-Erzeugung mit der Möglichkeit zur Einkopplung von Ultraschall in die Atomizerkammer zur Erhöhung des Materialdurchsatzes bei der Verarbeitung von Partikeltinten ohne chemische Stabilisatoren.

Es wird die unveränderte Struktur des Deckels und der Düsenhalterung eines pneumatischen Atomizers der Firma Optomec als Ausgangspunkt zur Umsetzung eines hybriden Systems genutzt. Zu diesen Komponenten wird ein mechatronisierter Tintenbehälter als Atomizerkammer entwickelt. Somit kann, im Vergleich zu den praktisch möglichen 2 ml der ultraschallbasierten Systeme des gleichen Herstellers, ein deutlich höheres Tintenvolumen im hybriden Atomizer beispielsweise von 70 ml vorgehalten werden. Damit sind längere Druckläufe ohne Unterbrechungen möglich. Zur Ultraschallerzeugung wird ein Emitter vom Typ PD4012 zusammen mit einem Hochfrequenzgenerator vom Typ TG 50 der Firma Bandelin verwendet. Das System arbeitet mit 40 kHz bei einer Leistung von 50 Watt.

Da eine direkte Einkopplung von Ultraschall in brennbare Medien zu vermeiden ist, wird der Emitter mit dem Boden eines ersten, wasserdurchströmten Übertragungselements verklebt. Dieses erste Element besteht dabei aus einem korrosionsbeständigen X6CrNiTi18-10-Rohr, an das eine 1 mm starke Edelstahlronde mit einer Walzgüte gemäß der Norm IIIc DIN 17440 angeschweißt wird. Anschließend wird die Schweißnaht überdreht. Die eigentliche Atomizerkammer wird nach dem gleichen Ansatz realisiert. Beide Komponenten können, abgedichtet über einen O-Ring, mittels eines M64-x-2-Innengewindes verschraubt werden. Eine detaillierte Beschreibung der Fertigung verschiedener Varianten der Kammer und des Kopplungsstücks erfolgt in [S24]. Die Atomizerkammer kann dann wiederum mit einem Standarddeckel und Düsenhalter der Firma Optomec verschraubt werden, wobei ebenfalls ein im Deckel integrierter O-Ring die Dichtigkeit herstellt. Zusätzlich wird eine additiv gefertigte Manschette aus Metall mit integrierten, wasserdurchströmten Kühlleitungen um die Atomizerkammer gelegt. Der Ausgang dieser Kühlmanschette wird mit dem wasserdurchströmten, unteren Systemteil mit der angeklebten Sonotrode verbunden. Durch den Anschluss an den bereits beschriebenen Kühlkreislauf der Versuchsanlage kann sowohl die Tinte im Atomizer als auch das Wasser im Übertragungselement zwischen Atomizer und Sonotrode auf 283,15 K gekühlt und so die ultraschallinduzierte Erwärmung kompensiert werden. Die vollständige Füllung des Übertragungselements mit Kühlwasser stellt weiterhin die Einkopplung von Ultraschall in die Atomizerkammer sicher. Wie bei einem rein pneumatischen System ist auch für den beschriebenen Ansatz weiterhin eine Virtual-Impactor-Einheit notwendig, die in die Versuchsanlage zwischen dem Hybridatomizer und der Druckdüse integriert wird.

5.3.2 Angepasste Partikeltintensysteme für die Nutzung eines Hybridatomizers im Aerosol-Jet-Druck

Wie zuvor dargestellt, ergeben sich aus der Durchsatzcharakteristik des Hybridatomizers erweiterte Optionen bezüglich der Zusammensetzung der Partikeltintensysteme. Zum einen kann eine Reduzierung der Lösungsmittelanteile in Bezug auf die rGO-Menge untersucht werden. Zum anderen kann die weitere Notwendigkeit der Nutzung des Additivs Terpineol bewertet werden. Im Folgenden werden dazu Versuche ausgewertet, deren Durchführung in [S25] dargestellt ist. Einige Ergebnisse zu möglichen Tintenzusammensetzungen sind weiterhin in [P11] zusammengefasst.

Für Untersuchungen des Verhältnisses von rGO zu Lösungsmittelanteilen wird für das Lösungsmittel selbst eine Mischung im Verhältnis von 9:1 von

2-Propanol zu Terpineol genutzt. Analog zur Verarbeitung von Silikonkomponenten kann im Hybridatomizer auch eine Düse mit zwei oder mehr Kanälen zur Aerosol-Erzeugung genutzt werden. Mit einer Düse mit zwei Kanälen können damit Versuche bei Beimengungswerten des rGO von 3:2, 3:1, 5:1 und 10:1 durchgeführt werden. In der 10:1-Lösung verbleiben allerdings auch nach einer mehrstündigen Behandlung im Ultraschallbad sichtbare Agglomerate. Da diese zu einem instabilen Druckprozess führen, wird diese hohe rGO-Konzentration nicht weiter untersucht. Die verbleibenden Tintensysteme zeigen, wie in Bild 59 dargestellt, eine Verbesserung der resultierenden Widerstände gedruckter Strukturen bei höheren rGO-Beimengungen. Für die Volumenströme von Q_{Ato} von 2000 sccm, Q_{Exh} von 1700 sccm und einem Schutzgasstrom von 50 sccm ergibt sich bei einer Druckzeit von 6 Minuten und 59 Sekunden für ein Rechteck von 2 cm mal 1 cm bei einer Vierpunktmessung ein Flächenwiderstand $R_{S\square}$ von 140 kΩ. Bei einer Vorschubgeschwindigkeit v von 4 mm/s wird die Herstellung einer rechteckigen Elektrode mit einem Flächenwiderstand von 1 MΩ mit einer Kantenlänge von 1,5 cm mal 1 cm in drei Minuten möglich.

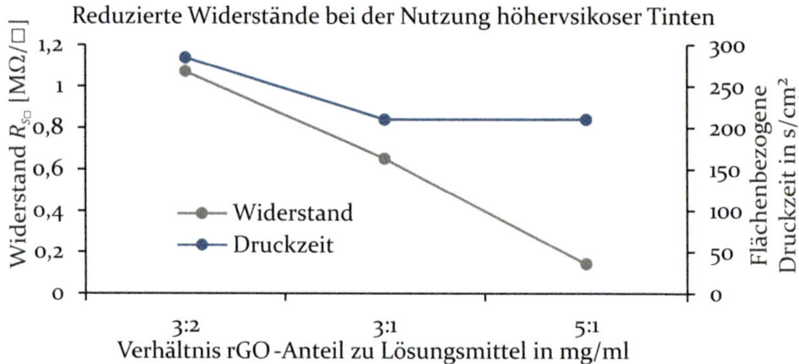

Bild 59: Mit einem zunehmenden Anteil von rGO-Partikeln in den Tintensystemen steigt die erreichbare Leitfähigkeit deutlich. Somit ist beispielsweise eine Reduzierung der Herstellungsdauer von Elektrodenstrukturen möglich. Nach [P11]

In weiteren Versuchen zeigt sich der positive Einfluss einer Terpineolbeimengung auf den Leitwert gedruckter Strukturen auch bei der Verwendung des Hybridatomizers. Während bei der Herstellung von Elektroden mit einem später noch genauer beschriebenen, gekreuzten Bahnmuster aus insgesamt acht Lagen bei einer Vorschubgeschwindigkeit von 8 mm/s mit einer reinen 2-Propanoltinte stets Flächenwiderstände über 72 kΩ erreicht werden, können bei gleichen Druckparametern mit der zuvor beschriebenen Beimengung von Terpineol Flächenwiderstände $R_{S\square}$ von 12,8 kΩ in einer Vierpunktmessung erreicht werden [P11].

5.3.3 Parametrisierung eines Hybridatomizers in einem Drucksystem für elastische Elektroden

Neben der Zusammensetzung der Tintensysteme sind weiterhin die Volumenstromparameter im Aerosol-Jet-Druck entscheidend für die resultierenden Druckergebnisse. In Versuchsreihen zur Ermittlung geeigneter Druckparameter für rGO-Tinten mit dem beschriebenen Hybridatomizer, deren Durchführung in [S26] beschrieben ist, wird der Widerstand von Referenzstrukturen wie einer Elektrode als Bezugsgröße zur Bewertung unterschiedlicher Betriebspunkte gewählt. Dieser ist neben den Parametern Aerosol-Erzeugung, Verdichtung und Fokussierung allerdings auch von der jeweiligen Drucktrajektorie abhängig. Im Folgenden beziehen sich die Widerstandsmessungen, wenn nicht anders angegeben, auf den resultierenden Widerstand R_S einer 1,5 cm mal 1 cm großen Referenzelektrodengeometrie mittels einer Vierpunktmessung an zwei überdruckten Aluminiumkontaktstreifen zur Kompensation der Kontaktwiderstände.

Wie in Bild 60 beispielhaft für die Parameterkombination von Atomizer- und Exhaustgas Q_{Ato} 2000 sccm und Q_{Exh} 1700 sccm dargestellt, hat der Schutzgasvolumenstrom Q_{She} einen Einfluss auf den erreichbaren Widerstand. Kleine Werte von Q_{She} unterhalb von 50 sccm zeigen bei mikroskopischen Untersuchungen der so gedruckten Strukturen breit aufgefächerte Drucklinien. Bei größeren Schutzgasvolumenströmen steigt der Gegendruck in der Düse deutlich an und es wird in der Folge weniger Material auf einer Linie mit gleichbleibender Breite verdruckt. Diese Signatur zeigt sich im gesamten, später ermittelten Parameterraum für Atomizer- und Exhaustgaseinstellungen für die gewählte Düsengeometrie. Diese ist hier wie für alle weiteren Versuche eine Runddüse mit einer Düsenöffnung von

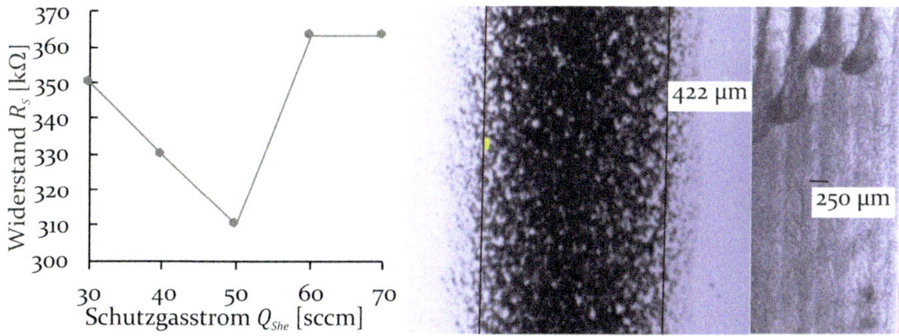

Bild 60: Bei einem Schutzgasvolumenstrom von 50 sccm stellt sich eine Linienbreite von 422 µm ein. Wird die halbe Linienbreite als programmierter Bahnabstand b_{Abs} überschritten, ist, wie rechts dargestellt, bereits optisch eine Bahnstruktur in flächig gedruckten Strukturen erkennbar. Nach [S26]

1 mm. So kann – analog zum Aerosol-Jet-Druck von RTV2-Silikonen – ein druckrichtungsunabhängiges Druckbild erzeugt werden. In einem Abstand zwischen Druckdüse und Substrat von 4 mm ergibt sich mit dem fokussierenden Q_{She} mit einem Wert von 50 sccm eine Linienbreite gedruckter rGO-Strukturen auf Elastosil P7670 im Bereich von 400 µm. Ein Bahnabstand b_{Abs} einzelner Druckbahnen von 200 µm führt dann auf optisch gleichmäßige, flächige Strukturen. Wird der Abstand zum Beispiel auf 250 µm über die halbe Drucklinienbreite hinaus vergrößert, ergeben sich, wie in Bild 60 rechts dargestellt, bereits deutlich erkennbare Einzelbahnen, die auch zu messbar höheren Widerständen führen. Alle nachfolgend beschriebenen Untersuchungen zu resultierenden Widerständen werden, wenn nicht anders angegeben, mit programmierten Bahnabständen b_{Abs} von 200 µm und einem Schutzgasvolumenstrom Q_{She} von 50 sccm durchgeführt.

Da im Hybridatomizer vergleichsweise hohe Gasvolumenströme zur Aerosol-Erzeugung genutzt werden, muss, wie im Stand der Technik beschrieben, eine Virtual-Impactor-Einheit zur Verdichtung des Aerosols durch ein Entfernen von Gasanteilen genutzt werden. In Bild 61 links ist zu erkennen, dass sich für die beschriebene Tinte mit einer rGO-Beimengung von 5 mg/ml minimale Elektrodenwiderstände an einer Testgeometrie mit einer Kantenlänge von je 1,6 cm mal 3,9 cm bei einer Differenz der Volumenströme Q_{Div} von 300 sccm einstellen. Wird dieses Verhältnis beibehalten, kann eine untere Schwelle des Atomizergasvolumenstroms identifiziert werden, bei der ein deutlicher Rückgang des Widerstandswertes zu

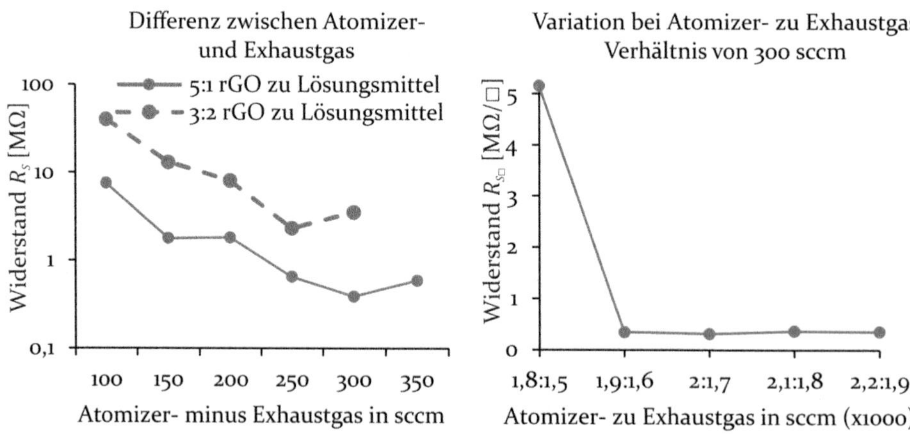

Bild 61: Für eine Differenz von Q_{Ato} zu Q_{Exh} von 300 sccm stellen sich Ergebnisse mit minimalen Widerstandswerten einer Testelektrode ein. Bei dieser Parameterkombination kann eine Schwelle für ein Absinken der Flächenwiderstände ab einem Wert von 1900 sccm für Q_{Ato} beobachtet werden. Nach [S26]

beobachten ist. Bei einer Erhöhung von Q_{Ato} über diesen Wert von 1900 sccm tritt mit der Volumenstromdifferenz Q_{Div} von 300 sccm keine weitere Reduktion der erreichbaren Widerstände ein. Die angegebenen Werte beziehen sich auf einen Schutzgasstrom von 50 sccm und eine Vorschubgeschwindigkeit v von 4 mm/s bei einer Drucklage. Kurzfristig können bei deutlich höheren Werten des Atomizer- und Exhaustgases und bei größeren Differenzen zwischen den beiden Volumenströmen auch höhere Leitwerte erzielt werden. Diese können aber bereits nach kurzen Druckzeiten von deutlich unter einer Stunde zu einem instabilen Prozess führen. Daher dient die identifizierte Parameterkombination von Q_{Ato} und Q_{Exh} von 2000 sccm zu 1700 sccm als Ausgangspunkt für weitere Untersuchungen zur Charakterisierung gedruckter rGO-Strukturen durch Variationen der Druckgeschwindigkeit und -strategie, da so Druckzeiträume mit stabilem Prozessverhalten von acht Stunden und mehr erreicht werden können. Es sind lediglich kurze Unterbrechungen zum Nachfüllen von Drucktinte nach je vier Stunden Druckzeit notwendig, wenn jeweils auf einen Tintenfüllstand von 70 ml aufgefüllt wird.

5.4 Charakterisierung der elektrischen Eigenschaften von aerosol-jet-gedruckten rGO-Elektroden

Wie im Stand der Technik beschrieben, ist bei Partikelelektroden das Erreichen der Perkolationsgrenze mit dem Eintritt einer messbaren Leitfähigkeit durch die Ausbildung eines leitfähigen Pfades in einem angenommenen Cluster aus leitenden und dielektrischen Bereichen einer Struktur definiert. Der Leitwert einer Struktur hängt von der Anzahl beziehungsweise der Dichte der verfügbaren Pfade ab [150]. In Bild 62 ist dieser Zusammenhang schematisch dargestellt. Mit dem im Vorangegangenen vorgestellten neuartigen Druckansatz können leitfähige Strukturen hergestellt werden. Es bilden sich durch die Anlagerung leitfähiger Partikel in Abhängigkeit

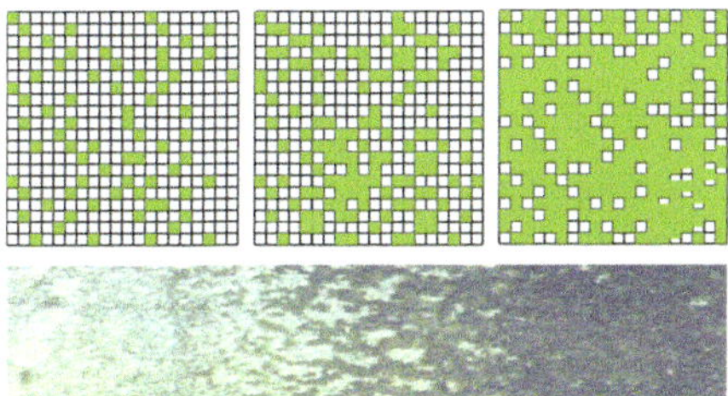

Bild 62: Wie in der schematischen Darstellung oben wird die Perkolationsgrenze mit der Ausbildung eines leitfähigen Pfades erreicht. Mit einer zunehmenden Partikeldichte wie im unten dargestellten Randbereich einer Partikelelektrode steigt der Leitwert an.

der Drucktrajektorien Elektrodenschichten aus. Für einen additiven Fertigungsansatz ist neben den erreichbaren Leitwerten auch die dafür notwendige Schichtdicke der elastischen Elektrodenstrukturen relevant. Dieser Zusammenhang sowie weiterhin der Einfluss der Druckstrategie auf die elektrischen Eigenschaften werden im nachfolgenden Abschnitt untersucht. Weiterhin ist die Charakterisierung der Elektroden bei einer Deformation notwendig. Untersuchungen dazu werden ebenfalls in einem nachfolgenden Kapitel dargestellt.

5.4.1 Einflüsse der Bahngeschwindigkeit und der Druckstrategie auf den elektrischen Widerstand

Mit dem vorab beschriebenen Parametersatz der Prozessgase zum Betrieb eines Hybridatomizers und mit dem spezifischen Tintensystem können im Aerosol-Jet-Druck Partikelelektroden mit reproduzierbaren elektrischen Eigenschaften hergestellt werden. Die Auswertung von Versuchen, deren Durchführung in [S18, S25, S26] beschrieben ist, lässt dabei eine Abhängigkeit der resultierenden Widerstandswerte R_S oder $R_{S\square}$ von der Bahngeschwindigkeit v beziehungsweise der Schichtdicke $\bar{h}_{rGO}$ erkennen. Weiterhin zeigt sich ein deutlicher Einfluss der Herstellungsstrategie in Bezug auf den Aufbau einer Elektrode aus einer oder aus mehreren Drucklagen. [P11]

Hinsichtlich der Bahngeschwindigkeit ist zunächst als Trend erkennbar, dass eine doppelte Druckgeschwindigkeit v beispielsweise von 8 mm/s statt 4 mm/s auf eine mittlere Dicke $\bar{h}_{rGO}$ von 60% in Bezug auf die Ausgangdicke der langsamer gedruckten Strukturen führt. Messungen mit einem konfokalen Lasermikroskop zeigen für die genannten Geschwindigkeiten eine mittlere Dicke von 5,671 µm und eine Reduzierung auf 3,388 µm bei doppelter Geschwindigkeit. Aufgrund von Schwankungen in den Mess-

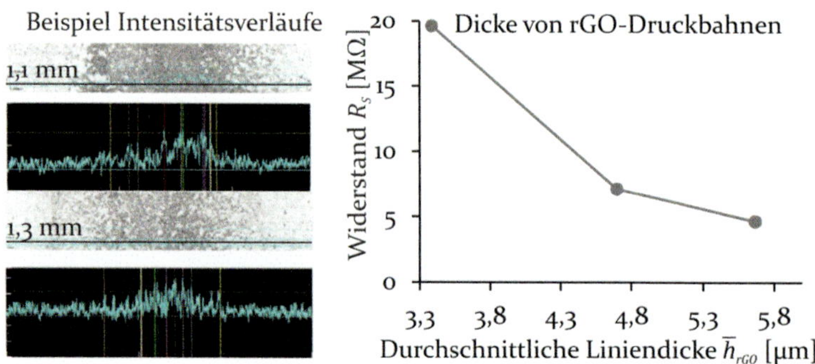

Bild 63: Stark rauschende Messlinien von Druckbahnen (links) und deren Widerstandswert bei einem Messtasterabstand von 2,54 mm in Bezug auf gemittelte Höhen von je 500 Messungen pro Profil (rechts). Nach [P11]

ergebnissen durch ein starkes Rauschen beim Vermessen der Partikelsysteme mit dem genannten Messprinzip sind weitere Versuche an viellagigen Systemen notwendig, um den Zusammenhang zwischen der Drucktrajektorie und der Schichtdicke genauer modellieren zu können. Vierpunktmessungen an einzelnen Druckbahnen mit einem Messabstand der Messspitzen von 2,54 mm zeigen allerdings, wie in Bild 63 dargestellt, bereits einen entsprechenden nicht linearen Einfluss der Schichtdicken der Strukturen auf die Widerstandswerte R_S.

Für unterschiedliche Druckstrategien ist ein deutlicher Zusammenhang zwischen der erreichbaren Leitfähigkeit und der Herstellungssystematik erkennbar. Obwohl erste Versuchsreihen zeigen, dass eine Überfahrt bei doppelter Geschwindigkeit v die Schichtdicke $\bar{h}_{rGO}$ gedruckter Strukturen weniger als halbiert, führen zwei hintereinander ausgeführte Druckläufe mit der gleichen programmierten Bahn bei doppelter Vorschubgeschwindigkeit v stets auf schlechtere Leitwerte als bei einer Herstellung einer vergleichbaren Lage bei einfacher Geschwindigkeit mit einer Überfahrt. In Bild 64 wird dieser Effekt für die Flächenwiderstände $R_{S\square}$ von Elektrodenstrukturen gezeigt. An Proben, die bei einer Überfahrt entstanden sind, wird stets ein besserer Leitwert gemessen als bei solchen, die mittels zwei Überfahren mit doppelter Geschwindigkeit hergestellt werden. Die Widerstände werden dabei wiederum durch eine Vierpunktmessung auf der Elektrode ermittelt. Weiterhin stellt sich, wie ebenfalls in Bild 64 rechts dargestellt, mit zunehmender Anzahl der Schichten eine abnehmende Steigerung der Leitwerte ein. Die Messungen zeigen die Gesamtwiderstände R_S 1,5 cm mal 1 cm großer Referenzelektroden, wobei eine zweite Schicht eine

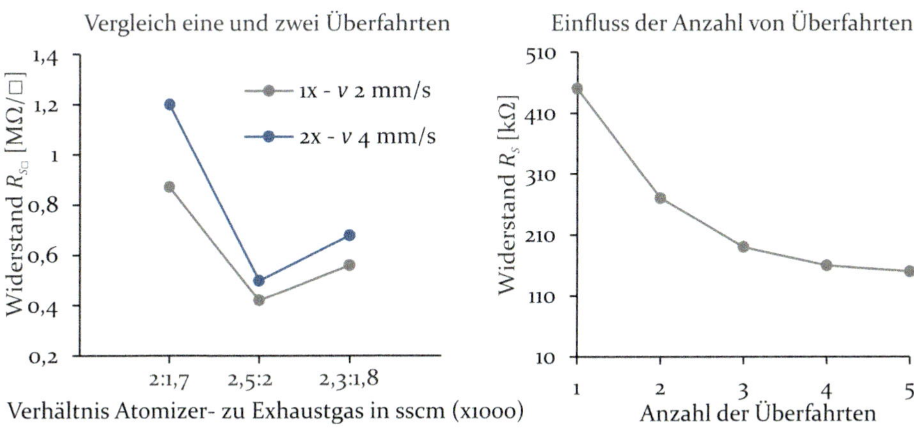

Bild 64: Zwei Überfahrten mit doppelter Geschwindigkeit führen unabhängig von den Prozessparametern des Hybridatomizers stets auf schlechtere Flächenwiderstände im Vergleich zu einer Überfahrt bei einfacher Geschwindigkeit. Mit der Anzahl der Schichten nimmt der Gesamtwiderstand von Referenzelektroden ab. Nach [P11]

Widerstandsreduktion von 40 % ermöglicht. Bereits ab einer dritten Schicht ist der Gewinn hinsichtlich des Leitwerts kleiner als 20 %.

Insgesamt zeigt sich mit den beschriebenen Prozessparametern eine deutliche Verkürzung der Herstellungszeiten, wenn ein Hybridatomizer in Kombination mit einem leistungsfähigen Lichtheizsystem eingesetzt wird. Die Druckdauer einer Referenzelektrode mit einer beispielhaften Fläche von 1 cm^2 reduziert sich von den eingangs beschriebenen Prozesszeiten von über 45 Minuten für ein rein ultraschallbasiertes System auf unter zwei Minuten mit dem neuartigen Hybridatomizer bei vergleichbaren Widerstandswerten R_S im Bereich von 1 MΩ.

5.4.2 Veränderung der Leitfähigkeit bei elastischer Deformation

Unter anderem ausgehend von der Perkolationstheorie ist absehbar, dass eine Deformation einen deutlichen Einfluss auf die Widerstandswerte in Abhängigkeit des Auslenkungszustands elastischer Elektrodenstrukturen auf der Basis der vorgestellten Partikelsysteme hat. Sowohl in [198] als auch in [199] wird beobachtet, dass der Schichtwiderstand bei Inkjet-gedruckten Elektrodenschichten für ähnliche Partikelsysteme proportional stärker zunimmt als bei dünneren Schichten. Im nachfolgenden Abschnitt wird das deformationsabhängige Verhalten aerosol-jet-gedruckter Elektrodenstrukturen vor allem hinsichtlich unterschiedlicher Drucktrajektorien charakterisiert. Hierzu werden Versuche ausgewertet, deren Durchführung in [S26, S18] beschrieben wird. Teile der Ergebnisse sind in [P11] zusammengefasst.

Wie in Bild 65 dargestellt, werden drei grundlegende Strategien für die mögliche Ausrichtung von Druckbahnen zur Herstellung rechteckiger Strukturen unterschieden. Die Aneinanderreihung einzelner Druckbahnen erfolgt entweder parallel (P) oder senkrecht (S) zu einer anschließend eingebrachten unidirektionalen Zugbelastung. Weiterhin werden auf mehrere Lagen bezogen gekreuzte (X) Druckmuster untersucht. Die Herstellung von 6 cm mal 2 cm großen Testelektroden erfolgt dabei mit einer Bahngeschwindigkeit v von 4 mm/s, einem Bahnabstand b_{Abs} von 200 µm beziehungsweise 250 µm und den Volumenströmen mit Werten von 2000 sccm für Q_{Ato} und 1700 sccm für Q_{Exh}. Wie in Kapitel 5.4.1 dargestellt, sind für diese Prozessparameter Schichtdicken im Bereich von 5 µm zu erwarten. Zur Versuchsdurchführung sind weiterhin folgende weitere Maßnahmen notwendig. Für S-Proben können nur mit einem Bahnabstand von 250 µm ohne Anpassung weiterer Prozessparameter Druckbilder ohne verlaufene

Strukturen erzeugt werden. Bei Versuchen an X-Proben zeigen sich Probleme bei der starren Ankontaktierung der Elektroden durch Aluminiumstreifen. Die starren Metallkontakte führen bei einer Einschnürung durch eine Zugbelastung, wie in Bild 65 dargestellt, senkrecht zu den Elektroden zu einem extremen Anstieg gemessener Widerstandswerte beziehungsweise zu einem irreversiblen Ausfall der Proben. Eine Ankontaktierung mittels Carbonfasern erlaubt nachfolgend eine Vermessung der Elektrodenwiderstände weitgehend unabhängig von Wechselwirkungen der Richtung der eingebrachten Deformation und der Ankontaktierung.

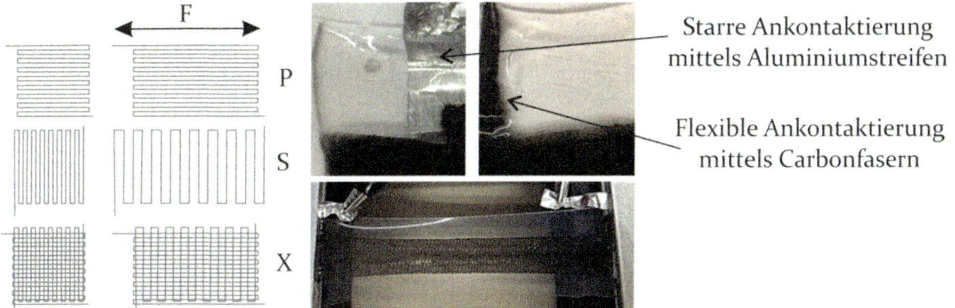

Bild 65: Drei Druckstrategien mit einer Bahnanordnung parallel (P), senkrecht (S) und gekreuzt (X) zu einer eingebrachten Zugbelastung führen auf einen unterschiedlich steilen Anstieg der Widerstandswerte bei der elastischen Deformation von Testelektroden. Weiterhin beeinflusst die Ankontaktierung das Verhalten bei Zug (oben rechts).

Versuche zur Dehnung zeigen dabei einen höheren Anstieg des Widerstands der P-Proben bei einer Vergrößerung des Bahnabstands b_{Abs} von 200 µm auf 250 µm. S-Proben zeigen mit einem Wert von 250 µm für b_{Abs}, wie in Bild 66 dargestellt, den höchsten absoluten Widerstandswert und eine deutlich höhere Steigung in Abhängigkeit der Auslenkung. Um bei einer Geschwindigkeit v von 4 mm/s ein Verlaufen der Druckbilder zu vermeiden, muss weiterhin für X-Proben eine niedrigere Volumenstromkombination von 1600 sccm für Q_{Ato} zu 1450 sccm für Q_{Exh} gewählt werden. Ein Vergleich mit einer so hergestellten P-Probe zeigt erwartungsgemäß, dass mit der kreuzweisen Überlagerung von Druckbahnen ein richtungsunabhängiges Dehnungsverhalten erreicht werden kann. Um eine Vergleichbarkeit mit dem aus P- und S-Muster aufgebauten X-Proben herzustellen, werden die P-Vergleichsproben hier in einem Zweifachdruck des P-Musters hergestellt. Für eine Aussage bezüglich der maximalen Dehnbarkeit kann wie in Bild 66 beispielhaft eine P-Probe herangezogen werden. Diese mit einem Bahnabstand von 250 µm hergestellte Probe verändert ihren Widerstand R_S von 7 MΩ auf 151 MΩ bei einer Enddehnung von 110%. Bei der

Rückkehr in den Ausgangszustand kann ein Widerstand im Bereich des Ausgangswiderstands gemessen werden.

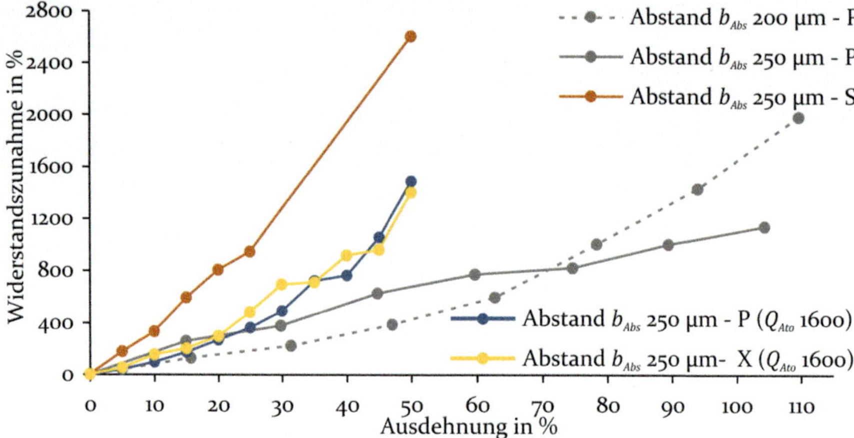

Bild 66: Eine Zugbelastung senkrecht (S) zu den Druckbahnen führt auf die höchste Widerstandszunahme. Der Vergleich einer P- und X-Probe in Blau und Gelb, bei niedrigeren Prozessgaswerten her-gestellt, zeigt, dass eine kreuzweise Überlagerung von Druckbahnen Elektroden mit einer zugrichtungsunabhängigen Widerstandszunahme erzeugt. Nach [P11]

5.4.3 Alterung gedruckter Elektrodenstrukturen

Im nachfolgenden Abschnitt wird die Veränderung der elektrischen Eigenschaften aerosol-jet-gedruckter Partikelelektroden über die Zeit beschrieben. Für die elastischen Komponenten ist dabei neben der Veränderung durch eine reine Lagerung vor allem das Änderungsprofil bei einer zyklischen, dynamischen Belastung relevant.

Zunächst zeigen Versuche, die in [S19, S25, S26] beschrieben werden, dass eine offene Lagerung gedruckter Proben in einem Probenschrank ohne spezielle Schutzgasatmosphäre einer raschen Alterung beziehungsweise Widerstandszunahme der gedruckten Strukturen führt. Allerdings sind die Messungen an der begrenzten Anzahl verfügbarer Elektroden mit einem sehr starken Rauschen behaftet. In den ersten 24 Stunden kann der gemessene Widerstand an Proben, welche mit den in Kapitel 5.4.2 beschriebenen Parametern hergestellt werden, um den Faktor zwei bis um den Faktor zehn ansteigen. Nach sieben Tagen kann eine Widerstandszunahme von offen gelagerten Proben um den Faktor 50 bis 100 beobachtet werden, wobei bei einigen Proben bereits keine Leitfähigkeit mehr nachgewiesen werden kann. Da bei einer elektrochemischen Charakterisierung von rGO-Elektroden, wie beispielsweise in [302] dargestellt, nach einer beschleunigten Alterung eine starke Korrosion der Elektroden beobachtet wird, ist bei den vorliegend beschriebenen Alterungserscheinungen ebenfalls von einer Oxidation der Elektroden auszugehen. Werden 1 cm mal 1 cm große Testelektroden mit einer Rakel mit einer 35 µm starken Silikonschicht verkapselt, stellt sich danach über den Testzeitraum von einer Woche keine Änderung des messbaren Widerstands R_S der Elektroden ein. Der Widerstandswert verbleibt auf dem durch die Verkapselung um durchschnittlich 12 % erhöhten Wert, wobei diese Erhöhung, wie in Bild 67 dargestellt, weitgehend unabhängig vom Ausgangswiderstand eintritt.

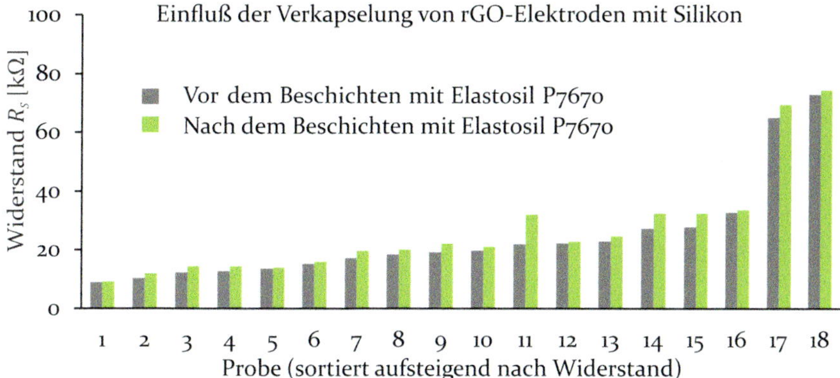

Bild 67: Um einer Alterung von rGO-basierten Partikelelektroden entgegenzuwirken, können diese mit einer Silikonschicht gekapselt werden, wobei sich der Elektrodenwiderstand um durchschnittlich 12 % erhöht. Nach [S19]

Zur ersten Beurteilung der Alterung durch eine zyklische elastische Deformation aerosol-jet-gedruckter rGO-Elektroden werden unverkapselte P- und S-Proben, welche mit den in Kapitel 5.4.2 beschriebenen Parametern hergestellt werden, mit dem in Bild 68 dargestellten Versuchsaufbau wiederholt deformiert. Dabei wird mit einem Hebelarm an einer Welle eine unidirektionale Dehnung der Proben um 25 % in Bezug auf die Ausgangslänge durch eine Auslenkung des Hebelarms bis zu einer entsprechenden Gradzahl erzeugt. Die Proben werden dabei so eingespannt, dass die Ankontaktierungszonen nicht mechanisch beansprucht und deformiert werden. Somit kann eine Aussage über das dehnungsabhängige Verhalten der Elektroden getroffen werden. Die Proben werden 55 Mal auf 25 % gedehnt, dort für 10 Sekunden belassen, vermessen und anschließend wieder relaxiert. Mit den gleichen Proben werden zuvor Messungen zur schrittweisen Deformation durchgeführt. Ein Ausschnitt über zehn Messungen der Versuchsreihe zeigt, dass das Verhalten über die Zeit konstant bleibt. Die Proben mit einer Druckrichtung parallel zur Zugbelastung zeigen eine geringere Zunahme des Gesamtwiderstands bei einer Zugbeanspruchung. Die Proben kehren bei allen Versuchszyklen stets zu ihrem ursprünglichen R_S

Wert zurück. Eine Veränderung kann über die Versuchsreihen hinweg nicht beobachtet werden [P11]. Für die beiden Extrema der Probe P sind die Standardabweichungen dabei σ_{Ausg} 0,487 MΩ und $\sigma_{Gedehnt}$ 0,551 MΩ. Für den ungedehnten und den gedehnten Widerstandswert der Probe S liegen die Standardabweichungen bei σ_{Ausg} 0,311 MΩ und $\sigma_{Gedehnt}$ 0,362 MΩ.

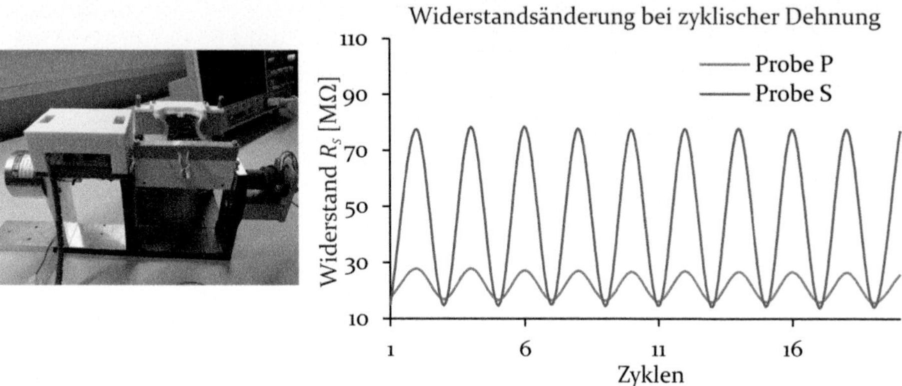

Bild 68: Werden Probeelektroden in einem Versuchsstand (links) auf 25 % gedehnt, ändert sich der Widerstand von Testelektroden bei einer zyklischen Belastung. Eine Verschlechterung des Widerstands R_S ist auch bei wiederholter Dehnung nicht zu beobachten. Nach [S26]

Zusammenfassend können mit dem neuartigen Hybridatomizer elastische Elektrodenschichten basierend auf rGO-Partikeln hergestellt werden. Bei einer Vorschubgeschwindigkeit v von 4 mm/s ergeben sich für eine Drucklage Schichtdicken im Bereich von 5 µm und Flächenwiderstände von 1 MΩ. Durch eine lagenbezogene Rotation der Druckbahnen um 90° lässt sich für mehrschichtige Elektroden eine geringere Anisotropie für die Widerstandszunahme bei Zugbelastungen erreichen. Durch eine Kapselung der Elektrodenschichten mit Silikonlagen kann eine schnelle Alterung der Elektroden verhindert werden. Derart hergestellte Elektroden sind geeignet, zyklische Dehnungen mit mindestens 25 % zu ertragen, ohne dabei eine Verschlechterung der Leitwerte zu zeigen.

6 Dreistrom-Aerosol-Jet-Druck zur Erzeugung von Schicht- und Matrix-Kompositsystemen

Durch die Befähigung zur Verarbeitung von zwei Werkstoffgruppen als Funktionsträger zur Erzeugung einerseits leitfähiger und andererseits dielektrischer Strukturen kann ein additives Fertigungsverfahren zu einem Herstellungsansatz für mechatronisch integrierte Komponenten weiterentwickelt werden. Die Kombination der in Kapitel 4 und 5 beschriebenen neuartigen Ansätze zum Aerosol-Jet-Druck von RTV2-Elastomeren und von elastischen Partikelelektroden erlaubt insbesondere die Realisierung eines programmierbaren, maskenlosen 2,5D-Druckverfahrens für elastische mechatronische Komponenten. Mit der entwickelten und bereits vorgestellten Versuchsanlage können dazu unterschiedliche Fertigungsansätze auf der Basis des Aerosol-Jet-Drucks erforscht werden.

Im folgenden Kapitel wird zum einen der sequentielle Multimaterialdruck von Silikon und reduziertem Graphenoxid (rGO) für elastische Systeme untersucht. Dabei werden zunächst topologische Strukturen bei der sequentiellen Schichtung leitender und dielektrischer Strukturen betrachtet. Weiterhin wird der Schichtzusammenhalt zwischen Strukturen aus jeweils nur einem Material untersucht. Durch eine Angleichung der Materialdurchsätze im Aerosol-Jet-Druck von Elastosil P7670 und von rGO-Tinten wird des Weiteren die Grundlage zum Direktdruck von Kompositmaterialien geschaffen. Dafür werden zunächst ein erweitertes Anlagenkonzept und eine erste Umsetzung in der Versuchsanlage beschrieben. Der rGO-Füllstoffanteil der damit hergestellten Materialien liegt dabei deutlich über dem erwarteten Bereich zum Erreichen der Perkolationsgrenze. Diese aerosol-jet-gedruckten Materialsysteme werden im nachfolgenden Kapitel ebenfalls hinsichtlich der Ausprägung von Schichtstrukturen und ihrer Leitfähigkeit bei einer elastischen Verformung betrachtet. Wie bereits für die Herstellung von reinen RTV2-Strukturen gilt auch in den im Folgenden skizzierten Versuchen die Einschränkung, dass keine kompatiblen Stützmaterialien untersucht werden.

6.1 Wechselwirkungen an der Schnittstelle von Silikonlagen zu leitfähigen rGO-Schichten

Im Rahmen des vorliegenden Forschungsvorhabens werden Dielektrische Elastomere als prototypischer Anwendungsfall der additiven Fertigung elastischer mechatronischer Komponenten betrachtet. Bei Dielektrischen

Elastomeren werden, wie im Stand der Technik dargestellt, Eigenschaften unter anderem auch durch die geometrische Strukturierung der Systeme definiert. Für solche Systeme ist daher neben der Parametrisierung der Herstellung der dielektrischen und der leitfähigen Bereiche auch die Entwicklung einer geeigneten Strategie für die Ausbildung definierter Übergangsbereiche zwischen den Lagen unterschiedlicher Werkstoffe entscheidend. Nur so können beispielsweise die Abstände einzelner Elektrodenlagen und damit die maximal möglichen ertragbaren Spannungen im aktorischen Betrieb Dielektrischer Elastomere reproduzierbar eingestellt werden. Weiterhin ist eine zentrale Anwendung elastischer mechatronischer Systeme die Interaktion mit der Umwelt über Kräfte, die in den Wandlern selbst erzeugt werden sowie gegebenenfalls über die Detektion von außen eingebrachter Kräfte beziehungsweise Materialspannungen. Für Dielektrische Elastomere ist in der Folge der Schichtzusammenhalt bei der Kombination von unterschiedlichen Werkstofflagen, wie ebenfalls bereits dargestellt, besonders interessant. Eine Einordnung der mechanischen Belastbarkeit der Materialübergänge kann hier durch Versuche erfolgen, die sich an den Nutzungsszenarien gestapelter Dielektrischer Elastomere bei Zug in Richtung der Flächennormalen der Dielektrika und Elektroden orientieren.

6.1.1 Sequentieller Aerosol-Jet-Druck von Schicht-Multimaterialsystemen für elastische mechatronische Komponenten

Im folgenden Abschnitt werden Ergebnisse der Untersuchung topologischer Strukturen bei der sequentiellen Schichtung von Elastosil-P7670-Lagen und rGO-Partikelelektroden vorgestellt. Die Herstellung der betrachteten Proben wird in [S27] beschrieben. Zur Untersuchung der Proben werden die Oberflächen sowie die Bruchkanten von aerosol-jet-gedruckten Strukturen mittels eines Raster-Elektronen-Mikroskops der Firma Zeiss vom Typ Auriga betrachtet.

In Bild 69 sind zunächst Aufnahmen von Oberflächen von zwei rGO-Partikelelektroden dargestellt. Es handelt sich dabei um Aufnahmen der Rückstreuelektronen bei einer Beschleunigungsspannung von 25 kV und einer Vergrößerung um den Faktor 1000. Die abgebildeten Elektroden sind mit unterschiedlichen Prozessparametern hergestellt, wobei die im Bild links dargestellte Elektrode mit einer wiederverwendeten rGO-Tinte mit einer Überfahrt bei einer Vorschubgeschwindigkeit v von 8 mm/s und einem

Bahnabstand b_{Abs} von 200 µm gedruckt ist. Es sind klar zusammenhängende Bereiche von Agglomeraten von rGO-Partikeln zu erkennen. Weiterhin sind allerdings auch, wie im 5000-fach vergrößerten Ausschnitt erkennbar, stellenweise Bereiche des darunterliegenden Silikonsubstrats nicht von rGO-Partikeln bedeckt. Eine klare Differenzierung zwischen den beiden verdruckten Materialien Elastosil P7670 und rGO-Partikeln ist möglich. Bei der deutlich dichter gedruckten, in Bild 69 rechts dargestellten Elektrode, die mit einer neu hergestellten und direkt im Anschluss verdruckten Tinte bei einer Überfahrt mit 4 mm/s gedruckt wurde, sind keine freien Silikonbereiche erkennbar. Weiterhin kann eine solche Schicht wahrscheinlich aufgrund von Aufladungseffekten weniger scharf aufgelöst abgebildet werden. Messungen des Flächenwiderstands der rechten Probe vor der Präparation für die Aufnahmen im Raster-Elektronen-Mikroskop zeigen Werte für $R_{S\square}$ von 35 kΩ.

Bild 69: In der makroskopischen Aufnahme eines Teilstücks sowie bei 1000- und 5000-facher Vergrößerung ist die geringere Partikeldichte einer Elektrode bei einer Druckgeschwindigkeit v von 8 mm/s zu erkennen (links). Bei 4 mm/s steigt die Dichte deutlich (rechts).

Ausgehend von diesen Aufnahmen werden im Folgenden Schichtstrukturen an den Bruchkanten gestapelter Systeme analysiert. Die Proben wurden dazu nach dem Tauchen über fünf Minuten in einem Stickstoffbad mit zwei Zangen gebrochen. In Bild 70 ist die Aufnahme einer solchen Bruchkante dargestellt. Die Struktur wurde durch das Bedrucken eines gegossenen Elastosil-P7670-Silikonsubstrats hergestellt. Dabei wird zunächst eine rGO-Elektrode mit den in Kapitel 5.3 beschriebenen Prozessparametern eines Hybridatomizers durch das Verdrucken einer rGO-Tinte mit dem ebenfalls beschriebenen Lösungsmittelverhältnis von 5 mg/ml in zwei gleich orientierten Drucklagen mit einer Vorschubgeschwindigkeit von 4 mm/s mit einer 1 mm breiten Runddüse hergestellt. Während des Prozesses wird die Probe mittels Lichtheizsystem erwärmt. Wie in Kapitel 5.3 dargestellt, ist für die verwendeten Druckparameter eine Schichtdicke der

Elektrode $\bar{h}_{rGO}$ im Bereich von 5 µm zu erwarten. Die im Bild der Rückstreuelektronen erkennbar hellere Elektrodenlage hat an mehreren Messstellen eine Schichtdicke im Bereich zwischen 9 µm und 10 µm und bestätigt damit in guter Näherung die erwarteten Werte der Schichtdicke bei zwei Drucklagen.

Auf die rGO-Elektrode wurde weiterhin eine aerosol-jet-gedruckte Elastosil-P7670-Schicht in zwei sequentiellen Druckläufen aufgetragen. Dazu wird ein kombinierter Materialdurchsatz Out_{AB} von 5 mg/min eingestellt. Mit einer Vorschubgeschwindigkeit v von 14 mm/s und einem programmierten Bahnabstand b_{Abs} von 150 µm unter Verwendung einer Runddüse folgt eine antizipierte Schichtdicke $\bar{h}$ von 30 µm. Wie in der Aufnahme erkennbar, kann an mehreren Stellen der Probe in den Bereichen oberhalb der Elektrodenstruktur eine Schichtdicke zwischen 67 µm und 70 µm abgeschätzt werden. Die zwei mit gleicher Orientierung hergestellten Silikonlagen ergeben zusammen also eine dielektrische Struktur mit einer Gesamthöhe, die über den erwarteten 60 µm liegt. Allerdings kann daher auch davon ausgegangen werden, dass nur ein geringer Materialanteil der aufgedruckten Silikonlagen in die poröse Struktur einer darunterliegenden Partikelelektrode einläuft und diese füllt oder deutlich aufschwemmt.

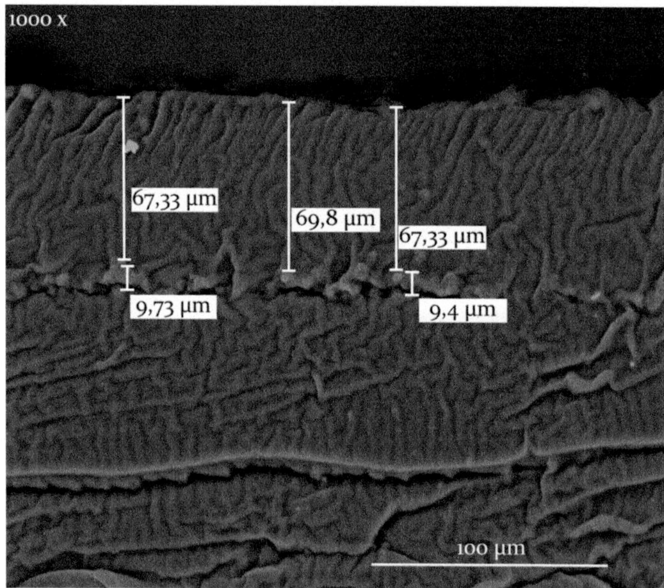

Bild 70: An der Bruchkante einer gestapelten Druckprobe können eine Elektrodenschicht mit einer Dicke im Bereich von 10 µm und eine Elastosil-P7670-Schicht mit einer Dicke im Bereich von 67 µm bis 70 µm unterschieden werden.

6.1.2 Schichthaftung bei Multimaterialsystemen

Werden zwei unterschiedliche Werkstoffsysteme wie zum Beispiel Elastosil P7670 zur Erzeugung dielektrischer Strukturen und rGO-Partikel als flächig aufgetragene Elektroden kombiniert, kommt es, wie im Vorangegangenen dargestellt, zwischen den Schichten zur Ausbildung von Übergangsbereichen mit einer Vermengung der Materialsysteme. Im folgenden Kapitel werden Ergebnisse von Versuchen zur Bestimmung des mechanischen Schichtzusammenhalts für schichtweise Aufbauten mit solchen Strukturen vorgestellt. Dabei soll eine erste Abschätzung der ertragbaren Belastungen in Bezug auf realistische Einsatzszenarien ermöglicht werden. Als Anwendungsfall wird ein Dielektrischer Elastomer in einem angenommenen kinematischen System aus zwei antagonistischen Aktoren als Untersuchungsgegenstand gewählt. Bei einer abwechselnden Aktivierung wird in einem solchen System der jeweils passive Aktor mit Zugkräften in Richtung der Flächennormalen der einzelnen Schichten beaufschlagt. In Bild 71 ist der schematische Aufbau einer Probenhalterung dargestellt, um den genannten Belastungsfall vereinfacht nachzubilden. Zwischen zwei mechanische Adapter können Proben eingebracht werden, um diese im Anschluss in einer Zugprüfmaschine vom Typ Z2.5 TH der Firma Zick Roell mit einer Messdose mit einer maximalen Kraftmessung von 200 N zu spannen und in Zugversuchen zu charakterisieren.

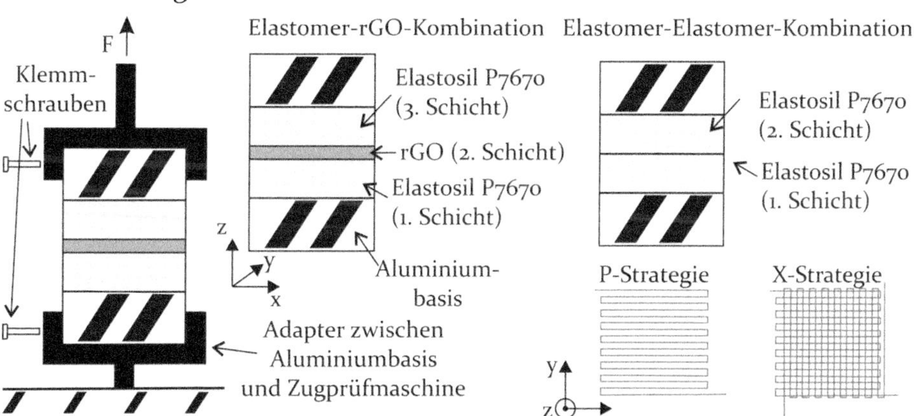

Bild 71: Zwischen zwei mechanische Einspannadapter können mit Proben unterschiedlich gestapelt gedruckten Strukturen eingebracht werden, um den Schichtzusammenhalt zu ermitteln.

Im nachfolgenden Abschnitt werden Ergebnisse von Versuchen ausgewertet, deren Durchführung in [S28] beschrieben wird. Dabei werden hinsichtlich der Schichtstrukturen Elastomer-Elastomer-Kombinationen und

Elastomer-rGO-Elastomer-Proben verglichen. Für Elastomer-Kombinationen werden 20 mm mal 20 mm mal 0,48 mm große Proben aus 20 einzelnen Schichten hergestellt. Die einzelnen Lagen werden entweder mit der in Bild 71 dargestellten Parallel- (P) oder Kreuzstrategie (X) mit einem Materialdurchsatz Out_{AB} von 5 mg/min, einem Bahnabstand b_{Abs} von 150 µm und einer Vorschubgeschwindigkeit v von 15 mm/s aerosol-jet-gedruckt. Für Proben mit Elastomer-rGO-Kombinationen wird zuerst auf einen aerosol-jet-gedruckten Grundkörper mit den Maßen 22 mm mal 22 mm mal 0,5 mm eine Elektrode aufgebracht. Diese wird mit einem Volumenstrom des Atomizergases von 2000 sccm und des Exhaustgases von 1700 sccm, einer Vorschubgeschwindigkeit von 4 mm/s in vier Lagen rGO mit der P-Strategie in einer rechteckigen Struktur von 20 mm mal 20 mm aufgetragen. Für alle Proben erfolgt der Aufdruck eines nächsten Strukturelements jeweils nach einer Wartedauer von mindestens 72 Stunden. Alle Proben werden auf Stahlsubstraten hergestellt. Nachdem alle Strukturelemente verdruckt wurden, werden bei allen Proben die Randbereiche mit einem Skalpell entfernt, um quadratische Prüfkörper mit einer Kantenlänge von 19 mm zu erhalten. Damit wird der Einfluss der Randbereiche bei Elastomer-rGO-Kombinationen reduziert und vornehmlich der Zusammenhalt der Schichtstrukturen vermessen. Anschließend werden die Proben vom Substrat gelöst. Alle Proben werden schließlich beidseitig mit dem Silikonkleber E43 der Firma Wacker mit einem zuvor aufgerauten Spannelement aus Aluminium verklebt. Dieses kann wiederum nach einer Ruhedauer von 24 Stunden in die Einspannadapter eingelegt und mit einer Schraube fixiert werden.

Die in Bild 72 dargestellten Ergebnisse zeigen in Bezug auf die Bruchspannung ein geringfügig besseres Verhalten und für die erreichbaren Bruchdehnungen einen deutlichen Einfluss der Druckstrategie. Nach dem Entfernen von zwei Proben mit extremen Abweichungen zeigt sich, dass die

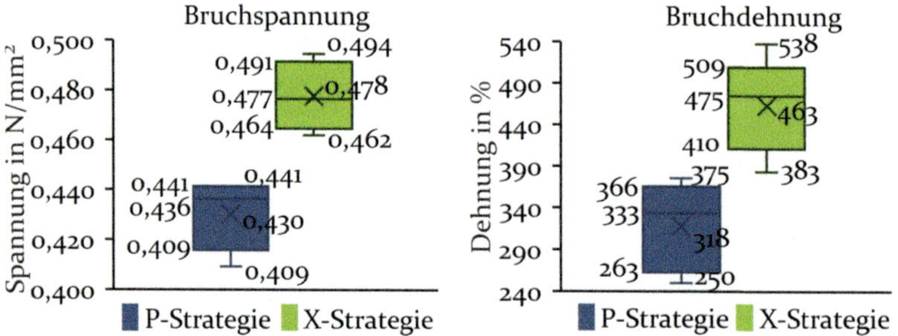

Bild 72: Bei Zugversuchen mit je fünf Proben von Elastomer-Elastomer-Paarungen ist nach dem Entfernen von zwei Ausreißern mit fehlerhaftem Ausschnitt beziehungsweise Rutschen der Probe ein leicht besseres Verhalten der X-Proben zu beobachten.

X-Proben besser Zugbelastungen in Richtung der Flächennormalen der einzelnen Druckschichten ertragen. Die Proben versagen in den Versuchen dabei stets an der Schnittstelle der beiden an unterschiedlichen Tagen hergestellten Elastomerkörper.

Ein Vergleich mit den gestapelten Multimaterialsystemen zeigt deutlich die in Bild 73 erkennbaren mechanischen Schwächungen durch den sequentiellen Druck von Elastomer und Partikelelektroden. Probe 4 weist einen minimalen Wert der ertragbaren Kraft von 81 N auf. Nach der Gleichung (10) von Pelrin et al. ergibt sich für einen Dielektrischen-Elastomer-Aktor mit einer aktiven Fläche von 361 mm^2 als angenommenen Antagonisten mit der beschriebenen Konfiguration für Elastosil P7670 eine Kraftentwicklung von 8,6 N. Dieser Wert liegt zwar unter 81 N. Allerdings ist aufgrund der deutlichen Schwächung hinsichtlich der Bruchdehnung der Elastomer-rGO-Proben die im Stand der Technik beschriebene Problematik der Delamination solcher Aktoren nachvollziehbar, falls bei einer realen Anwendung beispielsweise impulsartige Belastungen auftreten.

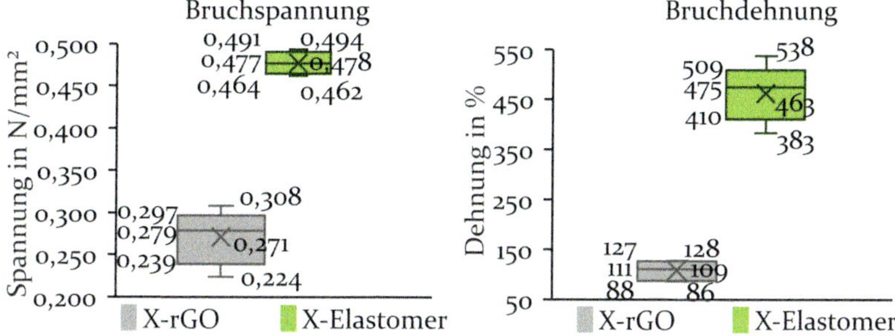

Bild 73: Beim Vergleich von Zugversuchen mit Proben von fünf Elastomer-Elastomer-Paarungen mit sechs Proben mit einer zwischenliegenden rGO-Schicht ist die deutliche Schwächung der gestapelten Systeme durch die rGO-Monomateriallagen zu beobachten.

6.2 Kombination von drei Aerosolströmen zum Direktdruck von Matrix-Kompositsystemen

Die im vorangegangenen Kapitel dargestellten Ergebnisse lassen die Problematik des verminderten strukturellen Zusammenhalts von additiv gefertigten Komponenten an den Schnittstellen zwischen Lagen aus unterschiedlichen Materialien wie Elastosil P7670 und rGO-Partikeln erkennen. Zwischen reinen Elastomerlagen ergibt sich hingegen aufgrund einer Quervernetzung selbst dann ein vergleichsweise guter Schichtzusammenhalt, wenn diese an unterschiedlichen Tagen hergestellt werden [S1]. Daher kann angenommen werden, dass sich bei der Nutzung von Kompositsystemen mit einer Mischung von rGO und Polymeranteilen, im Vergleich zu reinen Partikelelektroden, ebenfalls ein besserer struktureller Zusammenhalt ergeben kann. Ein Herstellungsansatz, der in der Lage ist, solche Matrizen zu realisieren, kann folglich die Möglichkeiten der additiven Fertigung elastischer mechatronischer Systeme erweitern.

Sollen im Aerosol-Jet-Druck mehrere Komponenten gemischt werden, ist das notwendige Mischungsverhältnis ein wichtiges Kriterium. Eine Vielzahl von RTV2-Silikonen kann beispielsweise mit dem beschriebenen Herstellungsprinzip nicht verdruckt werden, weil deren unterschiedlich viskose Ausgangskomponenten absehbar auf ein stark unterschiedliches Prozessverhalten hinsichtlich der Aerosol-Erzeugung führen. Darüber hinaus sind bei diesen Materialien häufig stark unterschiedliche Mischungsverhältnisse von zum Beispiel 50:1 notwendig, welche sich mit dem vorliegend betrachteten Herstellungsansatz nicht abbilden lassen. Für den Direktdruck von Elastomer-rGO-Systemen ist eine ähnliche Problematik für die Kombination kommerziell verfügbarer pneumatischer und ultraschallbasierter Aerosol-Jet-Druck-Komponenten aufgrund ihrer stark unterschiedlichen Durchsatzraten absehbar. Mit dem beschriebenen Hybridatomizer kann hingegen die Druckzeit beziehungsweise der Materialdurchsatz von rGO-Partikeln deutlich erhöht werden. Im nachfolgenden Kapitel werden Versuche beschrieben, den Aerosolstrom einer rGO-Partikeltinte, der mittels eines Hybridatomizers erzeugt wird, in die Ströme der Komponenten A und B von Elastosil P7670 einzukoppeln und gemeinsam durch eine Druckdüse zu verdrucken. Dazu wird zunächst ein Anlagenkonzept für die dynamische Zuschaltung eines dritten Aerosolstroms vorgestellt. Weiterhin wird die Anpassung der Versuchsanlage zu Untersuchungen einer zunächst kontinuierlichen Zusammenführung von drei Aerosolströmen beschrieben. Es werden Prozessparameter-Kombinationen entwickelt, welche bei einem Verdrucken von drei Aerosolströmen auf eine Mischung von Elastosil P7670 und rGO im Bereich deutlich oberhalb der Perkolationsgrenze führen können. Schließlich wird in ersten Versuchen der Einfluss der Prozessgasparameter auf die Leitfähigkeit von so hergestellten Proben untersucht.

6.2.1 Anlagenkonzept für die dynamische Kopplung von drei Aerosolströmen

Wie in Kapitel 4 dargestellt, kann zur Herstellung von Materialsystemen mit zwei Ausgangskomponenten mittels Aerosol-Jet-Druck ein pneumatisches System der Firma Optomec mit den Komponenten Atomizer, Virtual-Impactor-Einheit und Düse an der Druckdüse gespiegelt werden, um zwei reaktive Aerosolströme unmittelbar vor der Einhüllung durch ein Schutzgas zusammenzuführen und zu mischen. Um, wie nachfolgend beschrieben, einen dritten Aerosolstrom einzukoppeln, werden entsprechend eine dritte Aerosol-Erzeugung sowie eine dritte Virtual-Impactor-Einheit nach derselben Systematik hinzugefügt. Wird ein Hybridatomizer als dritte Aerosolerzeugung integriert, ergibt sich ein Anlagenschema, wie in Bild 74 oben dargestellt, als eine weitere Variante möglicher Prozessabläufe, die in Kapitel 3, Bild 18 zusammengefasst sind. Dabei wird, wie ebenfalls dargestellt, ein Mischsystem unmittelbar vor der Düse benötigt, um nun drei statt zwei Aerosolströme zusammenführen zu können. Das grundlegende Konzept der Kombination von drei Aerosolströmen wird erstmals als Ausblick in [P7] vorgestellt.

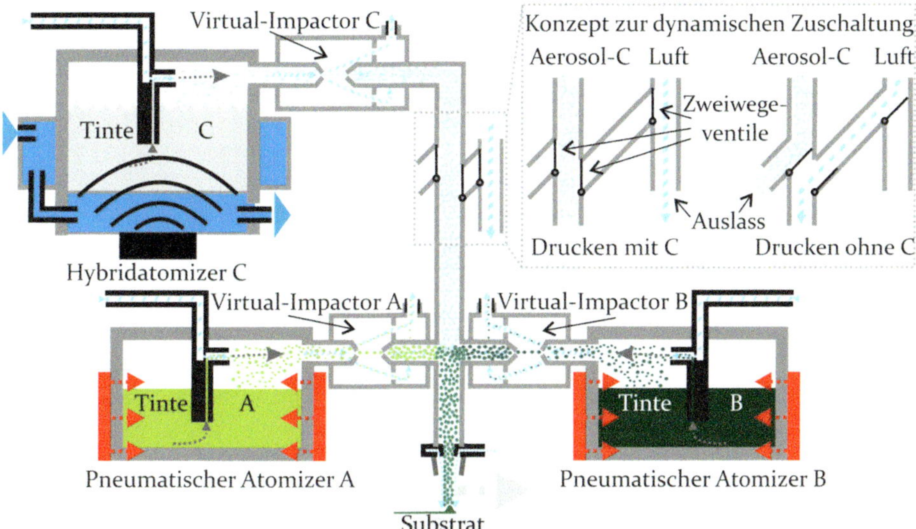

Bild 74: Durch die Kombination von drei Aerosol-Erzeugungen können gefüllte Polymermatrizen direkt gedruckt werden. Mit dem Konzept zur dynamischen Einkopplung einer Komponente kann zwischen Mono- und Multimaterialdruck gewechselt werden.

Durch die Integration der in Bild 74 dargestellten Mischeinheit wird in der bereits beschriebenen Versuchsanlage die Untersuchung der kontinuierlichen Herstellung von Druckschichten auf der Basis der Bestandteile von insgesamt drei Aerosolströmen möglich. Dazu werden drei Atomizer-, drei Exhaustgasvolumenströme und ein Schutzgasvolumenstrom geregelt. Noch nicht umgesetzt, aber an dieser Stelle als Konzept vorgestellt, ist eine Erweiterung um einen zusätzlichen, achten Masseflusskontroller und zwei Zweiwegeventile. Damit kann nach dem Schema in Bild 74 rechts oben ein dynamisches Zu- und Abschalten von rGO-Partikeln oder einer anderen dritten Aerosolkomponente erfolgen. Wird, wie dargestellt, vor der Virtual-

Impactor-Einheit des dritten Aerosolsystems ein Ventil im Pfad des rGO-Aerosols auf einen Auslass umgeschaltet, gelangen keine weiteren leitfähigen Partikel in die Druckdüse. Somit kann im Prozess dynamisch zum Beispiel vom Drucken leitfähiger, gefüllter Materialsysteme auf den Druck dielektrischer Strukturen ohne Füllpartikel umgestellt werden. Da im Aerosol-Jet-Druck bereits kleine Veränderungen der Druckverhältnisse im System den Prozess stark beeinflussen, muss gleichzeitig zum Ausleiten des dritten Aerosols ein entsprechender Anteil an Luft eingekoppelt werden. Wird dieser Kompensationsstrom richtig eingestellt, kann in dem verbundenen System in den weiteren aerosol-erzeugenden Pfaden ein unverändertes Prozessverhalten gewährleistet werden. Werden die Ventile zum Umschalten der Aerosol- und Luftströme als Proportionalventile ausgelegt, kann mit einem solchen Konzept darüber hinaus zur Prozesslaufzeit das Mischungsverhältnis dynamisch angepasst werden. Allerdings ist ein einem solchen System wahrscheinlich eine Messung der Aerosolanteile in den Volumenströmen Q_{Div} im laufenden Prozess notwendig, um den komplexen Prozess robust regeln zu können.

6.2.2 Parameterraum zum Direktdruck von Elastomer-rGO-Kompositmaterialien

Für den Fall der statischen Zusammenführung von drei Aerosolströmen zum Direktdruck von Mischungen aus Elastosil P7670 und rGO-Partikeln mit dem Ziel der Herstellung leitfähiger Strukturen müssen zunächst geeignete Prozessparameter für die Prozessgasvolumenströme identifiziert werden. Dazu werden unter anderem Ergebnisse von Versuchen herangezogen, deren Durchführung in [S25] und [S29] beschrieben wird.

Zunächst muss ein Bezugswert für den Materialdurchsatz Out_C von rGO-Partikeln ermittelt werden. In einem Versuch mit einer Druckdauer von einer Stunde wird eine Gesamtdruckmenge von 24 mg erreicht. Dabei werden die Prozessparameter des Hybridatomizers zu 2000 sccm für den Atomizer- Q_{Ato}, 1700 sccm für den Exhaust- Q_{Exh} und 50 sccm für den Schutzgasvolumenstrom Q_{She} eingestellt. Bei den verwendeten Tinten mit einem Mischungsverhältnis von 5:1 von rGO und Lösungsmittel und einer Lösungsmittelzusammensetzung von 9:1 von 2-Propanol und Terpineol ergibt sich nach dem Verdampfen des 2-Propanolanteils ein Materialdurchsatz Out_C von minimal 0,4 mg/min. Bei einer Dichte von 934 kg/m^3 von Terpineol [303] folgt für diesen nicht flüchtigen Tintenbestandteil daraus ein lediglich geringer verbleibender Anteil von 0,007 mg/min in Bezug auf die Ausgangszusammensetzung der Tinte. Im Vergleich mit einem Materialdurchsatz Out_{AB} von Elastosil P7670 beispielsweise von 5 mg/min ist der rGO-Anteil bei diesen Einstellungen zwar deutlich über der Grenze von Füllgraden, die in der Literatur für Graphen [151] zum Erreichen der Perkolationsgrenze genannt werden. Allerdings ist bei der Nutzung von rGO statt Graphen von einem deutlich höheren notwendigen Mischungsverhältnis zur Herstellung leitfähiger Strukturen auszugehen. Beispielsweise führt die manuelle Beimengung von 5 wt% rGO der Firma Graphenea zu Elastosil P7670 in Vorversuchen auf keine messbare Leitfähigkeit. Zur Untersuchung des neuartigen Fertigungsansatzes werden für erste Versuche daher deutlich höhere Mischungsverhältnisse genutzt.

Wie in Kapitel 5 beschrieben, können Einstellungen über dem gerade genannten Materialdurchsatz mit dem vorgestellten Hybridatomizer zu einem instabilen Prozessverhalten im Aerosol-Jet-Druck von rGO-Tinten führen. Daher wird im Folgenden eine Absenkung des Durchsatzes des Elastomers zum Angleichen der Durchsatzraten Out_{AB} von Elastomer- und Out_C von Partikelanteilen genutzt. Die in Kapitel 4 vorgestellten Prozessmodelle und die weiteren wichtigen Rahmenparameter, wie etwa angeglichene Druckverhältnisse in den Teilsystemen, können dabei eine Ausgangsbasis und Anhaltspunkte zur Identifikation geeigneter Prozessparameter liefern. Allerdings befinden sich die angestrebten Materialdurchsätze für Elastosil P7670 teilweise deutlich außerhalb des zur Modellerstellung herangezogenen Parameterraums und an den unteren Grenzen der Prozessparameter, bei denen eine Aerosol-Erzeugung einsetzt. Daher wird in Versuchsreihen das Prozessverhalten für drei niedrige Durchsatzstufen untersucht. Die Ergebnisse dieser Versuchsreihen für die kombinierten Materialdurchsätze Out_{AB} von Komponente A und B von Elastosil P7670 sind in Tabelle 12 zusammengefasst.

Tabelle 12: Am unteren Ende des Prozessparameterraums für den Aerosol-Jet-Druck können stabile Werte von minimal 0,2 mg/min für den kombinierten Durchsatz Out_{AB} von Elastosil P7670 identifiziert werden. Die in Klammern angebenen Prognosewerte für Out_A oder Out_B in mg/min aus den Modellen nach Gleichung (14) und (15) zeigen, dass die Modelle keine belastbare Vorhersage bei sehr geringen Durchsatzraten liefern.

A: Q_{Ato}/Q_{Exh} - T_H:115 Öl:15	B: Q_{Ato}/Q_{Exh} - T_H:125 Öl:15	Durchsatz Out_{AB}	Probenanzahl
1250/1100 Out_A: 0,62 (0,83)	1100/950 Out_B: 0,48 (0,69)	1,29	7 - σ: 0,13
1100/950 Out_A: 0,29 (0,75)	950/800 Out_B: 0,25 (0,81)	0,58	10 - σ: 0,03
950/800 Out_A: - (0,73)	800/650 Out_B: - (1,10)	0,2	5 - σ: 0,015

Q_{Ato}/Q_{Exh}: sccm; T_H: K; Öl: wt%; Out_A/ Out_B/ Out_{AB}: mg/min

Für die beiden Parametersätze mit den höheren Werten von Out_{AB} werden ebenfalls die getrennten Durchsatzraten Out_A und Out_B bestimmt. Aufgrund des geringen Materialdurchsatzes wird für die dritte Parameterstufe zunächst nur der kombinierte Durchsatz ermittelt. Auch die Silikonlagen der niedrigsten Parameterstufe bilden allerdings mechanisch feste, nicht klebrige Strukturen. Mit der Spanne des Durchsatzes stehen damit zunächst drei Parameterstufen zur Verfügung, um ein theoretisches Mischungsverhältnis von 23,7 wt%, 40,8 wt% und 66,7 wt% für direkt verdruckte Polymer-rGO-Systeme zu erhalten. Bei den Differenzen zwischen Atomizer- und Exhaustgasvolumenströmen werden nur für die reaktiven Komponenten A und B angeglichene Parameterstufen zur Einhaltung eines resultierenden Volumenstroms von 150 sccm jeweils nach der Virtual-Impactor-Einheit genutzt. Die Differenz im Systemteil der rGO-Tinte beträgt hingegen 300 sccm und entspricht dem bereits beschriebenen stabilen Parametersatz. Theoretisch können somit Anteile des rGO-Tintenaerosols in die Virtual-Impactor-Einheiten von Komponente A und B verbracht werden. In den Versuchsläufen zeigen sich allerdings keine Prozessinstabilitäten, da die rGO-Tinte keine Vernetzungsreaktion auslösen kann.

6.2.3 Resultierende Leitwerte gedruckter Komposite in Abhängigkeit ausgewählter Prozessparameter

Mit den drei vorweg beschriebenen Mischungsverhältnissen sowie Prozess- und Tintenparametern lassen sich in Versuchsreihen zunächst nur mit dem höchsten Anteil der rGO-Partikel von 66,7 wt% leitfähige Strukturen mit reproduzierbaren Eigenschaften herstellen. Im Folgenden werden für diesen Füllgrad drei exemplarische Prozessparameter-Kombinationen betrachtet. Die Herstellung der entsprechenden Proben wird in [S25] beschrieben. Die Proben werden auf zuvor flächig gegossenen und vollständig vernetzten Elastosil-P7670-Substraten aufgedruckt. Bei der Herstellung der Substrate werden zwei Aluminiumstreifen im Abstand von 1,5 cm als spätere Kontaktelektroden auf die Elastomerschicht aufgelegt. Anschließend werden die Kontaktstellen mit einer 1 cm mal 2 cm großen Probe im Dreistrom-Aerosol-Jet-Druck mit zunächst einer Lage mit einer Vorschubgeschwindigkeit v von 4 mm/s überdruckt. Die Proben werden dabei mittels Induktionsheizsystems von unten beheizt. Für eine Temperatureinstellung von T_{DZ} 433,15 K werden dabei entlang der Druckbahnen, die in Längsrichtung zwischen den beiden Aluminiumelektroden mit einem Bahnabstand b_{Abs} von 250 µm verlaufen, nicht vollständig abgetrocknete, verlaufene Bereiche beobachtet. Die Probe hat einen resultierenden Widerstand R_S von 40 MΩ, gemessen mit einem RLC-Meter der Firma Keithley von Typ 196. Bei der Herstellung von Proben mit einer Heiztemperatur von 473,15 K wird das Auftreten von Bereichen mit flüssigen Lösungsmittelresten verhindert. Fünf auf diese Weise hergestellte Proben zeigen Widerstandswerte R_S im Bereich von 13,5 MΩ bis 15 MΩ. Eine Probe zeigt eine deutliche Abweichung mit 8 MΩ. Die Druckbahnen dieser Probe sind wahrscheinlich aufgrund von Abweichungen des Elastosil-Substrats in der Mitte erkennbar überlagert. Proben, die mit einer doppelten Druckgeschwindigkeit von 8 mm/s in zwei sequentiellen Überfahrten hergestellt werden, zeigen ein deutlich homogeneres Druckbild. Mit dieser Druckstrategie können Proben mit einem resultierenden Widerstand von 8 MΩ hergestellt werden. Aufnahmen mit einem Durchlichtmikroskop lassen, wie in Bild 75 dargestellt, die zunehmend homogeneren Druckbilder mit der beschriebenen Temperaturerhöhung und der veränderten Druckstrategie erkennen. Die Bestimmung der Widerstandswerte zeigt, dass der Direktdruck von gefüllten leitfähigen Polymermatrizen grundsätzlich möglich ist. Auch wenn große Optimierungspotenziale hinsichtlich der Leitfähigkeit bestehen, kann der gezeigte Ansatz bereits grundsätzlich zur Herstellung von Dielektrischen Elastomer Aktoren genutzt werden. Beispielsweise für eine einzelne Aktorzelle mit einer Elektrodenfläche von 1 cm², einer Schichtdicke von 20 µm und einem Dielektrikum aus Elastosil P7670 ergibt sich eine rechnerische Kapazität von 12 pF. Mit Elektrodenwiderständen von zweimal 8 MΩ folgt daraus eine Ladezeit von 960 µs und somit eine mögliche Ansteuerung von maximal 500 Hz.

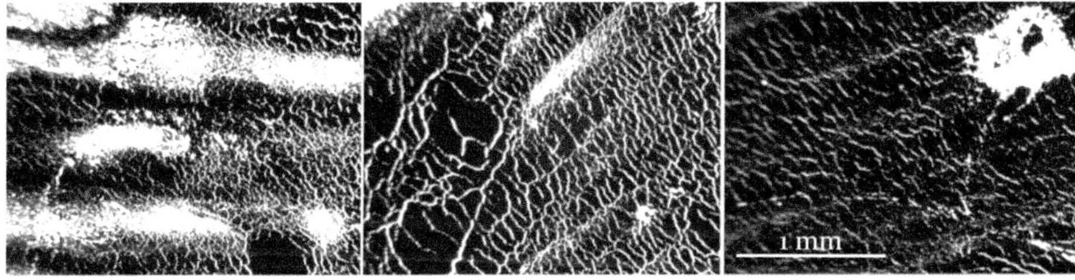

Bild 75: Eine Heiztemperatur-Erhöhung (Mitte) und zusätzlich ein zweifaches Überdrucken bei doppelter Vorschubgeschwindigkeit (rechts) führen zu homogeneren rGO-PDMS-Strukturen bei einer durchlichtmikroskopischen Betrachtung.

6.3 Charakterisierung direktgedruckter rGO-Polymerkomposite

Für einen Nachweis der Funktionalität des vorab vorgestellten Konzepts zum Direktdruck gefüllter Polymermatrizen müssen die so hergestellten Materialsysteme weiter charakterisiert werden. Die beobachtbare Leitfähigkeit von Lagen, die mittels Dreistrom-Aerosol-Jet-Druck mit Materialanteilen von Elastosil P7670 und rGO-Partikeln hergestellt werden, liefert einen ersten Anhaltspunkt, der auf die Ausbildung eines rGO-Elastomer-

Kompositsystems hindeutet. Für weitergehende Versuche zur mechanischen Charakterisierung der hergestellten Strukturen sind künftig weitere Versuche zur Herstellung von Teststrukturen mit den im Vorangegangenen beschriebenen Prozessparametern notwendig.

Im nachfolgenden Abschnitt werden zunächst Ergebnisse von Untersuchungen mittels eines Raster-Elektronen-Mikroskops dargestellt. Bei den untersuchten Proben handelt es sich um gedruckte Strukturen, die mit unterschiedlichen Prozessparametern hergestellt werden. Anschließend werden Versuche zur Bestimmung der Widerstandsänderung bei einer elastischen Deformation der Kompositsysteme beschrieben.

6.3.1 Struktureller Aufbau in Abhängigkeit von Prozessparametern des Aerosol-Jet-Drucks

Die im Folgenden dargestellten Abbildungen zeigen Untersuchungen aerosol-jet-gedruckter Proben mittels eines Raster-Elektronen-Mikroskops der Firma FEI vom Typ SEM Quanta 200. Bei den Proben handelt es sich um Lagen aus Elastosil P7670 gemischt mit unterschiedlichen Anteilen von rGO-Partikeln. Die Mischung basiert auf dem vorab dargestellten Aerosol-Jet-Druck mit drei Aerosolströmen durch eine Druckdüse. Als Substrat wird stets eine zuvor gegossene Schicht Elastosil P7670 genutzt. Bei den Proben werden die seitlichen Bruchkanten gedruckter Strukturen betrachtet. Es handelt sich um Aufnahmen der Rückstreuelektronen beziehungsweise bei der im Folgenden gezeigten Probe D um Sekundärelektronen bei einer Spannung von 20 kV und einer 1000- respektive 2500-fachen Vergrößerung. Zur Vorbereitung werden alle Proben für fünf Minuten in flüssigen Stickstoff getaucht und anschließend gebrochen. Die spätere Betrachtung der Bruchkanten zeigt bei zahlreichen Proben entweder ein Abplatzen oder keinen klaren Bruch, sondern eine plastische Verformung der relevanten Schichten, wodurch diese nicht für eine Analyse genutzt werden können. In Bild 76 sind die Bruchkanten von vier Proben dargestellt, die, wie in [S25] und [S29] beschrieben, mit unterschiedlichen Prozessparametern hergestellt werden. Bei Probe A kann mit einer Beimengung von 27,4 wt% in Bezug auf die separat vermessenen Materialdurchsätze von 0,93 mg/min für Komponente A, 0,95 mg/min für Komponente B und 0,71 mg/min für rGO-Partikel mit verbleibendem Terpineolanteil bei einer Vorschubgeschwindigkeit von 15 mm/s keine klar abgegrenzte Druckschicht identifiziert werden. Bei einer Reduzierung der Vorschubgeschwindigkeit auf 4 mm/s lässt sich bei Probe B die Ausbildung einer Schicht mit einer Dicke im Bereich von 17 µm erkennen. Mit einer Abschätzung nach Gleichung (20) ist eine

Schichtdicke von 29 µm zu erwarten. Eine mögliche Erklärung für die Abweichung liefert die Analyse der in [S29] beschriebenen Versuche zur Kombination von sehr niedrigen Materialdurchsätzen und der dort beobachteten deutlich niedrigeren Summe. So entspricht beispielsweise bei der Kombination von 0,1 mg/min jeweils von Komponente A und B der resultierende Materialdurchsatz mit dem Dreifach-Mischsystem nicht der Summe der Komponenten A und B, sondern liegt leicht über dem Durchsatz einer Komponente. Im Vergleich zum darunterliegenden Substrat können die helleren Bereiche der Schicht in Probe B weiterhin auf rGO-Einlagerungen hindeuten. Bei einer deutlichen Reduktion des Elastomeranteils ist bei der Probe C mit 66,7 wt% in Bezug auf die theoretische Summe der einzeln vermessenen Ausgangskomponenten und bei Probe D mit 78,6 wt% eine vom Silikonsubstrat deutlich zu unterscheidende Schichtstruktur erkennbar. Es zeigen sich ähnliche Strukturen zu Aufnahmen reiner rGO-Schichten in Kapitel 6.1.1. Für Probe C ist in Bezug auf den tatsächlich gemessenen Materialdurchsatz des Elastomers von 0,2 mg/min und einem reduzierten Druckbahnabstand von 125 µm eine Schichtdicke im Bereich von 5 µm zu erwarten.

Bild 76: Mit von A nach D abnehmender Vorschubgeschwindigkeit von 15 mm/s auf 4 mm/s und steigendem rGO-Anteil von 27,4 wt% auf 78,6 wt% können bei Elastomer-rGO-Kompositen, die durch die Kombination von drei Aerosolströmen hergestellt werden, unterschiedlich ausgeprägte Strukturen beobachtet werden.

Bei Probe D folgt mit der Abschätzung von Gleichung (20) mit den Prozessparametern 0,1 – 0,15 mg/min und 100 µm eine erwartete Silikonschichtdicke von 4,5 µm. In der Aufnahme von Probe D hängen ausgezogene Fragmente der Multimaterialschicht über die Bruchkante, wodurch in der Aufnahme eine Schichtdickenbestimmung nicht möglich ist. Die vollständig bedeckende Probenoberfläche ist im Hintergrund zu erkennen. Um die Struktur der Zusammensetzung dieser Schichten weiter zu charakterisieren, muss beispielsweise mit einer EDX-Analyse oder einer Raman-Spektroskopie die genaue Struktur der Materialsysteme im direkten Vergleich zu Monomaterialschichten untersucht werden.

6.3.2 Bestimmung der Leitfähigkeit bei elastischer Deformation

Neben einer ersten Untersuchung der Struktur der direktgedruckten Komposit-Materialsysteme ist eine Aussage über das Verhalten bei elastischer Deformation wichtig, um eine Einschätzung hinsichtlich einer zukünftigen Nutzbarkeit beispielsweise als nachgiebige Elektrodenstrukturen zu entwickeln. Die im Folgenden dargestellten Ergebnisse basieren auf der Auswertung von Versuchen, deren Durchführung in [S25] und [S29] beschrieben wird. Zunächst werden, wie in Bild 77 dargestellt, Proben auf einem gegossenen Elastosil-P7670-Substrat durch Überdrucken von zwei Aluminiumkontaktstreifen mit einem Abstand von 1,5 cm hergestellt. Die 1 cm mal 2 cm großen Kompositstrukturen werden mit einem theoretischen Anteil

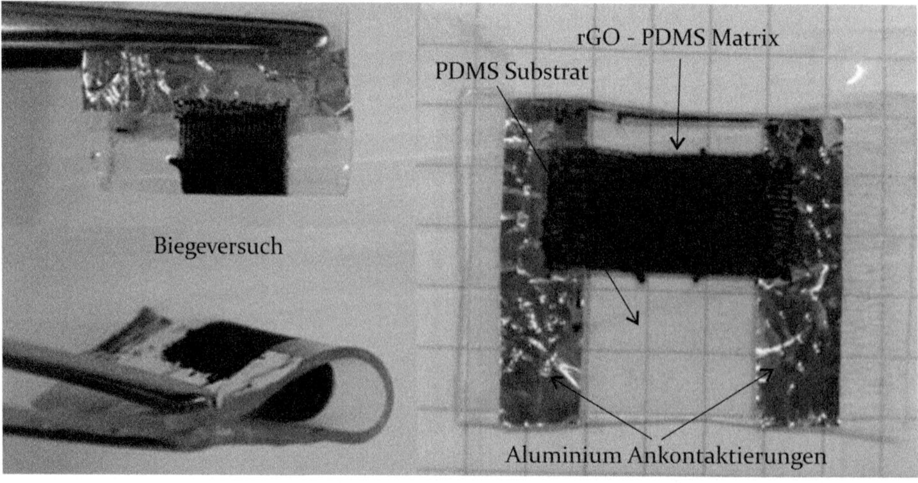

Bild 77: Proben für Biege- und Zugversuche von aerosol-jet-gedruckten Polymermatrizen werden für Widerstandsmessungen durch überdruckte Aluminiumstreifen kontaktiert nach [S25]

von rGO von 66,7 wt% mit den in Kapitel 6.2.3 beschriebenen Prozessparametern hergestellt. Bei drei hergestellten Proben kann ein Ausgangswiderstand im Bereich von 15 MΩ zwischen den beiden Kontaktstreifen gemessen werden. Nach einer Lagerung von drei Tagen kann an vergleichbaren Proben ein Widerstand von 40 MΩ gemessen werden. Die weiteren Ergebnisse zu Alterungserscheinungen bei fünf nicht gekapselten Proben bei einer offenen Lagerung über 23 Tagen sind in Tabelle 13 als Ausgangswerte für Versuche zu Biege- und Zugversuchen angegeben. Die Biegeversuche werden dabei wie in Bild 77 dargestellt durchgeführt. Für die anschließenden Zugversuche werden die Proben zunächst von 20 mm auf 22 mm und anschließend auf 23 mm gedehnt und in diesem Zustand für eine Minute belassen.

Tabelle 13: Aufgrund des hohen rGO-Anteils in den Proben zeigen die direktgedruckten Kompositmaterial-Elektroden eine deutlich veringerte Eignung zum Ertragen elastischer Deformationen.

Probe	Lagerung 23 T.	Biegeversuch	13,3% Dehnung	20 % Dehnung
1	90 MOhm	240 MOhm	Ausfall	Ausfall
2	110 MOhm	250 MOhm	Ausfall	Ausfall
3	130 MOhm	180 MOhm	250 MOhm	Ausfall
4	110 MOhm	140 MOhm	170 MOhm	Ausfall
5	150 MOhm	Ausfall	Ausfall	Ausfall

Wie im Stand der Technik dargestellt, können beispielsweise metallische Elektroden typischerweise bis 10 % [137, 195, 197] und mit besonderen Maßnahmen bis auf 33 % [134, 201] gedehnt werden. Die erreichten 13,3 % der aerosol-jet-gedruckten rGO-Silikon Matrizen bewegen sich also im Bereich einfacher Metallelektroden. Von einer Dehnbarkeit von Partikelelektroden beispielsweise im Bereich von 80 % sind die mit dem neuartigen Fertigungsansatz hergestellten Systeme allerdings weit entfernt. Die direkt nach der Herstellung erreichten Widerstandswerte von minimal 8 MΩ lassen weiterhin zwar theoretisch eine Realisierung von Dielektrischen Elastomeren zu. Allerdings wird auch ein großer Optimierungsbedarf erkennbar, um die Vorteile von Partikelelektroden mit dem potenziell besseren strukturmechanischen Zusammenhalt von rGO-gefüllten Silikonelektroden zu kombinieren.

7 Herstellung von elastischen mechatronischen Komponenten in einem integrierten Aerosol-Jet-Drucksystem

Mit den im Rahmen des vorliegend beschriebenen Promotionsvorhabens entwickelten Fertigungsansätzen lassen sich unterschiedliche mechatronische Komponenten und Systeme additiv fertigen. Diesen Systemen ist gemein, dass ihre besonderen anwendungsspezifischen Eignungen zur Erfüllung bestimmter Aufgaben aus ihren elastischen Eigenschaften resultieren. Im Folgenden werden drei beispielhafte Anwendungen aufgegriffen und mittels der im Vorangegangenen dargestellten Ansätze umgesetzt. Damit kann die prinzipielle Nutzbarkeit des Aerosol-Jet-Drucks zur Herstellung elastischer mechatronischer Komponenten nachgewiesen werden. Der Schwerpunkt liegt dabei auf Dielektrischen Elastomeren.

Zunächst wird allerdings die Herstellung von Elektrodenstrukturen auf einem Elastomersubstrat beschrieben, um elektroadhäsive Greifsysteme zu realisieren. Somit kann die Herstellung elastischer mechatronischer Komponenten mittels Aerosol-Jet-Druck in einem weiteren Anwendungsgebiet neben den Dielektrischen Elastomeren gezeigt werden. Es werden andere Elektrodengeometrien, mechanisch robustere und dickere dielektrische Schichten sowie ein Wirkprinzip zum Greifen genutzt, bei dem die aktive elastische Deformation der Dielektrika eine untergeordnete Rolle spielt. Weiterhin werden Dielektrische-Elastomer-Sensoren mit den beschriebenen Ansätzen hergestellt und beispielhaft als Dehnungssensoren charakterisiert. Schließlich wird eine gestapelte Struktur aus Dielektrika und Elektroden hergestellt, um erstmalig einen Dielektrischen-Elastomer-Aktor im Multimaterial-Aerosol-Jet-Druck zu realisieren. Die nachfolgend beschriebenen Systeme sind in ihrer Komplexität reduzierte Aufbauten, die das zugrundeliegende Funktionsprinzip der jeweiligen Klasse mechatronischer Systeme abbilden. In ihrem einfachen Aufbau eignen sie sich für Vergleiche mit Systemen, die mit anderen Verfahren hergestellt werden können. Es zeigen sich allerdings bereits bei der praktischen Umsetzung dieser einfachen Systeme einige Vorteile eines frei programmierbaren maskenlosen Herstellungsansatzes, beispielsweise bei der einfachen Anpassung von Konturen und Schichtstrukturen. Weiterhin können die vorgestellten Umsetzungen als Ausgangsbasis einer künftigen Herstellung komplexer Systeme dienen, die mit anderen Fertigungsansätzen nur noch bedingt oder nicht mehr hergestellt werden können.

7.1 Aerosol-Jet-Druck von Strukturen für elektroadhäsive Greifer

Im Folgenden werden elektroadhäsive Greifer als eine erste beispielhafte Anwendung der entwickelten Verfahren für die Herstellung flexibler mechatronischer Komponenten betrachtet. Die in den nachfolgenden Kapiteln dargestellten Ergebnisse basieren auf Versuchen, deren Durchführung in [S30] beschrieben wird. Elektroadhäsive Greifsysteme basieren auf dem gesteuerten Aufbringen von elektrostatischen Kräften. Bei einem leitfähigen Greifobjekt können die elektrostatischen Kräfte aufgrund einer Potenzialdifferenz zwischen Greifer und Greifobjekt bestimmt werden. Weiterhin kann das Wirkprinzip auch bei nichtleitenden Greifobjekten angewendet werden. Wie in Bild 78 dargestellt, wird dabei die Polarisation des zu greifenden Objekts genutzt. Durch die Integration in eine Greifkinematik können somit unterschiedlichste Objekte gegriffen werden.

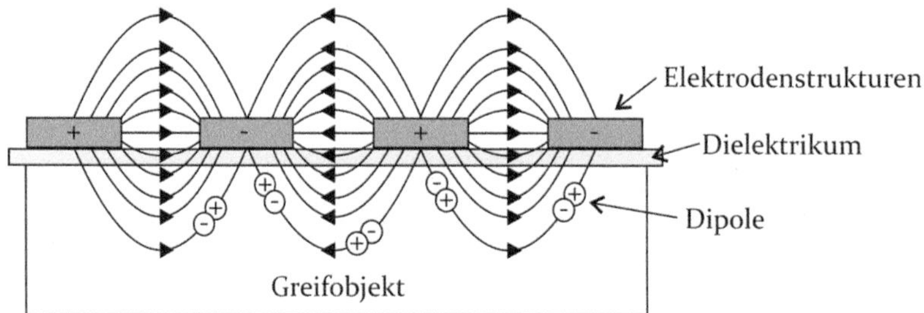

Bild 78: Elektroadhäsive Greifer können sowohl mit leitenden als auch in Kombination mit nichtleitenden Objekten eingesetzt werden. Das elektrische Feld zwischen alternierend kontaktierten Elektroden führt zu einer Polarisation des Greifobjekts und infolge zur Ausbildung einer elektrostatischen Greifkraft.

Ein erstes Patent zur technischen Nutzung der Elektroadhäsion stammt aus dem Jahr 1951 [304]. Weiterhin sind für elektroadhäsive Greifsysteme Anwendungsbeispiele zur Waferhandhabung [305] und zur Realisierung mobiler Kletterroboter [306, 307] beschrieben. Es werden zudem Folienhalbzeuge zum Aufbau von Handhabungssystemen vertrieben [308]. In [309] wird die Kombination von elektroadhäsiven Strukturen mit Dielektrischen-Elastomer-Aktoren beschrieben, wobei die flexiblen Strukturelemente zu einem Greifsystem mit einer verbesserten Greifleistung integriert werden.

7.1.1 Untersuchungen zu Elektrodengeometrien

Ausgehend von in der Literatur vorgestellten Versuchen zur Elektrodenstrukturierung [305] sowie von Modellen zur Beurteilung unterschiedlicher Topologien [310] und einer Übersicht relevanter Einflussfaktoren auf elektroadhäsive Systeme in [311] können unterschiedliche Elektrodengeometrien hergestellt werden. Eine Übersicht der für Untersuchungen genutzten Referenzgeometrien ist in Bild 79 dargestellt. Für Versuche zur Beurteilung der Greifleistung werden neben der Struktur der Elektroden zunächst zwei unterschiedliche Materialien zur Umsetzung genutzt. Die Strukturen werden im aktivierten Zustand mit einem EMOC-DC-Wandler vom Typ FS40-12 der Firma XP Power mit einer Gleichspannung von 4 kV versorgt.

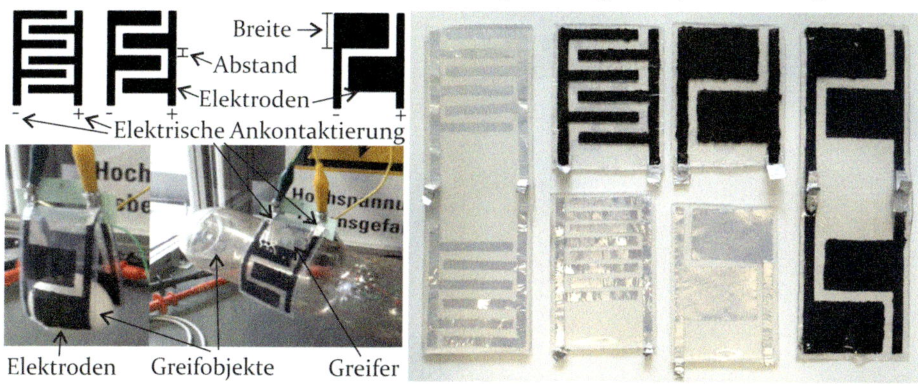

Bild 79: Für Versuche zur Bestimmung der Greifleistung elektroadhäsiver Strukturen werden Breite und Abstand der alternierend kontaktierten Elektrodenstrukturen sowie das Elektrodenmaterial selbst variiert.

Ein in Bild 80 dargestellter Auszug von Versuchsergebnissen zu unterschiedlichen Konfigurationen zeigt die Abhängigkeit des maximal möglichen Gewichts eines Testobjekts in Bezug auf das Verhältnis der Elektrodenbreite und des Elektrodenabstands. Das Greifsystem wird bei diesen Tests im inaktiven Zustand manuell am Greifobjekt positioniert, bis die Greifelemente die größtmögliche Überdeckung mit dem jeweiligen Greifobjekt haben. Danach wird die beschriebene Spannung zur Aktivierung des Systems angelegt und der Greifer mit dem Testobjekt mit einem nicht leitfähigen Faden manuell nach oben gezogen. Dabei wird ersichtlich, dass sich mit Elektrodenstrukturen aus Grafitfett auf einem Elastosil-P7670-Substrat im Vergleich zu Aluminiumfolie als Elektrodenmaterial leicht bessere Greifergebnisse erzielen lassen. Dies ist auf eine beobachtbar höhere Flexibilität der Greifelemente und in der Folge auf eine bessere Anpassung an die Oberfläche von Greifobjekten mit einer stärkeren Polarisation dieser zurückzuführen.

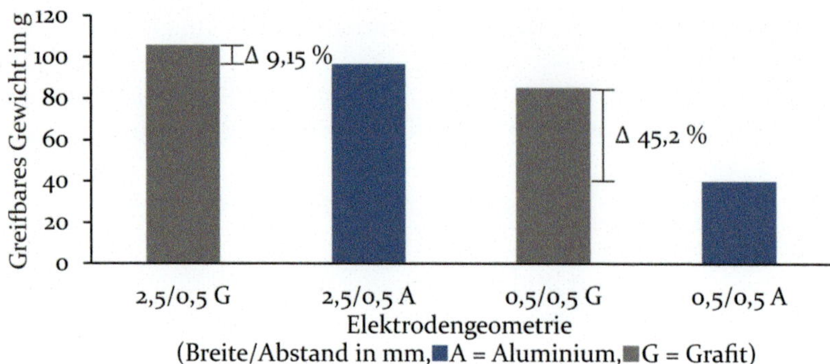

Bild 80: Weiche Elektrodenstrukturen aus Grafitfett zeigen durch eine bessere Anpassungsfähigkeit an Greifobjekte eine bessere Greifleistung im Vergleich zu Systemen mit Aluminiumelektroden. Nach [S30]

7.1.2 Aufbau eines elektroadhäsiven Greifsystems mit aerosol-jet-gedruckten rGO-Elektroden

Ausgehend von den im Vorangegangenen beschriebenen Erkenntnissen können elektroadhäsive Strukturen mittels Aerosol-Jet-Druck hergestellt werden. Für Versuche zur Herstellung dieser Strukturen wird ein rein ultraschallbasierter Atomizer genutzt. Daher wird entsprechend der Beschreibung in Kapitel 5 ein Tintensystem mit einer für diesen Atomizertyp maximal nutzbaren Mischung von 3 mg rGO zu einem 1-ml-Lösungsmittel gewählt. Der Lösungsmittelanteil besteht aus einer 9:1-Mischung von 2-Propanol und Terpineol. Mit einem angepassten Druckmuster werden jeweils zwei Elektrodenelemente für eine Parallelgreiferanordnung nach der schematischen Darstellung in Bild 81 links hergestellt.

Als Substrat wird eine 15 µm starke Polyethylen-Folie bedruckt. Die Testelektrodenstrukturen haben eine Länge von 8 cm und eine Breite von 3 cm. Bei einer Vorschubgeschwindigkeit von 0,15 mm/s ergeben sich ohne zusätzliches Ausheizen klar definierte Druckstrukturen mit einer Linienbreite von 600 µm. Diese werden, wie in Bild 81 dargestellt, in einem Abstand von 25 mm aufgedruckt. Die Druckbahnen werden zweifach überdruckt und zeigen bei einer Vierpunktmessung mit einem Abstand der Messspitzen von jeweils 2,8 mm Widerstandswerte im Bereich von 20 MΩ. Die Herstellungsdauer beträgt insgesamt zwei Stunden und 15 Minuten, wobei nach jeweils 30 Minuten Druckzeit Unterbrechungen zum Nachfüllen neuer Tinte in den Ultraschallatomizer notwendig sind. Die Strukturen können anschließend entweder mit Elastosil P7670 in mehreren 30 µm starken Lagen im Aerosol-Jet-Druck überdruckt werden oder mit einer

Schicht zuvor manuell gemischtem Elastomer vom gleichen Typ übergossen werden. Beides führt zu einer Schutzschicht für die Elektroden gegen mechanischen Abrieb. In den beschriebenen Systemen bilden die Silikonschichten den mechanischen Schutz auf der dem Greifobjekt abgewandten Fläche. Mit dem so hergestellten flexiblen Parallelgreifsystem können Testobjekte, beispielsweise aus Papier, mit einer Masse von 2,89 g angehoben und bei einer Entladung der Elektrodenstrukturen wieder abgeworfen werden. Die so hergestellten Systeme zeigen die grundsätzliche Nutzbarkeit des Aerosol-Jet-Drucks zur Herstellung flexibler elektroadhäsiver Strukturen. Die im Vergleich zu den anderen untersuchten Elektrodenkonfigurationen geringere Greifleistung lässt sich auf den Rückgang der Greifleistung bei dünneren Elektrodenstrukturen zurückführen. Dieser Effekt wird unter anderem auch in den im vorangegangenen Abschnitt dargestellten Experimenten beobachtet. Wird zur Herstellung solcher Elemente zukünftig ein Hybridatomizer genutzt, können zeiteffizient größere Elektrodenstrukturen zusammen mit flexiblen Polymerschichten zu angepassten elektroadhäsiven Strukturen kombiniert und additiv in flexible Systeme integriert werden.

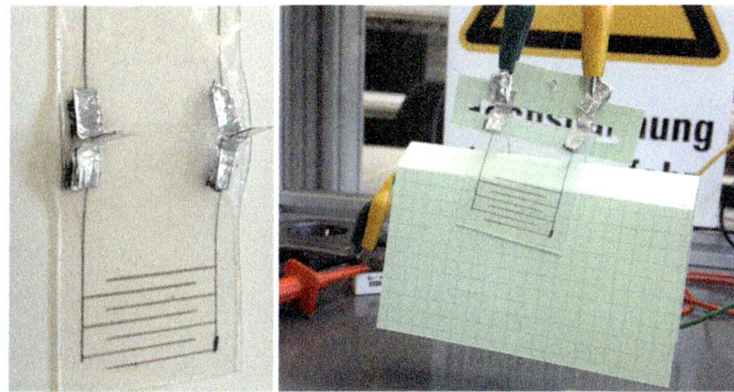

Bild 81: Aufgrund langer Herstellungszeiten mit einem zum Umsetzungszeitpunkt verfügbaren Ultraschallatomizer können nur dünne Elektrodenstrukturen mit einer entsprechend verringerten elektroadhäsiven Greifleistung hergestellt werden.

7.2 Additive Fertigung von Dielektrischen-Elastomer-Sensoren mittels Aerosol-Jet-Druck

Die erste beispielhaft dargestellte Anwendung des entwickelten Herstellungsansatzes im Bereich Dielektrischer Elastomere ist die Herstellung von Sensoren. Eine mathematische Beschreibung der wesentlichen Effekte bei der Nutzung Dielektrischer Elastomere als Sensoren sowie eine Übersicht der grundlegenden Eigenschaften dieser flexiblen mechatronischen Komponenten ist in Kapitel 2 im Stand der Technik dargestellt. Im Folgenden wird die Herstellung von Dehnungssensoren beschrieben. Dabei handelt es sich im Hinblick auf den topologischen Aufbau von Dielektrischen-Elastomer-Sensoren um eine vergleichsweise wenig komplexe Konfiguration. Es wird lediglich eine dielektrische Schicht benötigt, die von zwei Elektroden eingeschlossen wird. Voraussetzung zur Umsetzung dieses Sensortyps ist die Fähigkeit zum Ertragen aufgeprägter elastischer Verformungen der hergestellten Elektrodenstrukturen und der Dielektrika.

7.2.1 Herstellung einer Sensorgeometrie zur Dehnungsmessung

Im Folgenden wird der Aerosol-Jet-Druck der wesentlichen Komponenten Dielektrischer-Elastomer-Sensoren zur unidirektionalen Dehnungsmessung mit einem Freiheitsgrad beschrieben. Die Systeme basieren auf Erkenntnissen aus Versuchsreihen zur Herstellung von Sensoren, deren Durchführung in [S31, S26] beschrieben wird.

In Vorversuchen werden zunächst Systeme auf der Basis von Elastomer-Folien vom Typ Elastosil Film 2030/20 der Firma Wacker hergestellt. Die Folien, die als Dielektrikum genutzt werden, haben eine Dicke von 20 µm und eine relative Permittivität ε_r von 2,8. Sie werden auf einer PE-Trägerfolie bereitgestellt [312]. Auf diese Elastosil-Film-Folien werden rGO-Elektrodenstrukturen mit einem ultraschallbasierten Atomizer aufgedruckt. Dabei wird die bereits im Vorangegangenen beschriebene rGO-Tinte mit einem Mischungsverhältnis von 3 mg/ml genutzt. Die Folie wird zunächst einseitig bedruckt, mit einem Kontaktstreifen aus Aluminium mit Grafitfett belegt und dann manuell mit Elastosil P7670 vergossen. Anschließend wird die Trägerfolie von der Rückseite der zuvor hergestellten Struktur entfernt und der Prozess für das zweite Elektrodensystem wiederholt. Aus der gedruckten Elektrodenfläche von 4 cm mal 1 cm ergibt sich nach Gleichung (1) eine erwartete Kapazität C im Bereich von 500 pF. Kapazitätsmessungen mit einem Multimeter der Firma Benning vom Typ MM11 mit einer Konstantstromquelle ergeben an zwei derart hergestellten Sensoren Kapazitäten von 326 pF beziehungsweise 228 pF. Die Kombination aus Aluminiumkontakten und rGO-Partikelelektroden führt also zu einer deutlich geringeren messbaren Kapazität. In weiteren Versuchen wird zur einfachen Handhabung eine gegossene 2 mm starke Silikonschicht aus Elastosil P7670 als Substrat verwendet. Allerdings werden sowohl die Elektroden als auch das Dielektrikum sowie eine obere isolierende Schicht eines Dielektrischen-Elastomer-Sensors im Aerosol-Jet-Druck hergestellt. Der Aufbau eines solchen Sensors ist schematisch in Bild 82 dargestellt. Zur Elektrodenherstellung wird ein Hybridatomizer mit den in Kapitel 5.3.3 beschriebenen Prozessgasparametern und dem ebenfalls beschriebenen Lichtheizsystem bei einer Vorschubgeschwindigkeit v von 4 mm/s mit einer rGO-Tinte im Mischungsverhältnis 5:1 mit der bereits beschriebenen Lösungsmittelkombination verwendet. Die Druckbahnen werden mit einem Bahnabstand b_{Abs} von 200 µm mit einer 1 mm-Durchmesser-Runddüse und einer P-Strategie zur Aufbringung der Druckbahnen in Richtung der späteren Zugrichtung der Sensoren gedruckt. Bei zwei Überfahrten zeigen die so hergestellten Elektrodenstrukturen Gesamtwiderstände R_S von unter 500 kΩ. Das Dielektrikum, bestehend aus gedruckten Elastosil-P7670-Schichten, wird bei einem kombinierten Materialdurchsatz Out_{AB} von 5 mg/min hergestellt. Beiden Ausgangskomponenten ist jeweils 15 % Silikonöl von Typ AK 100 der Firma Wacker mit einer Viskosität von 100 mPas und einer relativen Permittivität von 2,73 beigemengt [313, 314]. Bei einem Bahnabstand von 250 µm ergibt sich eine theoretische Schichtdicke $\bar{h}$ von 16,8 µm, die gut mit Messungen entsprechender Proben mit einem konfokalen Lasermikroskop korreliert. Die Vernetzung der gedruckten Strukturen wird nach jeder Lage durch die Nutzung des in die Anlage integrierten Lichtheizsystems unterstützt. Es werden insgesamt zehn Lagen übereinander gedruckt. Aus der Elektrodenfläche von 6 cm mal 1,5 cm ergibt sich mit einer durch die Silikonölbeimengung herabgesetzten relativen Permittivität von 2,96 eine rechnerische Kapazität C von 140 pF.

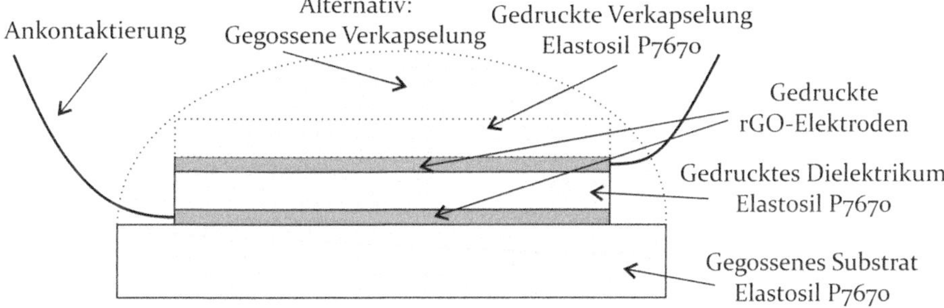

Bild 82: Zum Aufbau eines Dehnungssensors werden auf eine Elastomerträgerfolie Elektroden und ein Dielektrikum mittels Aerosl-Jet-Druck aufgebracht. Die Verkapselung des Sensors kann abschließend durch manuelles Vergießen des Sensors oder durch Aufdrucken einer Elastomerschicht erzeugt werden.

7.2.2 Messung von Deformationen mit additiv gefertigten Dielektrischen-Elastomer-Sensoren

Im nachfolgenden Abschnitt werden Ergebnisse von Dehnungsmessungen an einem aerosol-jet-gedruckten Dielektrischen-Elastomer-Sensor dargestellt. Die Ergebnisse basieren auf der Auswertung von Versuchen, die in

[S26] beschrieben werden. Bei dem untersuchten System handelt es sich um den Sensor, dessen Herstellung im vorangegangenen Kapitel beschrieben wurde. Zur Auswertung wird eine Messschaltung der Firma Leap Technologies mit einer Konstantstromquelle zur Kompensation der sich ändernden Elektrodenwiderstände genutzt. Das Messsystem kann auch zur Auswertung kommerziell verfügbarer Dielektrischer-Elastomer-Sensoren genutzt werden [P6]. Zur Messung regt das System eine Kapazität als Element eines Schwingkreises mit einem Messsignal von 100Hz bis 800Hz an und erreicht eine Messauflösung von 1 pF. Im Ausgangszustand kann mit der Messschaltung eine Kapazität *C* von 62 pF gemessen werden. Dieser Wert liegt, wie auch bei den anderen in Kapitel 7.2.1 dargestellten Kapazitäten, mit aerosol-jet-gedruckten rGO-Elektroden deutlich unter der theoretisch erwarteten Größe der Kapazität von 140 pF. Zur Dehnungsmessung wird der Sensor jeweils innerhalb der beiden Aluminiumkontakte mechanisch geklemmt und dann schrittweise deformiert. Der Verlauf des Messsignals bei einer kontinuierlichen Dehnung des Sensors um maximal 18 % in Bezug auf die Ausgangslänge ist in Bild 83 dargestellt. Ausgehend von einem Wert von 64,437 pF nach der Einspannung in den Zugprüfstand stellt sich eine maximal gemessene Kapazität von 82,169 pF ein. Neben der erwarteten Zunahme der Peak-Werte des Messsignals bei steigender Auslenkung des Sensors ist weiterhin zu erkennen, dass die Ladezeiten bei der Anregung durch die Messschaltung steigen. Werden die starren Ankontaktierungen durch Kontaktstellen aus Graphitfett ersetzt, können vergleichbare Sensoren um 80 % gedehnt werden und zeigen ihre Ausgangskapazität nach der elastischen Deformation. Allerdings sind die Messsignale bei dieser einfachen Ankontaktierung während einer Deformation stark

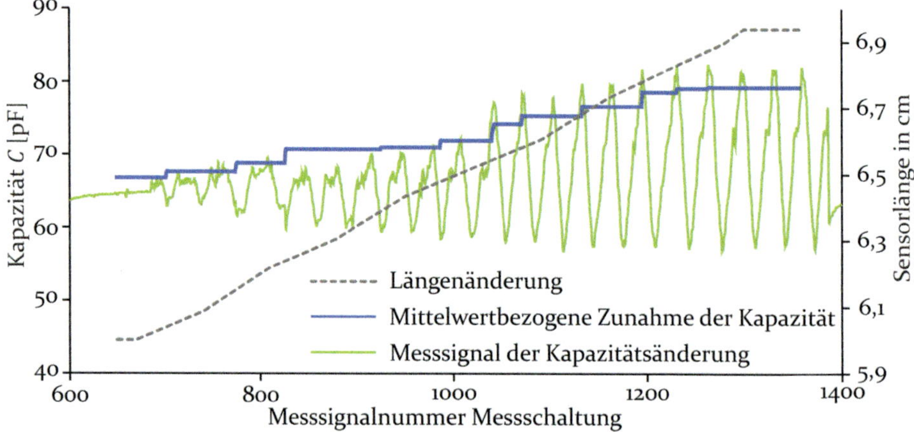

Bild 83: Mit zunehmender Dehnung lässt sich eine ansteigende Kapazität an einem aerosol-jet-gedruckten Dielektrischen-Elastomer-Sensor messen. Nach [S26]

rauschbehaftet. Wie in Bild 84 dargestellt, können mit dem einfachen Aufbau auch moderate Druckbelastungen zumindest als Trend detektiert werden. Bei der sukzessiven Belastung des Sensors auf einer 6 cm^2 großen Fläche in der Mitte des Sensors steigt die gemessene Kapazität leicht an. Bei einem Endwert der Flächenlast von 1620 g steigt die gemessene Kapazität C von einem Ausgangswert von 79,96 pF auf 84,56 pF. Im Verlauf der Kurve sind die Gewichtsänderungen mit dem Auflegen und der Stabilisierung des Sensorsignals erkennbar.

7.3 Herstellung gestapelter Dielektrischer-Elastomer-Aktoren in einem Prozessgerät

Analog zu sensorischen Komponenten sollen mit dem beschriebenen neuartigen Herstellungsverfahren ebenfalls Dielektrische-Elastomer-Aktoren mittels Aerosol-Jet-Druck hergestellt werden. Das in der vorliegenden Untersuchung entwickelte Verfahren hat insbesondere auch die additive Herstellung gestapelter Strukturen zum Ziel. Dabei ist der Druck auf zuvor hergestellte Lagen mit einem jeweils anderen Material notwendig. Zusätzlich verschiebt sich mit jeder gedruckten Struktur die Druckebene und es wird ein potenziell elastisches Substrat bedruckt. Die nachfolgend beschriebenen Versuche zeigen dazu die grundlegende Anwendbarkeit des Ansatzes bei der kontaktlosen, programmierten Erstellung von rGO-Elektroden und Silikondielektrika. Die Herstellung von mechanischen und elektrischen Schnittstellen sowie das Drucken weiterer peripherer Elemente, wie beispielsweise einer Kapselung, wird jedoch noch nicht eingehend betrachtet. Die Herstellung der dargestellten Demonstratoren basiert auf Versuchsrei-

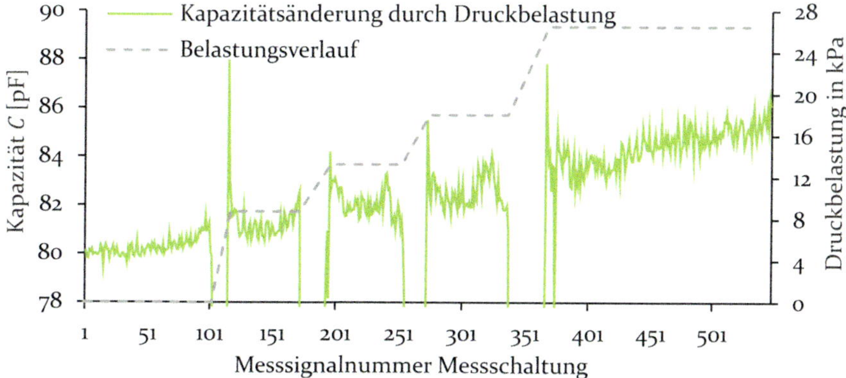

Bild 84: Im Verlauf der Messsignale einer kommerziellen Leap-Auswerteschaltung für Dielektrische-Elastomer-Sensoren ist die schrittweise Erhöhung einer Druckbelastung auf einen Sensor erkennbar. Nach [S26]

hen, deren Durchführung in [S6, S7, S23] beschrieben wird. Die Erkenntnisse zur erstmaligen Herstellung eines gestapelten Dielektrischen-Elastomer-Aktors mittels Aerosol-Jet-Druck sind weiterhin in [P7] zusammengefasst.

7.3.1 Aufbauprinzip eines prototypischen aerosol-jet-gedruckten Stapelaktors

In den vorangegangenen Kapiteln wurde die Herstellung Dielektrischer-Elastomer-Sensoren beschrieben. Für die notwendigen topologischen und strukturmechanischen Eigenschaften, die sich aus der Anwendung solcher Systeme ableiten, sind von außen aufgeprägte Kräfte maßgeblich. Diese Kräfte liegen in der Regel um Größenordnungen über dem notwendigen Mindestwert zur elastischen Deformation der Systeme. Somit ist lediglich eine Robustheit gegenüber einer mechanischen Beanspruchung sowie eine Kapselung der Partikelelektroden notwendig. Im Gegensatz dazu wird die aktive Deformation in der aktorischen Anwendung durch den erzeugten elektrostatischen Druck definiert. Somit ist die resultierende Deformation eines Aktors maßgeblich vom Verhältnis der aktiven dielektrischen Strukturen zwischen den Elektroden zu weiteren passiven elastischen Elementen, wie beispielsweise einer Kapselung, abhängig. Der Anteil der passiven Elemente sollte somit möglichst gering sein. Als Basissubstrat wird daher bei Versuchen zur Herstellung Dielektrischer-Elastomer-Aktoren eine Silikonfolie vom Typ Elastosil Film 2030/20 der Firma Wacker genutzt. Diese Elastomer-Folie mit einer Schichtdicke von 20 µm wirkt einer aktiven Deformation deutlich geringer entgegen als beispielsweise gegossene 2 mm starke Basisschichten. Weiterhin beeinflussen die freie Lagerung oder der Kontakt zu anderen Objekten die Bewegung eines Aktors. Wie in Bild 85 rechts dargestellt, wird die Elastosil-Film-Folie daher zunächst von ihrer Trägerfolie abgelöst in eine kreisförmige Teflonaufnahme eingebracht. Darauf aufgebrachte Aktorstrukturen müssen somit nur die an den Rändern gehaltene Folie elastisch mitverformen. Adhäsionskräfte über die gesamte Fläche der Folie zu anderen Objekten spielen bei dieser Lagerung hingegen keine Rolle.

Der weitere Aufbau des Demonstrators eines aerosol-jet-gedruckten Dielektrischen-Elastomer-Aktors ist in Bild 85 links dargestellt. Auf der Substratfolie befindet sich eine erste Elektrodenschicht. Diese wird so angeordnet, dass sie sich mit einem Teil einer dafür vorgesehenen Kontaktfläche über einem Anschlusselement aus Kupfer befindet. Die Kupferanschlüsse für die beiden Potenziale sind bereits in die Teflonhalterung integriert und liegen auf der Elastosil-Film-Folie auf. Über der Elektrodenschicht befindet sich das erste Dielektrikum aus Elastosil P7670. Auf diese Silikonlage wird wiederum eine zweite Elektrodenschicht aufgebracht, die allerdings mit einer Kontaktfläche über dem zweiten Kupferkontaktelement gedruckt und somit alternierend kontaktiert wird. Weiterhin wurden nach dem gleichen Muster ein weiteres Dielektrikum und eine dritte Elektrode integriert. Durch die Kontaktierung der dritten Elektrode mit der ersten Elektrode und der Kontaktfläche entsteht ein gestapeltes System aus zwei Dielektrischen-Elastomer-Aktoren.

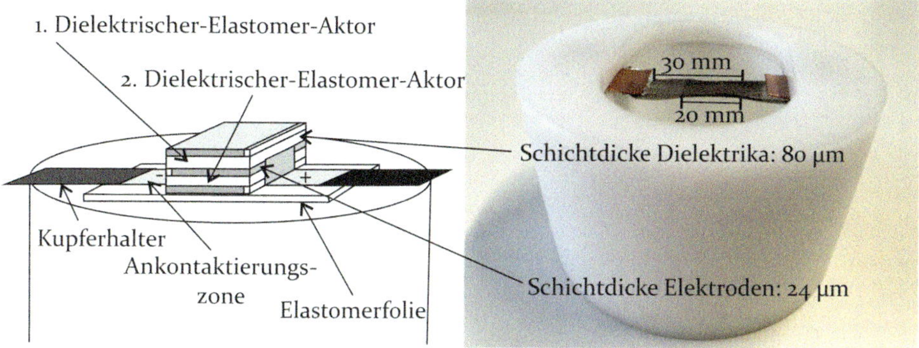

Bild 85: Durch den sequentiellen Druck von Elastomer- und rGO-Elektrodenschichten mit einer alternierenden Ankontaktierung kann ein Stapel aus zwei Aktorzellen hergestellt werden.

7.3.2 Herstellung und Aktivierung gestapelter Aktorstrukturen

Zur Umsetzung des im Vorangegangenen beschriebenen Aufbauschemas wird eine zugeschnittene Elastosil-Folie in einer Teflonhalterung aufgespannt. Dabei wird lediglich eine geringe mechanische Vorspannung genutzt, um die Folie faltenfrei zu halten. Anschließend wird eine rGO-Tinte mit dem bereits zuvor dargestellten Lösungsmittel aus 2-Propanol und Terpineol mit einer rGO-Beimengung von 3 mg/ml mit einem ultraschallbasierten Atomizer verdruckt. Die Elektrodenfläche hat dabei eine Größe von 14 mm mal 7 mm. Die Position der Elektrode wird so programmiert, dass ein 10 mm breiter Bereich der ersten Kupferkontaktierung mit überdruckt wird. Der Bahnabstand b_{Abs} mit einer Runddüse mit einer 1 mm-Öffnung beträgt bei der Elektrodenherstellung 100 µm für eine starke Überlagerung der Druckbahnen bei einer Vorschubgeschwindigkeit v von 0,1 mm/s. Die Druckbahnen verlaufen dabei ausschließlich in Längsrichtung zwischen den Kupferkontakten. Eine Elektrode wird aus jeweils sechs Drucklagen hergestellt, wodurch sich eine erwartete Schichtdicke der Elektroden im

Bereich von 24 µm ergibt. Die Verdampfung der Lösungsmittelanteile wird dabei von einem integrierten Lichtheizsystem unterstützt. Anschließend wird die erste Elektrode mit einer 20 mm mal 15 mm messenden dielektrischen Struktur überdruckt. Dabei wird ein kombinierter Materialdurchsatz Out_{AB} von 4 mg/min für Elastosil P7670 eingestellt. Bei einem Bahnabstand von 250 µm und einer Vorschubgeschwindigkeit von 5 mm/s ergibt sich eine Schichtdicke $\bar{h}$ von 40 µm. Insgesamt werden zwei Überfahrten zur Realisierung des Dielektrikums mit einer Gesamtdicke im Bereich von 80 µm durchgeführt. Da zum Zeitpunkt der Versuche kein Lichtheizsystem für die Vernetzungsunterstützung der Silikonlagen zur Verfügung steht, werden die Proben nach jeder Drucklage in einem externen Ofen für drei Minuten bei einer Temperatur von 413° K beheizt. Die beschriebenen Prozessschritte werden weiter zur Herstellung einer zweiten und dritten Elektrode beziehungsweise zum Druck eines zweiten Dielektrikums wiederholt. Abschließend werden die nicht bedruckten Bereiche der Substratfolie mit einem Skalpell abgeschnitten, sodass der fertige Aktor aus zwei Dielektrischen Elastomeren nur noch im Bereich der kupfernen Zuleitungen gehalten wird.

Für das Gesamtsystem wird mit einem Benning-Multimeter von Typ M11 eine Kapazität von 22 pF für jeweils eine DEA-Lage gemessen. Wie bei den im vorherigen Kapitel dargestellten Systemen mit rGO-Partikelelektroden liegt dieser Wert unter dem berechneten Wert von 49,8 pF pro Lage, da sich die porösen Elektroden nicht wie ein idealer, feldfreier Leiter verhalten. Ein so hergestellter Aktor kann mittels einer Hochspannungsquelle vom Typ FS40-12 der Firma XP Power mit einer maximalen Spannung von 3,1 kV beaufschlagt werden, bevor in den Randbereichen Überschläge erkennbar werden. Diese führen schließlich bei einer weiteren Steigerung der Spannung zu einer Zerstörung des Systems. Wird ein solcher Aktor zyklisch beispielsweise mit einer Frequenz von 1 Hz ge- und entladen, ist eine Deformation für einen Beobachter ohne weitere Hilfsmittel gut erkennbar. Eine Auswertung von Videoaufnahmen lässt im mittleren Bereich des Aktors eine Änderung der Breite um 6 % erkennen. Aufgrund von überlagerten Effekten kann die potenzielle Änderung zwischen den Kupferkontakten dabei nicht erfasst werden. Bild 86 zeigt die Überlagerung des inaktiven und des aktiven Zustands nach einer Flächenzunahme aufgrund der Kompression der dielektrischen Schichten an einem Dielektrischen-Elastomer-Aktor, dessen wesentliche Strukturelemente, Elektroden und Dielektrikum, mit der beschriebenen Versuchskinematik zum Aerosol-Jet-Druck von RTV2-Silikonen und Partikeltinten hergestellt wurden.

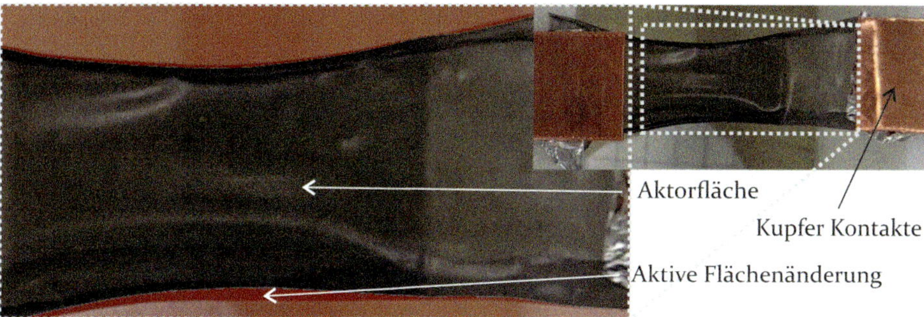

Bild 86: Eine Überlagerung von Bildern eines Aktors aus zwei Zellen zeigt im dunkelroten Bereich die reversible Flächenänderung von 6 % bei einer zyklischen Aktivierung mit einer Einsatzspannung von maximal 3.1 kV.

Zusammenfassend kann festgestellt werden, dass mit dem beschriebenen neuartigen Fertigungsansatz flexible mechatronische Komponenten und insbesondere Dielektrische-Elastomer-Aktoren und -Sensoren hergestellt werden können. Die prototypisch umgesetzten Sensoren können zyklisch beansprucht werden und zeigen mit ihrer maximal ertragbaren Dehnbarkeit von 80 % vergleichbare Werte wie die im Stand der Technik beschriebenen, kommerziell erhältlichen Komponenten von Stretchsense oder von LEAP Technology [97]. Weiterhin ist die Herstellung von Drucksensoren möglich. Der dargestellte aktorische Demonstrator bleibt mit den realisierten Schichtdicken deutlich von erzielbaren Werten entfernt, welche in den vorangegangenen Abschnitten für die Herstellung der einzelnen Strukturelemente mittels Aerosol-Jet-Druck beschrieben werden. Auch die erzielte Flächenänderung von 6 % liegt weit unter dem in Tabelle 1 dargestellten Durchschnittswerts des Standes der Technik von 60 %. Während für Dielektrische Elastomere in [198, 199] der Inkjet-Druck von Elektroden, in [186] ein stereolithografisches Verfahren zur Herstellung von Silikonlagen und in [187] der Inkjet-Druck von Silikondielektrika beschrieben werden, handelt es sich bei dem hier vorgestellten Aktor um ein gestapeltes System, das vollständig mit Elektroden und Dielektrika mit einem integrierten, digitalen, additiven Fertigungsprozess hergestellt ist. In [204] wird ebenfalls ein integrierter digitaler Prozess für die additive Fertigung von Elektroden und Dielektrika für Aktoren mit einer Schichtdicke der Dielektrika von 80 µm beschrieben. Als Prozessgrenzen werden für die Silikonlagen in [204] 30 bis 100 µm für die Schichtdicke und eine maximale Vorschubgeschwindigkeit von 10 bis 15 mm/s angegeben. Diese Werte reichen nicht an die im Aerosol-Jet-Druck erreichten Schichtdicken von 7 µm und die mögliche Druckgeschwindigkeit von 30 mm/s heran.

8 Zusammenfassung und Ausblick

Wie im Stand der Technik dargestellt, besteht ein großer Bedarf an flexiblen mechatronischen Komponenten zur Umsetzung neuartiger Robotersysteme und mechatronischer Assistenten. Gerade Dielektrische Elastomere in gestapelten und gegebenenfalls komplex geformten Konfigurationen zeigen hier ein großes Potenzial, um integrierte und für unterschiedliche Anwendungen optimierte Komponenten für elastische mechatronische Lösungen zur realisieren. Allerdings zeigt eine Spiegelung wünschenswerter Eigenschaften und Kenngrößen solcher Systeme, mit den Möglichkeiten im Stand der Technik beschriebener Fertigungsansätze solche Kenngrößen zu realisieren, einen Handlungsbedarf zur Erforschung neuer Herstellungsprinzipien. Der Aerosol-Jet-Druck kann hier als neuer Ansatz für die beiden wesentlichen Strukturelemente Dielektrischer Elastomere genutzt werden.

Zur Realisierung von Elastomerschichten als Dielektrika auf der Basis von Polydimethylsiloxanen kann das Fertigungsprinzip für Varianten mit zwei Ausgangskomponenten eingesetzt werden. Somit wird ein breites Spektrum möglicher Werkstoffe von UV-vernetzenden Systemen bis hin zu RTV2-Silikonen erschlossen. Am Beispiel des Elastomers Elastosil P7670 lässt sich zeigen, dass mit einem solchen Fertigungssystem mit zwei getrennten, pneumatischen Aerosol-Erzeugungen und thermisch geregelten Prozesskammern auch die Verarbeitung höherviskoser Ausgangskomponenten und das Verdrucken von Silikonbahnen durch eine einzige Druckdüse möglich ist. Durch die Beimengung von kompatiblen Silikonölen lässt sich weiterhin der Elastizitätsmodul gedruckter Silikonstrukturen herabsetzen sowie der Materialdurchsatz positiv beeinflussen. Ein einfaches Prozessmodell zeigt hier, dass sich Wirkflächen von Prozessparameterkombinationen hinsichtlich des Materialdurchsatzes über relativ große Bereiche des Parameterraums, beispielsweise der beiden Prozessgasvolumenströme des Atomizer- und Exhaustgases, erstrecken. Somit können in dem komplexen, gekoppelten System von zwei Aerosol-Erzeugungen zum einen Parametersätze identifiziert werden, die aufgrund ausgeglichener Systemdrücke zwischen den Systembereichen für Komponente A und B ein langzeitstabiles Druckverhalten über mehrere Stunden erlauben. Daneben können für gewünschte Werte des Materialdurchsatzes Prozessparameter mit möglichst niedrigen Volumenströmen identifiziert und so die Qualität der erzeugten Drucklagen verbessert werden. Ausgehend von diesem beschreibbaren Systemverhalten lassen sich Werte für einen gewünschten Materialdurchsatz einstellen. Damit kann durch die Integration der Prozesskomponenten zur Aerosol-Erzeugung in eine Kinematik mit vier Freiheitsgraden ein 2,5D-Drucksystem realisiert werden. Auf der Basis der drei wichtigen Prozessparameter Materialdurchsatz, Druckbahnabstand und Vorschubgeschwindigkeit könnten Druckstrategien entwickelt werden, um Silikonschichten mit Dicken bis zu minimal 7 µm mit einer frei programmierbaren Kontur herzustellen, mittels eines integrierten Lichtheizsystems zu vernetzen und schließlich zu stapeln. Dabei kann trotz der hohen Schichtauflösung von 7 µm aufgrund des relativ hohen Materialdurchsatzes eine Gesamthöhe von 1 cm innerhalb von 6 Stunden an einem beispielhaften Quader erreicht werden. Der frei programmierbare Aerosol-Jet-Druck von RTV2-Silikonen kombiniert also die Fähigkeit zur Herstellung dünner Schichten mit einer, relativ zu anderen Verfahren, kurzen Prozessdauer in einem einzigen Prozessgerät.

Durch die Integration einer weiteren Aerosol-Erzeugung in ein solches Drucksystem kann die Herstellung elastischer Elektrodensysteme ermöglicht werden. Die Nutzung von Partikeltinten auf der Basis von reduziertem Graphenoxid (rGO) zeigt dabei dann eine insgesamt bessere Eignung zur Herstellung elastischer Elektroden als der Einsatz von Tinten mit Carbon Nano Tubes. Von besonderer Bedeutung bei der Auslegung von Tintensystemen für den sequentiellen Druck auf gerade vernetzende Silikonlagen ist der Verzicht auf chemische Stabilisatoren in den Tinten. Somit kann ein negativer Einfluss auf den Vernetzungsgrad der Silikonlagen vermieden werden. Um einer schnellen Entmischung alkoholbasierter rGO-Partikeltinten ohne Stabilisatoren entgegenzuwirken, bietet sich die Nutzung einer ultraschallbasierten oder ultraschallunterstützten Aerosol-Erzeugung an. Mittels eines Hybridatomizers, der eine pneumatische und eine ultraschallbasierte Aerosol-Erzeugung kombiniert, kann eine zeiteffiziente Herstellung von flächigen Leiterbildern als Elektroden realisiert werden, wobei sich die Herstellungsdauer im Vergleich zu den im Stand der Technik beschriebenen, rein ultraschallbasierten Systemen deutlich verkürzt. In Bezug auf die Grundfläche des Dielektrikums können mit einem Hybridatomizer vergleichbare Druckzeiten im Bereich von einer Minute pro 1 cm^2 erreicht werden. Die Druckstrategie von gekreuzten Druckbahnen in zwei Lagen einer Elektrode führt dabei auf Elektrodensysteme, die sich wiederholt auf bis zu 100 % elastisch verformen lassen und nach einer Deformation auf ihre, über die Druckgeschwindigkeit und den Druckbahnabstand einstellbare, Leitfähigkeit im Bereich mehrerer 10 kΩ bis zu einem Megaohm zurückkehren.

Weiterhin kann der verbesserte Materialdurchsatz eines Hybridatomizers genutzt werden, um den im Vorangegangenen beschriebenen sequentiellen Prozess der Herstellung von dielektrischen und leitfähigen Schichten als Monomaterialsystem hin zu einem Direktdruck von gefüllten Polymerschichten als Elektroden weiterzuentwickeln. Dabei werden die Ausgangskomponenten A und B eines Elastomers sowie eine Partikeltinte weiterhin in getrennten Prozesskammern in ein Aerosol überführt. Allerdings werden anschließend die drei zuvor verdichteten Aerosolströme durch eine Druckdüse verdruckt. Damit lassen sich mit Graphen gefüllte Polymerlagen realisieren, die bei momentan hohen Füllgraden von über 60 % eine Leitfähigkeit im Megaohmbereich zeigen und sich bis zu 20 % deformieren lassen.

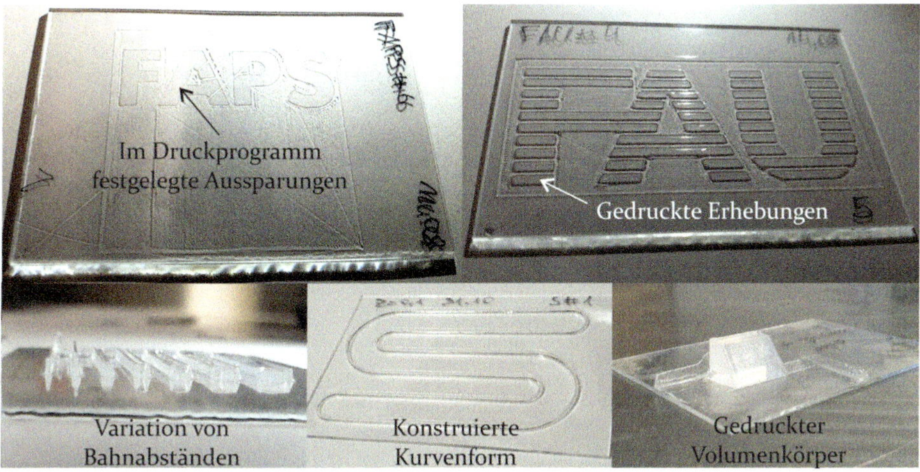

Bild 87: Durch den Einsatz einer Slicer-Software können aus CAD-Daten automatisch Druckprogramme für den Aerosol-Jet-Druck komplexer Silikonkörper abgeleitet werden.

Zukünftig können mit solchen gefüllten Polymermatrizen leitfähige Strukturen realisiert werden, die durch eine Vernetzungsreaktion mit ebenfalls gedruckten Elastomerdielektrika einen verbesserten strukturellen Zusammenhalt und somit eine bessere mechanische Belastbarkeit additiv gefertigter elastischer mechatronischer Komponenten erlauben. Davon unabhängig kann auf Basis der beschriebenen Forschungsarbeiten der 3D-Druck von reinen Elastomerschichten weiterentwickelt werden. Um, wie beispielhaft in Bild 87 dargestellt, beliebig geformte Körper, abgeleitet aus digitalen Konstruktionsdaten, herstellen zu können, müssen für den Aerosol-Jet-Druck von Elastomeren formale Prozessbeschreibungen für Slicing-Programme wie etwa Cura weiterentwickelt werden. Damit können verbesserte Strategien für Rand- und Füllbereiche von Volumenkörpern effizienter untersucht werden, als dies mit händisch erstellten Programmen zur Ansteuerung von Druckkinematiken erfolgen kann. Daneben bieten sich Parameterstudien zum Prozessverhalten des Aerosol-Jet-Drucks für weitere Silikonvarianten an. Beispielsweise kann durch die Verwendung eines UV-vernetzenden Werkstoffs mit nur einer Ausgangskomponente durch die Integration eines UV-Lichtsystems eine gesteuerte schichtbezogene Vernetzung realisiert und die Prozesskomplexität durch den Wegfall einer notwendigen Aerosol-Erzeugung gleichzeitig reduziert werden. Schließlich kann der Aerosol-Jet-Druck von Elastomeren durch die Entwicklung eines geeigneten Stützmaterials, das ebenfalls in ein Aerosol überführt werden kann, hin zu einem vollständigen additiven Fertigungsverfahren mit der Möglichkeit zur Realisierung von Überhängen weiterentwickelt werden.

Bei der Herstellung elastischer Elektrodensysteme auf der Basis von Monomateriallagen bietet sich ebenfalls die Weiterentwicklung der Ausgangstinten an. Hier können Parameterstudien zu weiteren Lösungsmitteln und Additiven durchgeführt werden, um die erreichbaren Leitfähigkeiten in Bezug auf die Druckdauer zu erhöhen. Weiterhin müssen aerosol-jet-gedruckte Elektrodenschichten noch eingehender hinsichtlich der Schichthomogenität untersucht werden. Sowohl der Druck von Elektrodenstrukturen als auch die Herstellung von Dielektrika kann hinsichtlich einer Eignung zum Auftrag auf Freiformflächen untersucht und gegebenenfalls qualifiziert werden.

Insgesamt lässt sich aus den beschriebenen Erkenntnissen ein großes Potenzial des Aerosol-Jet-Drucks zur effizienten Herstellung von elastischen mechatronischen Komponenten mit reproduzierbaren Eigenschaften ableiten. Zunächst können topologisch einfachere Systeme realisiert werden. Die Fähigkeit zum Druck von Aktoren mit bionisch inspirierten Bewegungsmustern bei gleichzeitig geringem Bauraum lässt erste Anwendungen im Kontext der Medizintechnik vielversprechend erscheinen. Hierbei ist auch der Umstand einer Integration des Kernprozesses zur Herstellung in einem Prozessgerät nützlich. Zusammen mit der Verarbeitung von Werkstoffen, die für den Einsatz in Medizinprodukten zertifiziert sind, erscheint eine spätere Zulassung solcher Komponenten realistisch. Gleiches gilt für den Druck körpernah getragener Sensoren zur Deformationsdetektion. Mittelfristig können mit einer Weiterentwicklung der Fähigkeiten zur Stapelung von funktionellen Lagen auch leistungsfähige Aktoren für nachgiebige, dynamische, energieautarke und leichtbauende Robotersysteme sowie anpassungsfähige weiche Interaktionsflächen von mechatronischen Assistenten realisiert werden.

9 Summary and outlook

As shown in the state of the art, there is a great demand for flexible mechatronic components for the implementation of novel robot systems and mechatronic assistants. Especially dielectric elastomers in stacked and, if necessary, complex configurations show a great potential to realize integrated and for different applications optimized components for elastic mechatronic solutions. However, a comparison of desirable properties and parameters of such systems with the capabilities of realizing such parameters using state of the art manufacturing approaches shows a need for action to explore new manufacturing principles. The aerosol-jet-printing can be used here as a new approach for the two essential structural elements of dielectric elastomers.

To realize elastomer layers as dielectrics on the basis of polydimethylsiloxanes, the manufacturing principle can be used for variants with two starting components. This opens up a wide range of possible materials from UV-curing systems to RTV2-silicones. The example of the elastomer Elastosil P7670 shows that such a production system with two separate pneumatic aerosol generators and thermally controlled process chambers also allows the processing of higher-viscosity components and the printing of curable silicone layers through a single printing nozzle. By adding compatible silicone oils, the young's modulus of printed silicone structures can be reduced and the material throughput can be positively influenced. A simple process model shows that the areas of process parameter combinations with respect to material throughput extend over relatively large areas of the parameter space, for example the two process gas volume flows of the atomizer and exhaust gas. Thus, in the complex, coupled system of two aerosol generation processes, parameter sets can be identified which, due to balanced system pressures between the system areas for components A and B, allow a long-term stable printing behavior over several hours. In addition, process parameters with the lowest possible volume flows can be identified for desired values of the material throughput, thus improving the quality of the generated pressure layers. Based on this describable system behavior, values for a desired material throughput can be set. Thus, a 2.5-D printing system can be realized by integrating the process components for aerosol generation into a kinematic system with four degrees of freedom. On the basis of the three important process parameters material throughput, printing-path distance and feed speed, printing strategies can be developed to produce silicone layers with thicknesses down to 7 µm with a freely programmable contour. They can be cross-linked with an integrated light heating system and finally those structures can be stacked. Despite the high layer resolution of up to 7 µm, a total height of 1 cm can be achieved within 6 hours on an exemplary cuboid due to the relatively high material throughput. The freely programmable aerosol-jet-printing of RTV2-silicones thus combines the ability to produce thin films with a relatively short process time in a single processing unit.

By integrating a further aerosol generation unit in such a printing system, the production of elastic electrode systems can be enabled. The use of particle inks based on reduced graphene oxide (rGO) then shows an overall better suitability for the production of elastic electrodes than the use of inks with carbon nanotubes. The absence of chemical stabilizers in the inks is of particular importance when designing ink systems for sequential printing on silicone layers that are in the phase of crosslinking while being overprinted. Thus, a negative influence on the degree of crosslinking of the silicone layers can be avoided. In order to counteract the rapid segregation of alcohol-based rGO particle inks without stabilizers, the use of ultrasound-based or ultrasound-assisted aerosol generation is a suitable option. By means of a hybrid atomizer, which combines pneumatic and ultrasonic aerosol generation, a time-efficient production of flat conductive patterns as electrodes can be realized. The production time is significantly reduced compared to the purely ultrasonic-based system described in the state of the art. With regard to the footprint of the dielectric, comparable printing times in the range of one minute per 1 cm^2 can be achieved with a hybrid atomizer. The printing strategy of crossed printing lines in two layers of an electrode leads to electrode systems that can be repeatedly deformed elastically to up to 100 percent and, after a deformation, return to a conductivity of megaohm down to the range of several 10 kΩs, adjustable via the printing speed and the printing line distance.

In addition, the improved material throughput of a hybrid atomizer can be used to further develop the sequential process described above of producing dielectric and conductive layers as a monomaterial system towards direct printing of filled polymer matrices as electrodes. The initial components A and B of an elastomer as well as a particle ink again are converted into an aerosol in separate process chambers. However, the three previously compressed aerosol streams are then printed through a pressure nozzle. This enables graphene-filled polymer layers to be produced which, at currently high filling levels of over 60 percent, exhibit conductivity in the megohm range and can be deformed by up to 20 percent.

In the future, conductive structures can be realized with such filled polymer matrices, which, through a crosslinking reaction with elastomer dielectrics that are also printed, allow improved structural cohesion and thus better mechanical load-bearing capacity of additively manufactured elastic mechatronic components.
Independent of this, 3D printing of pure elastomer layers can be further developed on the basis of the research work described above. In order to be able to produce arbitrarily shaped bodies derived from digital design data, as shown in Figure 88, formal process descriptions for slicing programs such as Cura must be further developed for aerosol-jet-printing of elastomers. In this way, improved strategies for generating edges and filling areas of solids can be investigated more efficiently than can be done with manually created programs for controlling pressure kinematics.
In addition, parameter studies on the process behavior of the aerosol-jet-printing for other silicone variants can be carried out. For example, by using a UV-curing material with only one starting component, controlled layer-wise cross-linking can be realized by integrating a UV light system, and the process complexity can be reduced at the same time by eliminating the need for one aerosol generation pipeline. Finally, the aerosol-jet-printing of elastomers can be further developed towards a complete additive manufacturing process with the possibility of realizing overhangs by developing a suitable support material, which can also be converted into an aerosol.
For the production of elastic electrode systems on the basis of mono-material layers, the further development of starting inks is also an option. Here, parameter studies on further solvents and additives can be carried out in order to increase the achievable conductivities in relation to the

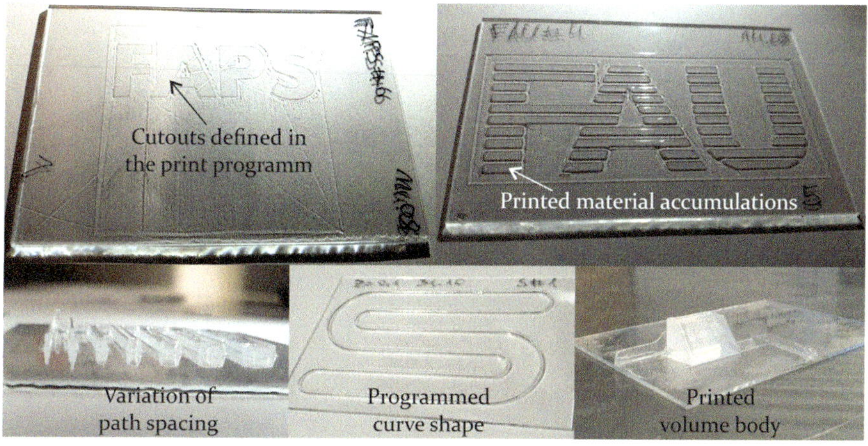

Figure 88: By using slicer software systems, print programs for the aerosol-jet-printing of complex geometric shapes can be automatically derived from CAD data.

printing time. Furthermore, aerosol-jet-printed electrode layers have to be investigated in more detail regarding the layer homogeneity. The printing of electrode structures as well as the production of dielectrics can be examined and, if necessary, qualified with regard to their suitability for application on free-form surfaces.

Altogether, the described findings allow to deduce a great potential of aerosol jet pressure for the efficient production of elastic mechatronic components with reproducible properties. Initially, top logically simple systems can be realized. The ability to print actuator systems with biomimetically inspired movement patterns while at the same time requiring little installation space makes initial applications in the context of medical technology appear promising. In this context, the fact that the core process can be integrated for manufacturing in a process device is also useful. Together with the processing of materials certified for use in medical devices, a later approval of such components seems realistic. The same applies to the printing and integration of sensors worn close to the body for deformation detection. In the medium term, further development of the capabilities for stacking functional layers on powerful actuators for compliant, dynamic, energy-autonomous and lightweight robot systems, as well as adaptable soft interaction surfaces of mechatronic assistants can be realized.

Literaturverzeichnis

[1] DEVOL, GEORG C. Programmed article transfer. Erfinder: G. C. DEVOL. Anmeldung: 10.21.1954. USA. US Patent 2,988,237

[2] HÄGELE, M., K. NILSSON und J.N. PIRES. Industrial Robotics. In: B. SICILIANO und O. KHATIB, Hg. *Springer handbook of robotics.* Berlin: Springer, 2008, S. 964-985. ISBN 978-3-540-23957-4

[3] THE INTERNATIONAL FEDERATION OF ROBOTICS -STATISTICAL DEPARTMENT. *Executive Summary World Robotics 2016 Industrial Robots* [online], 2016. 2016. Verfügbar unter: https://ifr.org/img/uploads/Executive_Summary_WR_Industrial_Robots_20161.pdf

[4] ISO. 8373:2012, *Robots and robotic devices -- Vocabulary* [Zugriff am: 27. April 2017]. Verfügbar unter: https://www.iso.org/obp/ui/#iso:std:iso:8373:ed-2:v1:en

[5] KWOH, Y.S., J. HOU, E.A. JONCKHEERE und S. HAYATI. A robot with improved absolute positioning accuracy for CT guided stereotactic brain surgery [online]. *IEEE transactions on bio-medical engineering,* 1988, **35**(2), 153-160. ISSN 0018-9294. Verfügbar unter: doi:10.1109/10.1354

[6] MARESCAUX, J., J. LEROY, M. GAGNER, F. RUBINO, D. MUTTER, M. VIX, S.E. BUTNER und M.K. SMITH. Transatlantic robot-assisted telesurgery. *Nature,* 2001, **413**(6854), 379-380

[7] VESPA, P.M., C. MILLER, X. HU, V. NENOV, F. BUXEY und N.A. MARTIN. Intensive care unit robotic telepresence facilitates rapid physician response to unstable patients and decreased cost in neurointensive care [online]. *Surgical neurology,* 2007, **67**(4), 331-337. ISSN 0090-3019. Verfügbar unter: doi:10.1016/j.surneu.2006.12.042

[8] WADA, K., T. SHIBATA, T. MUSHA und S. KIMURA. Effects of robot therapy for demented patients evaluated by EEG. In: *2005 IEEE/RSJ International Conference on Intelligent Robots and Systems:* IEEE, 2005, S. 1552-1557. ISBN 0-7803-8912-3

[9] LO, A.C., P.D. GUARINO, L.G. RICHARDS, J.K. HASELKORN, G.F. WITTENBERG, D.G. FEDERMAN, R.J. RINGER, T.H. WAGNER, H.I. KREBS, B.T. VOLPE, C.T. BEVER, D.M. BRAVATA, P.W. DUNCAN, B.H. CORN, A.D. MAFFUCCI, S.E. NADEAU, S.S. CONROY, J.M. POWELL, G.D. HUANG und P. PEDUZZI. Robot-Assisted Therapy for Long-Term Upper-Limb Impairment after Stroke. *New England Journal of Medicine,* 2010, **362**(19), 1772-1783

[10] HOCHBERG, L.R., D. BACHER, B. JAROSIEWICZ, N.Y. MASSE, J.D. SIMERAL, J. VOGEL, S. HADDADIN, J. LIU, S.S. CASH, P. VAN DER SMAGT und J.P. DONOGHUE. Reach and grasp by people with tetraplegia using a neurally controlled robotic arm [online]. *Nature,* 2012, **485**(7398), 372-375. Verfügbar unter: doi:10.1038/nature11076

[11] RAMER, C., T. LICHTENEGGER, J. SEẞNER, M. LANDGRAF und J. FRANKE. An Adaptive, Color Based Lane Detection of a Wearable Jogging Navigation System for Visually Impaired on Less Structured Paths. In: IEEE RAS & EMBS, Hg. *5th IEEE RAS & EMBS International Conference on Biomedical Robotics and Biomechatronics (BioRob 2014),* 2014. ISBN 978-1-4799-3127-9

[12] SHAW, C.C. *Cone Beam Computed Tomography.* Hoboken: Taylor and Francis, 2014. Imaging in medical diagnosis and therapy. ISBN 1439846278

[13] THE INTERNATIONAL FEDERATION OF ROBOTICS -STATISTICAL DEPARTMENT. *Executive Summary World Robotics 2016 Service Robots* [online], 2016. 2016. Verfügbar unter: https://ifr.org/downloads/press/02_2016/Executive_Summary_Service_Robots_2016.pdf

[14] BARTNECK, C. und J. FORLIZZI. A Design-Centred Framework for Social Human-Robot Interaction. In: *RO-MAN 2004. 13th IEEE International Workshop on Robot and Human Interactive Communication : proceedings : September 20-22, 2004, Kurashiki, Okayama Japan at Kurashiki Ivy Square.* Piscataway, N.J: IEEE, 2004, S. 591-594. ISBN 0-7803-8570-5

[15] ONNASCH, L., X. MAIER und T. JÜRGENSOHN. *Mensch-Roboter-Interaktion - Eine Taxonomie für alle Anwendungsfälle:* Bundesanstalt für Arbeitsschutz und Arbeitsmedizin (BAuA), 2016

[16] OPEN SOURCE ROBOTICS FOUNDATION OSRF. *Robot Operating System (ROS)* [online]. *About ROS* [Zugriff am: 10.2019]. Verfügbar unter: https://www.ros.org/about-ros/

[17] LECUN, Y., Y. BENGIO und G. HINTON. Deep learning. *Nature,* 2015, **521**(7553), 436-444

[18] PRATT, G.A. Is a Cambrian Explosion Coming for Robotics? *Journal of Economic Perspectives,* 2015, **29**(3), 51-60

[19] VANDERELST, D. und A.F.T. WINFIELD. The Dark Side of Ethical Robots. *CoRR,* 2016, **abs/1606.02583**

[20] ASMUSSEN, E. und F. BONDE-PETERSEN. Apparent Efficiency and Storage of Elastic Energy in Human Muscles during Exercise [online]. *Acta Physiologica Scandinavica,* 1974, **92**(4), 537-545. ISSN 00016772. Verfügbar unter: doi:10.1111/j.1748-1716.1974.tb05776.x

[21] BAUER, F., A. FIDLIN und W. SEEMANN. Energy efficient bipedal robots walking in resonance [online]. *ZAMM - Journal of Applied Mathematics and Mechanics / Zeitschrift für Angewandte Mathematik und Mechanik,* 2014, **94**(11), 968-973. ISSN 00442267. Verfügbar unter: doi:10.1002/zamm.201300245

[22] REHER, J., E.A. COUSINEAU, A. HEREID, C.M. HUBICKI und A.D. AMES. Realizing Dynamic and Efficient Bipedal Locomotion on the Humanoid Robot DURUS. In: A. OKAMURA und A. MENCIASSI, Hg. *2016 IEEE International Conference on Robotics and Automation, Stockholm, Sweden, May 16th-21st.* Piscataway, NJ: IEEE, 2016, S. 1794-1801. ISBN 978-1-4673-8026-3

[23] SICILIANO, B. und O. KHATIB, Hg. *Springer handbook of robotics.* Berlin: Springer, 2008. ISBN 978-3-540-23957-4

[24] SEOK, S., A. WANG, M.Y. CHUAH, D. OTTEN, J. LANG und S. KIM. Design principles for highly efficient quadrupeds and implementation on the MIT Cheetah robot. In: *Robotics and Automation (ICRA), 2013 IEEE International Conference on. Date 6-10 May 2013.* [Piscataway, N.J.]: IEEE, 2013, S. 3307-3312. ISBN 978-1-4673-5641-1

[25] PRATT, G.A. und M. WILLIAMSON. Series elastic actuators. In: *Proceedings 1995 IEEE/RSJ International Conference on Intelligent Robots and Systems. Human Robot Interaction and Cooperative*

Robots: IEEE Comput. Soc. Press, 1995, S. 399-406. ISBN 0-8186-7108-4

[26] SEOK, S., A. WANG, D. OTTEN und S. KIM. Actuator Design for High Force Proprioceptive Control in Fast Legged Locomotion. In: *2012 IEEE/RSJ International Conference on Intelligent Robots and Systems (IROS 2012). Vilamoura-Algarve, Portugal, 7 - 12 October 2012.* Piscataway, NJ: IEEE, 2012, S. 1970-1975. ISBN 978-1-4673-1736-8

[27] CALDWELL, D.G., G.A. MEDRANO-CERDA und M. GOODWIN. Control of pneumatic muscle actuators [online]. *IEEE Control Systems Magazine,* 1995, **15**(1), 40-48. ISSN 02721708. Verfügbar unter: doi:10.1109/37.341863

[28] HUNTER, I.W., J.M. HOLLERBACH und J. BALLANTYNE. A comparative analysis of actuator technologies for robotics. *Robotics Review,* 1991, **2**, 299-342

[29] BOSTON DYNAMICS. *WildCat* [online]. *The World's Fastest Quadruped Robot* [Zugriff am: 9. Februar 2018]. Verfügbar unter: https://www.bostondynamics.com/wildcat

[30] BOYRAZ, P., G. RUNGE und A. RAATZ. An Overview of Novel Actuators for Soft Robotics [online]. *Actuators,* 2018, **7**(3), 48. Verfügbar unter: doi:10.3390/act7030048

[31] RAIBERT, M., BLANKESPOOR, K., NELSON, G., PLAYTER, R. Bigdog, the rough-terrain quadruped robot. In: *Proceedings of the 17th World Congress of the International Federation of Automatic Control,* 2008

[32] PFEIFER, R., M. LUNGARELLA und F. IIDA. Self-organization, embodiment, and biologically inspired robotics [online]. *Science (New York, N.Y.),* 2007, **318**(5853), 1088-1093. ISSN 0036-8075. Verfügbar unter: doi:10.1126/science.1145803

[33] BROWN, E., N. RODENBERG, J. AMEND, A. MOZEIKA, E. STELTZ, M.R. ZAKIN, H. LIPSON und H.M. JAEGER. From the Cover: Universal robotic gripper based on the jamming of granular material [online]. *Proceedings of the National Academy of Sciences,* 2010, **107**(44), 18809-18814. ISSN 0027-8424. Verfügbar unter: doi:10.1073/pnas.1003250107

[34] ISO. ISO/TS 15066:2016, *Robots and robotic devices -- Collaborative robots*

[35] TEYSSIER, M., G. BAILLY, C. PELACHAUD, E. LECOLINET, A. CONN und A. ROUDAUT. Skin-On Interfaces: A Bio-Driven Approach for Artificial Skin Design to Cover Interactive Devices. In: ACM SPECIAL INTEREST GROUPS ON COMPUTER-HUMAN INTERACTION (SIGCHI) AND COMPUTER GRAPHICS, Hg. *UIST 2019. 32nd ACM User Interface Software and Technology Symposium,* 2019

[36] RUS, D. und M.T. TOLLEY. Design, fabrication and control of soft robots [online]. *Nature,* 2015, **521**(7553), 467-475. Verfügbar unter: doi:10.1038/nature14543

[37] TRIVEDI, D., C.D. RAHN, W.M. KIER und I.D. WALKER. Soft robotics [online]. Biological inspiration, state of the art, and future research. *Applied Bionics and Biomechanics,* 2008, **5**(3), 99-117. ISSN 1176-2322. Verfügbar unter: doi:10.1080/11762320802557865

[38] RUNGE, G. und A. RAATZ. A framework for the automated design and modelling of soft robotic systems [online]. *CIRP Annals,* 2017, **66**(1), 9-12. ISSN 00078506. Verfügbar unter: doi:10.1016/j.cirp.2017.04.104

[39] RUNGE, G., M. WIESE und A. RAATZ. FEM-based training of artificial neural networks for modular soft robots. In: *IEEE ROBIO 2017. 2017 IEEE International Conference on Robotics and Biomimetics : December 5-8, 2017, Macau SAR, China.* Piscataway, NJ: IEEE, 2017, S. 385-392. ISBN 978-1-5386-3742-5

[40] SUZUMORI, K., S. IIKURA und H. TANAKA. Development of flexible microactuator and its applications to robotic mechanisms. In: *Robotics and Automation, '91 International Conference On.* Los Alamitos: IEEE Computer Society Press, Oct. 1991, S. 1622-1627. ISBN 0-8186-2163-X

[41] SHEPHERD, R.F., A.A. STOKES, J. FREAKE, J. BARBER, P.W. SNYDER, A.D. MAZZEO, L. CADEMARTIRI, S.A. MORIN und G.M. WHITESIDES. Using Explosions to Power a Soft Robot [online]. *Angewandte Chemie,* 2013, **125**(10), 2964-2968. ISSN 00448249. Verfügbar unter: doi:10.1002/ange.201209540

[42] LOEVE, A.J., O.S. VAN DE VEN, J.G. VOGEL, P. BREEDVELD und J. DANKELMAN. Vacuum packed particles as flexible endoscope guides with controllable rigidity [online]. *Granular Matter,* 2010, **12**(6), 543-554. ISSN 1434-5021. Verfügbar unter: doi:10.1007/s10035-010-0193-8

[43] SOFT ROBOTICS INC. *Company Website* [online]. Verfügbar unter: https://www.softroboticsinc.com/

[44] RÖNTGEN, W.C. Ueber die durch Electricität bewirkten Form- und Volumenänderungen von dielectrischen Körpern [online]. *Annalen der Physik und Chemie,* 1880, **247**(13), 771-786. ISSN 00033804. Verfügbar unter: doi:10.1002/andp.18802471304

[45] PELRINE, R., R. KORNBLUH, J. JOSEPH und S. CHIBA. Electrostriction of polymer films for microactuators. In: *IEEE The Tenth Annual International Workshop on Micro Electro Mechanical Systems. An Investigation of Micro Structures, Sensors, Actuators, Machines and Robots,* 1997, S. 238-243

[46] PELRINE, R., R. KORNBLUH, J. JOSEPH, R. HEYDT, Q. PEI und S. CHIBA. High-field deformation of elastomeric dielectrics for actuators [online]. *Materials Science and Engineering: C,* 2000, **11**(2), 89-100. ISSN 09284931. Verfügbar unter: doi:10.1016/S0928-4931(00)00128-4

[47] CARPI, F., D. de ROSSI, R. KORNBLUH, R. PELRINE und P. SOMMER-LARSEN, Hg. *Dielectric elastomers as electromechanical transducers. Fundamentals, materials, devices, models and applications of an emerging electroactive polymer technology.* Oxford, UK: Elsevier, 2008. ISBN 9780080557724

[48] KOVACS, G., P. LOCHMATTER und M. WISSLER. An arm wrestling robot driven by dielectric elastomer actuators. *Smart Materials and Structures,* 2007, **16**(2), S306-S317

[49] PEI, Q., R. PELRINE, M.A. ROSENTHAL, S. STANFORD, H. PRAHLAD und R.D. KORNBLUH. Recent progress on electroelastomer artificial muscles and their application for biomimetic robots. In: Y. BAR-COHEN, Hg. *Smart Structures and Materials:* SPIE, 2004, S. 41-50

[50] JORDI, C., S. MICHEL, C. DÜRAGER, A. BORMANN, C. GEBHARDT und G. KOVACS. Large planar dielectric elastomer actuators for fish-like propulsion of an airship. In: Y. BAR-COHEN, Hg. *Electroactive Polymer Actuators and Devices (EAPAD) 2010:* SPIE, 2010, S. 764223

[51] CARPI, F. und D. DEROSSI. Electroactive Polymer-Based Devices for e-Textiles in Biomedicine [online]. *IEEE Transactions on Information Technology in Biomedicine,* 2005, **9**(3), 295-318. ISSN 1089-7771. Verfügbar unter: doi:10.1109/TITB.2005.854514

[52] KASAHARA, T., M. MIZUSHIMA, H. SHINOHARA, T. OBATA, T. FUTAKUCHI, S. SHOJI und J. MIZUNO. Simple and Low-Cost Fabrication of Flexible Capacitive Tactile Sensors [online]. *Japanese Journal of Applied Physics,* 2011, **50**(1R), 16502. ISSN 1347-4065. Verfügbar unter: doi:10.1143/JJAP.50.016502

[53] BÖSE, H. und E. FUß. Novel dielectric elastomer sensors for compression load detection. In: Y. BAR-COHEN, Hg. *Electroactive Polymer Actuators and Devices (EAPAD) 2014:* SPIE, 2014, S. 905614

[54] SRI INTERNATIONAL. Electroactive polymer sensors. Erfinder: R. E. PELRINE, R.D. KORNBLUH, Q. PEI UND J.S. ECKERLE. Anmeldung: 6. Dezember 2001. USA. US6809462B2

[55] PELRINE, R., R.D. KORNBLUH, J. ECKERLE, P. JEUCK, S. OH, Q. PEI und S. STANFORD. Dielectric elastomers: generator mode fundamentals and applications. In: Y. BAR-COHEN, Hg. *Smart Structures and Materials 2001: Electroactive Polymer Actuators and Devices:* SPIE, 2001, S. 148

[56] KOH, S.J.A., X. ZHAO und Z. SUO. Maximal energy that can be converted by a dielectric elastomer generator [online]. *Applied Physics Letters,* 2009, **94**(26), 262902. ISSN 0003-6951. Verfügbar unter: doi:10.1063/1.3167773

[57] MCKAY, T.G., S. ROSSET, I.A. ANDERSON und H. SHEA. Dielectric elastomer generators that stack up [online]. *Smart Materials and Structures,* 2014, **24**(1), 15014. ISSN 0964-1726. Verfügbar unter: doi:10.1088/0964-1726/24/1/015014

[58] SRI INTERNATIONAL. Electroactive polymer manufacturing. Erfinder: R. E. PELRINE, R.D. KORNBLUH, Q. PEI, S. OH UND J.P. JOSEPH. Anmeldung: 8. März 2011. USA. US8508109B2

[59] SCHLAAK, H.F., M. JUNGMANN, M. MATYSEK, P. LOTZ und Y. BAR-COHEN. Novel Multilayer Electrostatic Solid-State Actuators with Elastic Dielectric. In: *Smart Structures and Materials:* SPIE, 2005, S. 121-133

[60] RANDAZZO, M., R. BUZIO, G. METTA, G. SANDINI und U. VALBUSA. Architecture for the semi-automatic fabrication and assembly of thin-film based dielectric elastomer actuators. In: Y. BAR-COHEN, Hg. *Electroactive Polymer Actuators and Devices (EAPAD) 2008. Proc. SPIE 6927:* SPIE, 2008, 69272D

[61] ARAROMI, O.A., A.T. CONN, C.S. LING, J.M. ROSSITER, R. VAIDYANATHAN und S.C. BURGESS. Spray deposited multi-layered dielectric elastomer actuators [online]. *Sensors and Actuators A: Physical,* 2011, **167**(2), 459-467. ISSN 09244247. Verfügbar unter: doi:10.1016/j.sna.2011.03.004

[62] CTSYSTEMS. *swiss compliant transduces - Company website. Company milestones* [online]. Verfügbar unter: https://ct-systems.ch/

[63] GOTH, C., S. PUTZO und J. FRANKE. Aerosol Jet printing on rapid prototyping materials for fine pitch electronic applications. In: *IEEE 61st Electronic Components and Technology Conference (ECTC), 2011. May 31, 2011 - June 3, 2011, Lake Buena Vista, Florida, USA; 2011 proceedings.* Piscataway, NJ: IEEE, 2011, S. 1211-1216. ISBN 978-1-61284-497-8

[64] HEDGES, M. 3D Aerosol Jet Printing–An Emerging MID Manufacturing Process. In: MOLDED INTERCONNECT DEVICES 3-D MID E.V., Hg. *9th International Congress Molded Interconnect Devices,* 2010

[65] FRANKE, J. *Integrierte Entwicklung neuer Produkt- und Produktionstechnologien für räumliche spritzgegossene Schaltungsträger (3-D MID).* Dissertation. München, 1995. Fertigungstechnik - Erlangen. 50. ISBN 3-446-18448-1

[66] WONG, W.S. und A. SALLEO. *Flexible Electronics.* Boston, MA: Springer US, 2009. 11. ISBN 978-0-387-74362-2

[67] PELRINE, R. High-Speed Electrically Actuated Elastomers with Strain Greater Than 100% [online]. *Science,* 2000, **287**(5454), 836-839. ISSN 0036-8075. Verfügbar unter: doi:10.1126/science.287.5454.836

[68] BAR-COHEN, Y. Artificial Muscles Using Electroactive Polymers. In: Y. BAR-COHEN, Hg. *Biomimetics. Biologically inspired technologies.* Boca Raton, FL: CRC/Taylor & Francis, 2006, S. 267-287. ISBN 0849331633

[69] LOTZ, P. *Dielektrische Elastomerstapelaktoren für ein peristaltisches Fluidfördersystem.* Dissertation. Darmstadt, 2009

[70] HIPPEL, A. von. Ferroelectricity, Domain Structure, and Phase Transitions of Barium Titanate [online]. *Reviews of Modern Physics,* 1950, **22**(3), 221-237. ISSN 0034-6861. Verfügbar unter: doi:10.1103/RevModPhys.22.221

[71] PELRINE, R.E., R.D. KORNBLUH und J.P. JOSEPH. Electrostriction of polymer dielectrics with compliant electrodes as a means of actuation [online]. *Sensors and Actuators A: Physical,* 1998, **64**(1), 77-85. ISSN 09244247. Verfügbar unter: doi:10.1016/S0924-4247(97)01657-9

[72] PELRINE, R. und R. KORNBLUH. Dielectric Elastomers as Electroactive Polymers (EAPs): Fundamentals. In: F. CARPI, Hg. *Electromechanically active polymers. A concise reference.* Cham: Springer Reference, 2016, S. 672-686. ISBN 978-3-319-31528-7

[73] PELRINE, R. und R. KORNBLUH. Electromechanical Transduction Effects in Dielectric Elastomers: Actuation, Sensing, Stiffness Modulation and Electric Energy Generation. In: F. CARPI, D. de ROSSI, R. KORNBLUH, R. PELRINE und P. SOMMER-LARSEN, Hg. *Dielectric elastomers as electromechanical transducers. Fundamentals, materials, devices, models and applications of an emerging electroactive polymer technology.* Oxford, UK: Elsevier, 2008, S. 3-12. ISBN 9780080557724

[74] FLITTNER, K. *Dielektrische Elastomerstapelaktoren für Mikroventile.* Dissertation. Darmstadt, 2015

[75] KRAKOVSKÝ, I., T. ROMIJN und A. POSTHUMA DE BOER. A few remarks on the electrostriction of elastomers [online]. *Journal of Applied Physics,* 1999, **85**(1), 628-629. ISSN 0021-8979. Verfügbar unter: doi:10.1063/1.369418

[76] SCHLÖGL, T. *Modelling, simulation and optimal control of dielectric elastomer actuated systems. Modellbildung, Simulation und Optimalsteuerung von Systemen mit dielektrischen Elastomeraktoren.* Dissertation. Erlangen, 2018

[77] HUNTER, I.W. und S. LAFONTAINE. A comparison of muscle with artificial actuators. In: *IEEE Solid-State Sensor and Actuator*

Workshop. Technical digest : 1992, Hilton Head Island, South Carolina, June 22-25. New York: IEEE, 1992, S. 178-185. ISBN 0-7803-0456-X

[78] MEIJER, K., M.S. ROSENTHAL und R.J. FULL. Muscle-like actuators? A comparison between three electroactive polymers. In: Y. BAR-COHEN, Hg. *Smart Structures and Materials 2001: Electroactive Polymer Actuators and Devices:* SPIE, 2001, S. 7

[79] FULL, R.J. und K. MEIJER. Artificial muscles versus natural actuators from frogs to flies. In: Y. BAR-COHEN, Hg. *Smart Structures and Materials 2000: Electroactive Polymer Actuators and Devices (EAPAD):* SPIE, 2000, S. 2

[80] MADDEN, J., N.A. VANDESTEEG, P.A. ANQUETIL, P. MADDEN, A. TAKSHI, R.Z. PYTEL, S.R. LAFONTAINE, P.A. WIERINGA und I.W. HUNTER. Artificial Muscle Technology: Physical Principles and Naval Prospects [online]. *IEEE Journal of Oceanic Engineering,* 2004, **29**(3), 706-728. ISSN 0364-9059. Verfügbar unter: doi:10.1109/JOE.2004.833135

[81] MOHD JANI, J., M. LEARY, A. SUBIC und M.A. GIBSON. A review of shape memory alloy research, applications and opportunities [online]. *Materials & Design (1980-2015),* 2014, **56**, 1078-1113. ISSN 02613069. Verfügbar unter: doi:10.1016/j.matdes.2013.11.084

[82] ROMASANTA, L.J., M.A. LOPEZ-MANCHADO und R. VERDEJO. Increasing the performance of dielectric elastomer actuators: A review from the materials perspective [online]. *Progress in Polymer Science,* 2015, **51**, 188-211. ISSN 00796700. Verfügbar unter: doi:10.1016/j.progpolymsci.2015.08.002

[83] FULL, R.J. und K. MEIJER. Metrics of Natural Muscle Function. In: Y. BAR-COHEN, Hg. *Electroactive polymer (EAP) actuators as artificial muscles. Reality, potential, and challenges.* 2nd ed. Bellingham, Wash. (1000 20th St. Bellingham WA 98225-6705 USA): SPIE, 2004, S. 73-89. ISBN 0-8194-5297-1

[84] MADSEN, F.B., A.E. DAUGAARD, S. HVILSTED und A.L. SKOV. The Current State of Silicone-Based Dielectric Elastomer Transducers. *Macromolecular Rapid Communications,* 2016, **37**(5), 378-413

[85] BROCHU, P. und Q. PEI. Advances in Dielectric Elastomers for Actuators and Artificial Muscles. *Macromolecular Rapid Communications*, 2010, **31**(1), 10-36

[86] TADESSE, Y. Electroactive polymer and shape memory alloy actuators in biomimetics and humanoids. In: Y. BAR-COHEN, Hg. *Electroactive Polymer Actuators and Devices (EAPAD) 2013:* SPIE, 2013, S. 868709

[87] NAKABO, Y., T. MUKAI und K. ASAKA. Biomimetic Soft Robots Using IPMC. In: K.J. KIM und S. TADOKORO, Hg. *Electroactive Polymers for Robotic Applications. Artificial Muscles and Sensors.* London: Springer-Verlag London Limited, 2007, S. 165-198. ISBN 978-1-84628-371-0

[88] NEWBURY, K.M. und D.J. LEO. Electromechanical Modeling and Characterization of Ionic Polymer Benders [online]. *Journal of Intelligent Material Systems and Structures*, 2002, **13**(1), 51-60. ISSN 1045-389X. Verfügbar unter: doi:10.1177/1045389X02013001978

[89] SHAHINPOOR, M. Chapter 1. Fundamentals of Ionic Polymer Metal Composites (IPMCs). In: M. SHAHINPOOR, Hg. *Ionic Polymer Metal Composites (IPMCs).* Cambridge: Royal Society of Chemistry, 2015, S. 1-60. ISBN 978-1-78262-077-8

[90] BAR-COHEN, Y., S. SHERRIT und S.-S. LIH. Characterization of the electromechanical properties of EAP materials. In: Y. BAR-COHEN, Hg. *Smart Structures and Materials 2001: Electroactive Polymer Actuators and Devices:* SPIE, 2001, S. 319

[91] O'HALLORAN, A., F. O'MALLEY und P. MCHUGH. A review on dielectric elastomer actuators, technology, applications, and challenges [online]. *Journal of Applied Physics*, 2008, **104**(7), 71101. ISSN 0021-8979. Verfügbar unter: doi:10.1063/1.2981642

[92] PLANTE, J.-S. und S. DUBOWSKY. Large-scale failure modes of dielectric elastomer actuators [online]. *International Journal of Solids and Structures*, 2006, **43**(25-26), 7727-7751. ISSN 00207683. Verfügbar unter: doi:10.1016/j.ijsolstr.2006.03.026

[93] ZHAO, X. und Z. SUO. Method to analyze electromechanical stability of dielectric elastomers [online]. *Applied Physics Letters*, 2007, **91**(6), 61921. ISSN 0003-6951. Verfügbar unter: doi:10.1063/1.2768641

[94] HIVOLT GMBH & CO. KG. *Product specification: FS Series. Isolated, propotional DC to HV DC converters,* 2019

[95] GISBY, T.A., E.P. CALIUS, S. XIE und I.A. ANDERSON. An adaptive control method for dielectric elastomer devices. In: Y. BAR-COHEN, Hg. *Electroactive Polymer Actuators and Devices (EAPAD) 2008:* SPIE, 2008, 69271C

[96] SARBAN, R., B. LASSEN und M. WILLATZEN. Dynamic Electromechanical Modeling of Dielectric Elastomer Actuators With Metallic Electrodes [online]. *IEEE/ASME Transactions on Mechatronics,* 2012, **17**(5), 960-967. ISSN 1083-4435. Verfügbar unter: doi:10.1109/TMECH.2011.2150239

[97] LEAP TECHNOLOGY. *Datasheet - Stretch-sensors-kit* [online], 2018 [Zugriff am: 6. Mai 2018]. Verfügbar unter: https://leaptechnology.com/wp-content/uploads/2018/02/Stretch-sensor-kit-overview-V1.0.pdf

[98] O'BRIEN, B., T. GISBY und I.A. ANDERSON. Stretch sensors for human body motion. In: Y. BAR-COHEN, Hg. *Electroactive Polymer Actuators and Devices (EAPAD) 2014:* SPIE, 2014, S. 905618

[99] PEI, Q., W. HU, D. MCCOUL, S.J. BIGGS, D. STADLER und F. CARPI. Dielectric Elastomers as EAPs: Applications. In: F. CARPI, Hg. *Electromechanically active polymers. A concise reference.* Cham: Springer Reference, 2016, S. 740-752. ISBN 978-3-319-31528-7

[100] LI, X. und G.C.M. MEIJER. Capacitive Sensors. In: G.C.M. MEIJER, Hg. *Smart Sensor Systems.* Chichester, UK: John Wiley & Sons, Ltd, 2008, S. 225-248. ISBN 9780470866931

[101] ANDERSON, I.A., P. ILLENBERGER und B.M. O'BRIEN. Energy harvesting for dielectric elastomer sensing. In: Y. BAR-COHEN und F. VIDAL, Hg. *SPIE Smart Structures and Materials + Nondestructive Evaluation and Health Monitoring:* SPIE, 2016, 97980U

[102] TOTH, L.A. und A.A. GOLDENBERG. Control system design for a dielectric elastomer actuator: the sensory subsystem. In: Y. BAR-COHEN, Hg. *Smart Structures and Materials 2002: Electroactive Polymer Actuators and Devices (EAPAD):* SPIE, 2002, S. 323-334

[103] JUNG, K., K.J. KIM und H.R. CHOI. A self-sensing dielectric elastomer actuator [online]. *Sensors and Actuators A: Physical,* 2008,

143(2), 343-351. ISSN 09244247. Verfügbar unter: doi:10.1016/j.sna.2007.10.076

[104] HUU CHUC, N., D.V. THUY, J. PARK, D. KIM, J. KOO, Y. LEE, J.-D. NAM und H.R. CHOI. A dielectric elastomer actuator with self-sensing capability. In: Y. BAR-COHEN, Hg. *Electroactive Polymer Actuators and Devices (EAPAD) 2008:* SPIE, 2008, 69270V

[105] MATYSEK, M., H. HAUS, H. MOESSINGER, D. BROKKEN, P. LOTZ und H.F. SCHLAAK. Combined driving and sensing circuitry for dielectric elastomer actuators in mobile applications. In: Y. BAR-COHEN und F. CARPI, Hg. *Electroactive Polymer Actuators and Devices (EAPAD) 2011:* SPIE, 2011, S. 797612

[106] O'BRIEN, B., J. THODE, I. ANDERSON, E. CALIUS, E. HAEMMERLE und S. XIE. Integrated extension sensor based on resistance and voltage measurement for a dielectric elastomer. In: Y. BAR-COHEN, Hg. *Electroactive Polymer Actuators and Devices (EAPAD) 2007:* SPIE, 2007, S. 652415

[107] GISBY, T.A., B.M. O'BRIEN und I.A. ANDERSON. Self sensing feedback for dielectric elastomer actuators [online]. *Applied Physics Letters,* 2013, **102**(19), 193703. ISSN 0003-6951. Verfügbar unter: doi:10.1063/1.4805352

[108] RIZZELLO, G., D. NASO, A. YORK und S. SEELECKE. Closed loop control of dielectric elastomer actuators based on self-sensing displacement feedback [online]. *Smart Materials and Structures,* 2016, **25**(3), 35034. ISSN 0964-1726. Verfügbar unter: doi:10.1088/0964-1726/25/3/035034

[109] XU, D., A. TAIRYCH und I.A. ANDERSON. Localised strain sensing of dielectric elastomers in a stretchable soft-touch musical keyboard. In: Y. BAR-COHEN, Hg. *Electroactive Polymer Actuators and Devices (EAPAD) 2015:* SPIE, 2015, S. 943025

[110] . Flat compressible volume capacitive sensor for measuring pressure and/or for the measurement or detection of deformations. Erfinder: H. BÖSE, F. HOFMANN UND T. HASSEL. Anmeldung: 16. August 2013. Deutschland. EP2698616B1

[111] SHANKAR, R., T.K. GHOSH und R.J. SPONTAK. Dielectric elastomers as next-generation polymeric actuators [online]. *Soft Matter,* 2007, **3**(9), 1116. ISSN 1744-683X. Verfügbar unter: doi:10.1039/b705737g

[112] SKOV, A.L., Q. PEI, D. OPRIS, R.J. SPONTAK, G. GALLONE, H.R. SHEA und M. BENSLIMANE. Dielectric Elastomers as EAPs: Materials. In: F. CARPI, Hg. *Electromechanically active polymers. A concise reference.* Cham: Springer Reference, 2016, S. 688-700. ISBN 978-3-319-31528-7

[113] VARGANTWAR, P.H., A.E. ÖZÇAM, T.K. GHOSH und R.J. SPONTAK. Prestrain-Free Dielectric Elastomers Based on Acrylic Thermoplastic Elastomer Gels: A Morphological and (Electro)Mechanical Property Study [online]. *Advanced Functional Materials,* 2012, **22**(10), 2100-2113. ISSN 1616301X. Verfügbar unter: doi:10.1002/adfm.201101985

[114] KYOKANE, J., H. ISHIMOTO, H. YUGEN, T. HIRAI, T. UEDA und K. YOSHINO. Electro-striction effect of polyurethane elastomer (PUE) and its application to actuators [online]. *Synthetic Metals,* 1999, **103**(1-3), 2366-2367. ISSN 03796779. Verfügbar unter: doi:10.1016/S0379-6779(98)00708-5

[115] KOH, S.J.A., C. KEPLINGER, R. KALTSEIS, C.-C. FOO, R. BAUMGARTNER, S. BAUER und Z. SUO. High-performance electromechanical transduction using laterally-constrained dielectric elastomers part I: Actuation processes [online]. *Journal of the Mechanics and Physics of Solids,* 2017, **105**, 81-94. ISSN 00225096. Verfügbar unter: doi:10.1016/j.jmps.2017.04.015

[116] HA, S.M., W. YUAN, Q. PEI, R. PELRINE und S. STANFORD. Interpenetrating Polymer Networks for High-Performance Electroelastomer Artificial Muscles [online]. *Advanced Materials,* 2006, **18**(7), 887-891. ISSN 09359648. Verfügbar unter: doi:10.1002/adma.200502437

[117] HA, S.M., I.S. PARK, M. WISSLER, R. PELRINE, S. STANFORD, K.J. KIM, G. KOVACS und Q. PEI. High electromechanical performance of electroelastomers based on interpenetrating polymer networks. In: Y. BAR-COHEN, Hg. *Electroactive Polymer Actuators and Devices (EAPAD) 2008:* SPIE, 2008, 69272C

[118] MATYSEK, M. *Dielektrische Elastomeraktoren in Multilayer-Technologie für taktile Displays.* Dissertation. Darmstadt, 2010

[119] MAFFLI, L., S. ROSSET, M. GHILARDI, F. CARPI und H. SHEA. Ultrafast All-Polymer Electrically Tunable Silicone Lenses [online]. *Advanced Functional Materials,* 2015, **25**(11), 1656-1665. ISSN 1616301X. Verfügbar unter: doi:10.1002/adfm.201403942

[120] MOLBERG, M., Y. LETERRIER, C.J.G. PLUMMER, C. WALDER, C. LÖWE, D.M. OPRIS, F.A. NÜESCH, S. BAUER und J.-A.E. MÅNSON. Frequency dependent dielectric and mechanical behavior of elastomers for actuator applications [online]. *Journal of Applied Physics,* 2009, **106**(5), 54112. ISSN 0021-8979. Verfügbar unter: doi:10.1063/1.3211957

[121] KORNBLUH, R.D., R. PELRINE, Q. PEI, S. OH und J. JOSEPH. Ultrahigh strain response of field-actuated elastomeric polymers. In: Y. BAR-COHEN, Hg. *Smart Structures and Materials 2000: Electroactive Polymer Actuators and Devices (EAPAD):* SPIE, 2000, S. 51

[122] AKBARI, S., S. ROSSET und H.R. SHEA. Improved electromechanical behavior in castable dielectric elastomer actuators [online]. *Applied Physics Letters,* 2013, **102**(7), 71906. ISSN 0003-6951. Verfügbar unter: doi:10.1063/1.4793420

[123] DÜNKI, S.J., Y.S. KO, F.A. NÜESCH und D.M. OPRIS. Self-Repairable, High Permittivity Dielectric Elastomers with Large Actuation Strains at Low Electric Fields [online]. *Advanced Functional Materials,* 2015, **25**(16), 2467-2475. ISSN 1616301X. Verfügbar unter: doi:10.1002/adfm.201500077

[124] BEJENARIU, A.G., L. YU und A.L. SKOV. Low moduli elastomers with low viscous dissipation [online]. *Soft Matter,* 2012, **8**(14), 3917. ISSN 1744-683X. Verfügbar unter: doi:10.1039/c2sm25134e

[125] PELRINE, R., R.D. KORNBLUH, Q. PEI, S. STANFORD, S. OH, J. ECKERLE, R.J. FULL, M.A. ROSENTHAL und K. MEIJER. Dielectric elastomer artificial muscle actuators: toward biomimetic motion. In: Y. BAR-COHEN, Hg. *Smart Structures and Materials 2002: Electroactive Polymer Actuators and Devices (EAPAD):* SPIE, 2002, S. 126-137

[126] GU, G.-Y., J. ZHU, L.-M. ZHU und X. ZHU. A survey on dielectric elastomer actuators for soft robots [online]. *Bioinspiration & Biomimetics,* 2017, **12**(1), 11003. ISSN 1748-3190. Verfügbar unter: doi:10.1088/1748-3190/12/1/011003

[127] KEPLINGER, C., M. KALTENBRUNNER, N. ARNOLD und S. BAUER. Rontgen's electrode-free elastomer actuators without electromechanical pull-in instability [online]. *Proceedings of the National Academy of Sciences of the United States of America,*

2010, **107**(10), 4505-4510. Verfügbar unter: doi:10.1073/pnas.0913461107

[128] ROSSET, S. und H.R. SHEA. Flexible and stretchable electrodes for dielectric elastomer actuators. *Applied Physics A,* 2013, **110**(2), 281-307

[129] CARPI, F., P. CHIARELLI, A. MAZZOLDI und D.D. ROSSI. Electromechanical characterisation of dielectric elastomer planar actuators: comparative evaluation of different electrode materials and different counterloads [online]. *Sensors and Actuators A: Physical,* 2003, **107**(1), 85-95. ISSN 09244247. Verfügbar unter: doi:10.1016/S0924-4247(03)00257-7

[130] CHRISTIANSON, C., N.N. GOLDBERG, D.D. DEHEYN, S. CAI und M.T. TOLLEY. Translucent soft robots driven by frameless fluid electrode dielectric elastomer actuators [online]. *Science robotics,* 2018, **3**(17). Verfügbar unter: doi:10.1126/scirobotics.aat1893

[131] LIU, Y., M. GAO, S. MEI, Y. HAN und J. LIU. Ultra-compliant liquid metal electrodes with in-plane self-healing capability for dielectric elastomer actuators [online]. *Applied Physics Letters,* 2013, **103**(6), 64101. ISSN 0003-6951. Verfügbar unter: doi:10.1063/1.4817977

[132] FASOLT, B., M. HODGINS und S. SEELECKE. Characterization of screen-printed electrodes for dielectric elastomer (DE) membranes: influence of screen dimensions and electrode thickness on actuator performance. In: Y. BAR-COHEN und F. VIDAL, Hg. *Electroactive Polymer Actuators and Devices (EAPAD) 2016:* SPIE, 2016, 97983E

[133] KUJAWSKI, M., J.D. PEARSE und E. SMELA. Elastomers filled with exfoliated graphite as compliant electrodes [online]. *Carbon,* 2010, **48**(9), 2409-2417. ISSN 00086223. Verfügbar unter: doi:10.1016/j.carbon.2010.02.040

[134] BENSLIMANE, M., P. GRAVESEN und P. SOMMER-LARSEN. Mechanical properties of dielectric elastomer actuators with smart metallic compliant electrodes. In: Y. BAR-COHEN, Hg. *Smart Structures and Materials 2002: Electroactive Polymer Actuators and Devices (EAPAD):* SPIE, 2002, S. 150-157

[135] BOWDEN, N., S. BRITTAIN, A.G. EVANS, J.W. HUTCHINSON und G.M. WHITESIDES. Spontaneous formation of ordered

structures in thin films of metals supported on an elastomeric polymer [online]. *Nature,* 1998, **393**(6681), 146. Verfügbar unter: doi:10.1038/30193

[136] PIMPIN, A., Y. SUZUKI und N. KASAGI. Microelectrostrictive Actuator With Large Out-of-Plane Deformation for Flow-Control Application [online]. *Journal of Microelectromechanical Systems,* 2007, **16**(3), 753-764. ISSN 1057-7157. Verfügbar unter: doi:10.1109/JMEMS.2007.895222

[137] VERPLANCKE, R., F. BOSSUYT, D. CUYPERS und J. VANFLETEREN. Thin-film stretchable electronics technology based on meandering interconnections: fabrication and mechanical performance [online]. *Journal of Micromechanics and Microengineering,* 2011, **22**(1), 15002. ISSN 0960-1317. Verfügbar unter: doi:10.1088/0960-1317/22/1/015002

[138] ROSSET, S., M. NIKLAUS, P. DUBOIS und H.R. SHEA. Mechanical characterization of a dielectric elastomer microactuator with ion-implanted electrodes [online]. *Sensors and Actuators A: Physical,* 2008, **144**(1), 185-193. ISSN 09244247. Verfügbar unter: doi:10.1016/j.sna.2007.12.030

[139] NIKLAUS, M. und H.R. SHEA. Electrical conductivity and Young's modulus of flexible nanocomposites made by metal-ion implantation of polydimethylsiloxane: The relationship between nanostructure and macroscopic properties [online]. *Acta Materialia,* 2011, **59**(2), 830-840. ISSN 13596454. Verfügbar unter: doi:10.1016/j.actamat.2010.10.030

[140] CORBELLI, G., C. GHISLERI, M. MARELLI, P. MILANI und L. RAVAGNAN. Highly deformable nanostructured elastomeric electrodes with improving conductivity upon cyclical stretching [online]. *Advanced materials (Deerfield Beach, Fla.),* 2011, **23**(39), 4504-4508. Verfügbar unter: doi:10.1002/adma.201102463

[141] YANG, Y., S. DING, T. ARAKI, J. JIU, T. SUGAHARA, J. WANG, J. VANFLETEREN, T. SEKITANI und K. SUGANUMA. Facile fabrication of stretchable Ag nanowire/polyurethane electrodes using high intensity pulsed light [online]. *Nano Research,* 2016, **9**(2), 401-414. ISSN 1998-0124. Verfügbar unter: doi:10.1007/s12274-015-0921-9

[142] KIM, U., J. KANG, C. LEE, H.Y. KWON, S. HWANG, H. MOON, J.C. KOO, J.-D. NAM, B.H. HONG, J.-B. CHOI und H.R. CHOI. A

transparent and stretchable graphene-based actuator for tactile display [online]. *Nanotechnology,* 2013, **24**(14), 145501. ISSN 0957-4484. Verfügbar unter: doi:10.1088/0957-4484/24/14/145501

[143] LIU, C.-H., P.-W. LIN, J.-A. CHEN, Y.-T. LEE und Y.-M. CHANG. Exploiting Stretchable Metallic Springs as Compliant Electrodes for Cylindrical Dielectric Elastomer Actuators (DEAs) [online]. *Micromachines,* 2017, **8**(11), 339. Verfügbar unter: doi:10.3390/mi8110339

[144] KORNBLUH, R., R. PELRINE, J. JOSEPH, Q. PEI und S. CHIBA. Ultra-High Strain Response of Elastomeric Polymer Dielectrics. In: Q.M. ZHANG, T. FURUKAWA, Y. BAR-COHEN und J. SCHEINBEIM, Hg. *Electroactive Polymers. Materials Research Society Symposium Proceedings,* 1999, S. 119-130

[145] LE CAI, J. LI, P. LUAN, H. DONG, D. ZHAO, Q. ZHANG, X. ZHANG, M. TU, Q. ZENG, W. ZHOU und S. XIE. Highly Transparent and Conductive Stretchable Conductors Based on Hierarchical Reticulate Single-Walled Carbon Nanotube Architecture [online]. *Advanced Functional Materials,* 2012, **22**(24), 5238-5244. ISSN 1616301X. Verfügbar unter: doi:10.1002/adfm.201201013

[146] NOVOSELOV, K.S. Electric Field Effect in Atomically Thin Carbon Films. *Science,* 2004, **306**(5696), 666-669

[147] CASTRO NETO, A.H., F. GUINEA, N.M.R. PERES, K.S. NOVOSELOV und A.K. GEIM. The electronic properties of graphene. *Reviews of Modern Physics,* 2009, **81**(1), 109-162

[148] PANG, S., Y. HERNANDEZ, X. FENG und K. MÜLLEN. Graphene as Transparent Electrode Material for Organic Electronics. *Advanced Materials,* 2011, **23**(25), 2779-2795

[149] XU, J., J. CHEN, M. ZHANG, J.-D. HONG und G. SHI. Highly Conductive Stretchable Electrodes Prepared by In Situ Reduction of Wavy Graphene Oxide Films Coated on Elastic Tapes [online]. *Advanced Electronic Materials,* 2016, **2**(6), 1600022. ISSN 2199160X. Verfügbar unter: doi:10.1002/aelm.201600022

[150] STAUFFER, D. und A. AHARONY. *Introduction to Percolation Theory.* 2nd ed. Boca Raton: Taylor & Francis Group, 2014. ISBN 9780748402533

[151] KIM, H., A.A. ABDALA und C.W. MACOSKO. Graphene/Polymer Nanocomposites. *Macromolecules,* 2010, **43**(16), 6515-6530

[152] MICHEL, S., B.T.T. CHU, S. GRIMM, F.A. NÜESCH, A. BORGSCHULTE und D.M. OPRIS. Self-healing electrodes for dielectric elastomer actuators [online]. *Journal of Materials Chemistry*, 2012, **22**(38), 20736. ISSN 0959-9428. Verfügbar unter: doi:10.1039/c2jm32228e

[153] LAM, T., H. TRAN, W. YUAN, Z. YU, S. HA, R. KANER und Q. PEI. Polyaniline nanofibers as a novel electrode material for fault-tolerant dielectric elastomer actuators. In: Y. BAR-COHEN, Hg. *Electroactive Polymer Actuators and Devices (EAPAD) 2008:* SPIE, 2008, 69270O

[154] KEPLINGER, C., T. LI, R. BAUMGARTNER, Z. SUO und S. BAUER. Harnessing snap-through instability in soft dielectrics to achieve giant voltage-triggered deformation [online]. *Soft Matter*, 2012, **8**(2), 285-288. ISSN 1744-683X. Verfügbar unter: doi:10.1039/C1SM06736B

[155] HUANG, J., T. LU, J. ZHU, D.R. CLARKE und Z. SUO. Large, unidirectional actuation in dielectric elastomers achieved by fiber stiffening [online]. *Applied Physics Letters*, 2012, **100**(21), 211901. ISSN 0003-6951. Verfügbar unter: doi:10.1063/1.4720181

[156] AKBARI, S. und H.R. SHEA. An array of 100μm×100μm dielectric elastomer actuators with 80% strain for tissue engineering applications [online]. *Sensors and Actuators A: Physical*, 2012, **186**, 236-241. ISSN 09244247. Verfügbar unter: doi:10.1016/j.sna.2012.01.030

[157] CARPI, F., G. FREDIANI, S. TURCO und D.D. ROSSI. Bioinspired Tunable Lens with Muscle-Like Electroactive Elastomers [online]. *Advanced Functional Materials*, 2011, **21**(21), 4152-4158. ISSN 1616301X. Verfügbar unter: doi:10.1002/adfm.201101253

[158] OPTOTUNE. *Product website* [online]. *Laser speckle reducers – Overview.* Verfügbar unter: https://www.optotune.com/index.php/products/laser-speckle-reducers

[159] ANDERSON, I.A., T. HALE, T. GISBY, T. INAMURA, T. MCKAY, B. O'BRIEN, S. WALBRAN und E.P. CALIUS. A thin membrane artificial muscle rotary motor [online]. *Applied Physics A*, 2009, **98**(1), 75. ISSN 1432-0630. Verfügbar unter: doi:10.1007/s00339-009-5434-5

[160] ROSSET, S., O.A. ARAROMI, S. SCHLATTER und H.R. SHEA. Fabrication Process of Silicone-based Dielectric Elastomer Actuators [online]. *Journal of visualized experiments : JoVE*, 2016, (108), e53423. Verfügbar unter: doi:10.3791/53423

[161] PEI, Q., M.A. ROSENTHAL, R. PELRINE, S. STANFORD, R.D. KORNBLUH und Y. BAR-COHEN. Multifunctional electroelastomer roll actuators and their application for biomimetic walking robots. In: *Smart Structures and Materials:* SPIE, 2003, S. 281-290

[162] STRETCHSENSE. *Webpräsenz der Firma* [online]. Verfügbar unter: https://www.stretchsense.com/

[163] ZHANG, H. und M.Y. WANG. Multi-Axis Soft Sensors Based on Dielectric Elastomer [online]. *Soft Robotics*, 2016, **3**(1), 3-12. ISSN 2169-5172. Verfügbar unter: doi:10.1089/soro.2015.0017

[164] KORNBLUH, R.D., R. PELRINE, Q. PEI, R. HEYDT, S. STANFORD, S. OH und J. ECKERLE. Electroelastomers: applications of dielectric elastomer transducers for actuation, generation, and smart structures. In: A.-M.R. MCGOWAN, Hg. *SPIE's 9th Annual International Symposium on Smart Structures and Materials:* SPIE, 2002, S. 254-270

[165] KOFOD, G., M. PAAJANEN und S. BAUER. New design concept for dielectric elastomer actuators. In: Y. BAR-COHEN, Hg. *Smart Structures and Materials 2006: Electroactive Polymer Actuators and Devices (EAPAD):* SPIE, 2006, 61682J

[166] DUDUTA, M., D.R. CLARKE und R.J. WOOD. A high speed soft robot based on dielectric elastomer actuators. In: *2017 IEEE International Conference on Robotics and Automation (ICRA):* IEEE, 2017, S. 4346-4351. ISBN 978-1-5090-4633-1

[167] SHIAN, S., K. BERTOLDI und D.R. CLARKE. Dielectric Elastomer Based "Grippers" for Soft Robotics [online]. *Advanced materials (Deerfield Beach, Fla.)*, 2015, **27**(43), 6814-6819. Verfügbar unter: doi:10.1002/adma.201503078

[168] COVESTRO DEUTSCHLAND AG. Electroactive polymer transducers biased for increased output. Erfinder: J. R. HEIM, I. POLYAKOV, A. ZARRABI UND O. HUI. US7915790B2

[169] HAU, S., A. YORK und S. SEELECKE. Performance prediction of circular dielectric electro-active polymers membrane actuators with various geometries. In: Y. BAR-COHEN, Hg. *SPIE Smart*

Structures and Materials + Nondestructive Evaluation and Health Monitoring, 2015,: International Society for Optics and Photonics, 2015, 94300C

[170] HODGINS, M., A. YORK und S. SEELECKE. Electro-Mechanical Analysis of a DEAP Actuator Coupled to a Negative-Rate Bias Spring Mechanism. In: *Proceedings of the ASME Conference on Smart Materials, Adaptive Structures and Intelligent Systems - 2010. Presented at ASME 2010 Conference on Smart Materials, Adaptive Structures and Intelligent Systems, September 28 - October 1, 2010, Philadelphia, Pennsylvania, USA*. New York, NY: ASME, 2010, S. 315-322. ISBN 978-0-7918-4415-1

[171] HODGINS, M., A. YORK und S. SEELECKE. Experimental comparison of bias elements for out-of-plane DEAP actuator system [online]. *Smart Materials and Structures,* 2013, **22**(9), 94016. ISSN 0964-1726. Verfügbar unter: doi:10.1088/0964-1726/22/9/094016

[172] NGUYEN, C.T., H. PHUNG, T.D. NGUYEN, H. JUNG und H.R. CHOI. Multiple-degrees-of-freedom dielectric elastomer actuators for soft printable hexapod robot [online]. *Sensors and Actuators A: Physical,* 2017, **267**, 505-516. ISSN 09244247. Verfügbar unter: doi:10.1016/j.sna.2017.10.010

[173] CARPI, F., A. MIGLIORE, G. SERRA und D.D. ROSSI. Helical dielectric elastomer actuators [online]. *Smart Materials and Structures,* 2005, **14**(6), 1210. ISSN 0964-1726. Verfügbar unter: doi:10.1088/0964-1726/14/6/014

[174] CARPI, F., C. SALARIS und D.D. ROSSI. Folded dielectric elastomer actuators [online]. *Smart Materials and Structures,* 2007, **16**(2), S300-S305. ISSN 0964-1726. Verfügbar unter: doi:10.1088/0964-1726/16/2/S15

[175] CARPI, FEDERICO; ROSSI, DANILO DE. Electroactive Polymere Based Actuator, Sensor and Generator with Folded Configuration. Erfinder: F. CARPI UND D.D. ROSSI. Anmeldung: 30. August 2006. PCT. WO 2007/029275 Al

[176] KOVACS, G., L. DÜRING, S. MICHEL und G. TERRASI. Stacked dielectric elastomer actuator for tensile force transmission [online]. *Sensors and Actuators A: Physical,* 2009, **155**(2), 299-307. ISSN 09244247. Verfügbar unter: doi:10.1016/j.sna.2009.08.027

[177] BOCHMANN, H., B. von HECKEL und J. MAAS. Adhesion enhancement methods for a roll-to-sheet fabrication process of DE stack-transducers and their influences on the electric properties. In: Y. BAR-COHEN, Hg. *Electroactive Polymer Actuators and Devices (EAPAD) 2017:* SPIE, 2017, 101632P

[178] DIN. DIN 8580:2003-09, *Fertigungsverfahren - Begriffe, Einteilung:* Beuth

[179] WACKER CHEMIE AG. *Produktinformation Elastosil Film* [online]. *Outstanding Silicone Properties in a New Shape: Elastosil Film* [Zugriff am: 07.2018]. Verfügbar unter: https://www.wacker.com/cms/media/publications/downloads/6924_EN.pdf

[180] LOCHMATTER, P. und G. KOVACS. Design and characterization of an active hinge segment based on soft dielectric EAPs [online]. *Sensors and Actuators A: Physical,* 2008, **141**(2), 577-587. ISSN 09244247. Verfügbar unter: doi:10.1016/j.sna.2007.10.029

[181] GROTEPAß, T., F. FÖRSTER-ZÜGEL, H. MÖßINGER und H.F. SCHLAAK. Adhesion promoters for large scale fabrication of dielectric elastomer stack transducers (DESTs) made of pre-fabricated dielectric films. In: Y. BAR-COHEN, Hg. *Electroactive Polymer Actuators and Devices (EAPAD) 2015:* SPIE, 2015, 94302O

[182] JUNGMANN, M. *Entwicklung elektrostatischer Festkörperaktoren mit elastischen Dielektrika für den Einsatz in taktilen Anzeigefeldern.* Dissertation. Darmstadt, 2004

[183] TÖPPER, T., F. WEISS, B. OSMANI, C. BIPPES, V. LEUNG und B. MÜLLER. Siloxane-based thin films for biomimetic low-voltage dielectric actuators [online]. *Sensors and Actuators A: Physical,* 2015, **233**, 32-41. ISSN 09244247. Verfügbar unter: doi:10.1016/j.sna.2015.06.014

[184] OSMANI, B., T. TÖPPER, M. SIKETANC, G. KOVACS und B. MÜLLER. Electrospraying and ultraviolet light curing of nanometer-thin polydimethylsiloxane membranes for low-voltage dielectric elastomer transducers. In: Y. BAR-COHEN, Hg. *Electroactive Polymer Actuators and Devices (EAPAD) 2017:* SPIE, 2017, 101631E

[185] POULIN, A., S. ROSSET und H.R. SHEA. Printing low-voltage dielectric elastomer actuators [online]. *Applied Physics Letters,*

2015, **107**(24), 244104. ISSN 0003-6951. Verfügbar unter: doi:10.1063/1.4937735

[186] ROSSITER, J., P. WALTERS und B. STOIMENOV. Printing 3D dielectric elastomer actuators for soft robotics. In: Y. BAR-COHEN und T. WALLMERSPERGER, Hg. *Electroactive Polymer Actuators and Devices (EAPAD) 2009:* SPIE, 2009, 72870H

[187] MCCOUL, D., S. ROSSET, S. SCHLATTER und H. SHEA. Inkjet 3D printing of UV and thermal cure silicone elastomers for dielectric elastomer actuators [online]. *Smart Materials and Structures,* 2017, **26**(12), 125022. ISSN 0964-1726. Verfügbar unter: doi:10.1088/1361-665X/aa9695

[188] LIRAVI, F. und E. TOYSERKANI. Additive manufacturing of silicone structures: A review and prospective [online]. *Additive Manufacturing,* 2018, **24**, 232-242. ISSN 2214-8604. Verfügbar unter: doi:10.1016/j.addma.2018.10.002

[189] BHATTACHARJEE, N., C. PARRA-CABRERA, Y.T. KIM, A.P. KUO und A. FOLCH. Desktop-Stereolithography 3D-Printing of a Poly(dimethylsiloxane)-Based Material with Sylgard-184 Properties [online]. *Advanced materials (Deerfield Beach, Fla.),* 2018, **30**(22), e1800001. Verfügbar unter: doi:10.1002/adma.201800001

[190] HINTON, T.J., A. HUDSON, K. PUSCH, A. LEE und A.W. FEINBERG. 3D Printing PDMS Elastomer in a Hydrophilic Support Bath via Freeform Reversible Embedding [online]. *ACS Biomaterials Science & Engineering,* 2016, **2**(10), 1781-1786&has_illable_bvb01_containers=2. Verfügbar unter: doi:10.1021/acsbiomaterials.6b00170

[191] LIRAVI, F., R. DARLEUX und E. TOYSERKANI. Nozzle dispensing additive manufacturing of polysiloxane: dimensional control [online]. *International Journal of Rapid Manufacturing,* 2015, **5**(1), 20. ISSN 1757-8817. Verfügbar unter: doi:10.1504/IJRAPIDM.2015.073546

[192] LIRAVI, F. und E. TOYSERKANI. A hybrid additive manufacturing method for the fabrication of silicone bio-structures: 3D printing optimization and surface characterization [online]. *Materials & Design,* 2018, **138**, 46-61. ISSN 02641275. Verfügbar unter: doi:10.1016/j.matdes.2017.10.051

[193] ACEO WACKER. *Design Guidelines* [online] [Zugriff am: 11.2018]. Verfügbar unter: https://s27714.pcdn.co/wp-content/uploads/2018/08/ACEO_Design_Guidelines_0718.pdf

[194] DUBOIS, P., S. ROSSET, S. KOSTER, J. STAUFFER, S. MIKHAÏLOV, M. DADRAS, N.-F.d. ROOIJ und H. SHEA. Microactuators based on ion implanted dielectric electroactive polymer (EAP) membranes [online]. *Sensors and Actuators A: Physical,* 2006, **130-131**, 147-154. ISSN 09244247. Verfügbar unter: doi:10.1016/j.sna.2005.11.069

[195] HABRARD, F., J. PATSCHEIDER und G. KOVACS. Super-compliant metallic electrodes for electroactive polymer actuators. In: Y. BAR-COHEN, Hg. *Electroactive Polymer Actuators and Devices (EAPAD) 2012:* SPIE, 2012, S. 834013

[196] DANFOSS A/S. Dielectric Composite and a Method of Manufacturing a dielectric composite. Erfinder: M. Y. BENSLIMANE UND P. GRAVESEN. Anmeldung: 9. März 2009. USA. US7,843,111B2

[197] CHUNG, S., J. LEE, H. SONG, S. KIM, J. JEONG und Y. HONG. Inkjet-printed stretchable silver electrode on wave structured elastomeric substrate [online]. *Applied Physics Letters,* 2011, **98**(15), 153110. ISSN 0003-6951. Verfügbar unter: doi:10.1063/1.3578398

[198] BAECHLER, C., S. GARDIN, H. ABUHIMD und G. KOVACS. Inkjet printed multiwall carbon nanotube electrodes for dielectric elastomer actuators [online]. *Smart Materials and Structures,* 2016, **25**(5), 55009. ISSN 0964-1726. Verfügbar unter: doi:10.1088/0964-1726/25/5/055009

[199] SCHLATTER, S., S. ROSSET und H. SHEA. Inkjet printing of carbon black electrodes for dielectric elastomer actuators. In: Y. BAR-COHEN, Hg. *Electroactive Polymer Actuators and Devices (EAPAD) 2017:* SPIE, 2017, S. 1016311

[200] ARAROMI, O.A., S. ROSSET und H.R. SHEA. High-Resolution, Large-Area Fabrication of Compliant Electrodes via Laser Ablation for Robust, Stretchable Dielectric Elastomer Actuators and Sensors [online]. *ACS applied materials & interfaces,* 2015, **7**(32), 18046-18053. ISSN 1944-8252. Verfügbar unter: doi:10.1021/acsami.5b04975

[201] VUDAYAGIRI, S. *Large scale processing of dielectric electroactive polymers.* Dissertation, 2014

[202] BENSLIMANE, M.Y., H.-E. KIIL und M.J. TRYSON. Dielectric electro-active polymer push actuators: performance and challenges [online]. *Polymer International,* 2010, **59**(3), 415-421. ISSN 09598103. Verfügbar unter: doi:10.1002/pi.2768

[203] HAU, S., A. YORK und S. SEELECKE. High-Force Dielectric Electroactive Polymer (DEAP) membrane actuator. In: Y. BAR-COHEN und F. VIDAL, Hg. *Electroactive Polymer Actuators and Devices (EAPAD) 2016:* SPIE, 2016, 97980I

[204] KLUG, F., S. SOLANO-ARANA, H. MÖßINGER, F. FÖRSTER-ZÜGEL und H.F. SCHLAAK. Fabrication of dielectric elastomer stack transducers (DEST) by liquid deposition modeling. In: Y. BAR-COHEN, Hg. *Electroactive Polymer Actuators and Devices (EAPAD) 2017:* SPIE, 2017, 101632Q

[205] EOM, S.I., K. MIYATA, K. ASAI, J.-W. KIM und K. YOSHIDA. Proposal of a peristaltic micropump using dielectric elastomer actuators fabricated by MEMS technology. In: Y. BAR-COHEN, Hg. *Electroactive Polymer Actuators and Devices (EAPAD) 2017:* SPIE, 2017, 101631L

[206] KOVACS, G. und L. DÜRING. Contractive tension force stack actuator based on soft dielectric EAP. In: Y. BAR-COHEN und T. WALLMERSPERGER, Hg. *Electroactive Polymer Actuators and Devices (EAPAD) 2009:* SPIE, 2009, 72870A

[207] MAAS, J., D. TEPEL und T. HOFFSTADT. Actuator design and automated manufacturing process for DEAP-based multilayer stack-actuators [online]. *Meccanica,* 2015, **50**(11), 2839-2854. ISSN 0025-6455. Verfügbar unter: doi:10.1007/s11012-015-0273-2

[208] SIEMENS AG. POLYMERAKTOR IN STAPELBAUWEISE UND VERFAHREN ZU DESSEN HERSTELLUNG. Erfinder: F. ARNDT, A. STECKENBORN UND M. STÖSSEL. Anmeldung: 25. Februar 2005. Deutschland. PCT/DE2005/000347

[209] CREEGAN, A. und I. ANDERSON. 3D printing for dielectric elastomers. In: Y. BAR-COHEN, Hg. *Electroactive Polymer Actuators and Devices (EAPAD) 2014:* SPIE, 2014, S. 905629

[210] CORBACI, M., W. WALTER und K. LAMKIN-KENNARD. Microfabrication of stacked dielectric elastomer actuator fibers. In: Y.

BAR-COHEN und F. VIDAL, Hg. *Electroactive Polymer Actuators and Devices (EAPAD) 2016:* SPIE, 2016, S. 979823

[211] MORETTI, G., G.P.R. PAPINI, M. RIGHI, D. FOREHAND, D. INGRAM, R. VERTECHY und M. FONTANA. Resonant wave energy harvester based on dielectric elastomer generator [online]. *Smart Materials and Structures,* 2018, **27**(3), 35015. ISSN 0964-1726. Verfügbar unter: doi:10.1088/1361-665X/aaab1e

[212] DOMININGHAUS, H., P. ELSNER, P. EYERER und T. HIRTH. *Kunststoffe.* Berlin, Heidelberg: Springer Berlin Heidelberg, 2008. ISBN 978-3-540-72400-1

[213] DARPA. *Maximum Mobility and Manipulation (M3), Actuation DSO* [online]. *Broad Agency Announcement,* 2010. 22 Juli 2021, 12:00. Verfügbar unter: https://govtribe.com/opportunity/federal-contract-opportunity/maximum-mobility-and-manipulation-m3-darpabaa1065

[214] STILLI, A., H.A. WURDEMANN und K. ALTHOEFER. A Novel Concept for Safe, Stiffness-Controllable Robot Links [online]. *Soft Robotics,* 2017, **4**(1), 16-22. ISSN 2169-5172. Verfügbar unter: doi:10.1089/soro.2016.0015

[215] TEXAS INSTRUMENTS. *FDC1004 Datasheet* [online]. *4 Channel Capacitance to Digital Converter for Capacitive Sensing (Cap Sensing) Solutions,* 2019 [Zugriff am: 01.2019]. Verfügbar unter: http://www.ti.com/lit/gpn/fdc1004

[216] FIRMA ANALOG MICROELECTRONICS. *Datasheet CAV444* [online]. *C/U-Wandler mit linearem Spannungsausgang,* 2019 [Zugriff am: 01.2019]. Verfügbar unter: https://www.analog-micro.com/_pages/ics/cav444/cav444-datasheet.pdf

[217] HAN, J., Z. HUI, F. TIAN und G. CHEN. Review on bio-inspired flight systems and bionic aerodynamics [online]. *Chinese Journal of Aeronautics,* 2020. ISSN 10009361. Verfügbar unter: doi:10.1016/j.cja.2020.03.036

[218] XU, Z. und E. TODOROV. Design of a highly biomimetic anthropomorphic robotic hand towards artificial limb regeneration. In: A. OKAMURA und A. MENCIASSI, Hg. *2016 IEEE International Conference on Robotics and Automation, Stockholm, Sweden, May 16th-21st.* Piscataway, NJ: IEEE, 2016, S. 3485-3492. ISBN 978-1-4673-8026-3

[219] WACKER. *Verarbeitung RTV-2 Siliconkautschuke D* [online]. 1 Februar 2008 [Zugriff am: 17. Oktober 2012]. Verfügbar unter: https://www.drawin.com/drawin/media/downloads/broschueren/produktgruppe_2_rtv_2_silicone/EL_RTV-2_Siliconkautschuke_Verarbeitung_d_08-07.pdf

[220] MATYSEK, M., P. LOTZ, K. FLITTNER, H.F. SCHLAAK und Y. BAR-COHEN. High-precision characterization of dielectric elastomer stack actuators and their material parameters. In: *The 15th International Symposium on: Smart Structures and Materials & Nondestructive Evaluation and Health Monitoring:* SPIE, 2008, S. 692722

[221] RENN, MICHAEL J. Direct write™ system. Erfinder: M. J. RENN. Anmeldung: 5. Februar 2002. USA. US Patent 7270844B2

[222] INTEGRATED DEPOSITION SOLUTIONS INC. Apparatuses and Methods for Stable Aerosol Deposition Using an Aerodynamic Lens System. Erfinder: M. ESSIEN. Anmeldung: 31. Oktober 2014. USA. US14/927,380

[223] HEDGES, M., M. RENN und M. KARDOS. Mesoscale Deposition Technology for Electronics Applications. In: *Polytronic 2005. 5th International IEEE Conference on Polymers and Adhesives in Microelectronics and Photonics : October 23-24, 2005, Hotel Mercure Panorama, Wrocław, Poland : proceedings.* Piscataway, NJ: IEEE, 2006, S. 53-57. ISBN 0-7803-9553-0

[224] HEDGES, M., M. KARDOS, B. KING und M. RENN. Aerosol-Jet Printing for 3-D Interconnects, Flexible Substrates and Embedded Passives. In: *Proceedings of the International Wafer Level Packaging Conference,* 2006

[225] METTE, A., P.L. RICHTER, M. HÖRTEIS und S.W. GLUNZ. Metal aerosol jet printing for solar cell metallization [online]. *Progress in Photovoltaics: Research and Applications,* 2007, **15**(7), 621-627. ISSN 10627995. Verfügbar unter: doi:10.1002/pip.759

[226] BAG, S., J.R. DENEAULT und M.F. DURSTOCK. Aerosol-Jet-Assisted Thin-Film Growth of CH 3 NH 3 PbI 3 Perovskites-A Means to Achieve High Quality, Defect-Free Films for Efficient Solar Cells [online]. *Advanced Energy Materials,* 2017, **7**(20), 1701151. ISSN 16146832. Verfügbar unter: doi:10.1002/aenm.201701151

[227] JONES, C.S., X. LU, M. RENN, M. STRODER und W.-S. SHIH. Aerosol-jet-printed, high-speed, flexible thin-film transistor made using single-walled carbon nanotube solution [online]. *Microelectronic Engineering*, 2010, **87**(3), 434-437. ISSN 01679317. Verfügbar unter: doi:10.1016/j.mee.2009.05.034

[228] MAIWALD, M., C. WERNER, V. ZOELLMER und M. BUSSE. INKtelligent printed strain gauges [online]. *Procedia Chemistry*, 2009, **1**(1), 907-910. ISSN 18766196. Verfügbar unter: doi:10.1016/j.proche.2009.07.226

[229] JAHN, D., R. ECKSTEIN, L.M. SCHNEIDER, N. BORN, G. HERNANDEZ-SOSA, J.C. BALZER, I. AL-NAIB, U. LEMMER und M. KOCH. Digital Aerosol Jet Printing for the Fabrication of Terahertz Metamaterials [online]. *Advanced Materials Technologies*, 2018, **3**(2), 1700236. ISSN 2365709X. Verfügbar unter: doi:10.1002/admt.201700236

[230] REITBERGER, T., G.-A. HOFFMANN, T. WOLFER, L. OVERMEYER und J. FRANKE. Printing polymer optical waveguides on conditioned transparent flexible foils by using the aerosol jet technology. In: E.J.W. LIST-KRATOCHVIL, Hg. *SPIE Organic Photonics + Electronics:* SPIE, 2016, 99450G

[231] LEDESMA-FERNANDEZ, J., C. TUCK und R. HAGUE. HIGH VISCOSITY JETTING OF CONDUCTIVE AND DIELECTRIC PASTES FOR PRINTED ELECTRONICS. In: *SFF Symposium Proceedings - 2015. The Twenty-Sixth Annual International Solid Freeform Fabrication (SFF) Symposium*, 2015, S. 40-55

[232] SECOR, E.B. Principles of aerosol jet printing [online]. *Flexible and Printed Electronics*, 2018, **3**(3), 35002. ISSN 2058-8585. Verfügbar unter: doi:10.1088/2058-8585/aace28

[233] HEDGES, M. und A.B. MARIN. *3D Aerosol Jet® Printing-Adding Electronics Functionality to RP/RM* [online]. *Originally presented at DDMC 2012 Conference, 14-15.3.12, Berlin*, 2012 [Zugriff am: 03.2019]. Verfügbar unter: http://www.optomec.com/wp-content/uploads/2014/04/Optomec_NEOTECH_DDMC_3D_Aerosol_Jet_Printing.pdf

[234] SEIFERT, T., E. SOWADE, F. ROSCHER, M. WIEMER, T. GESSNER und R.R. BAUMANN. Additive Manufacturing Technologies Compared: Morphology of Deposits of Silver Ink Using Inkjet

and Aerosol Jet Printing [online]. *Industrial & Engineering Chemistry Research,* 2015, **54**(2), 769-779. ISSN 0888-5885. Verfügbar unter: doi:10.1021/ie503636c

[235] HOEY, J.M., A. LUTFURAKHMANOV, D.L. SCHULZ und I.S. AKHATOV. A Review on Aerosol-Based Direct-Write and Its Applications for Microelectronics [online]. *Journal of Nanotechnology,* 2012, **2012**(9), 1-22. ISSN 1687-9503. Verfügbar unter: doi:10.1155/2012/324380

[236] KING, B. und M. RENN. *Aerosol Jet direct write printing for mil-aero electronic applications* [online]. *Lockheed Martin Palo Alto Colloquia,* 2009 [Zugriff am: 03.2019]. Verfügbar unter: http://www.optomec.com/wp-content/uploads/2014/04/Optomec_Aerosol_Jet_Direct_Write_Printing_for_Mil_Aero_Electronic_Apps.pdf

[237] HINDS, W.C. *Aerosol technology. Properties, behavior, and measurement of airborne particles.* 2nd ed. New York: John Wiley & Sons, Ltd, 2012. ISBN 1118591976

[238] FINLAY, W.H. *The mechanics of inhaled pharmaceutical aerosols. An introduction.* San Diego, CA: Academic Press, 2001. ISBN 978-0-12-256971-5

[239] MCCALLION, O., K. TAYLOR, P.A. BRIDGES, M. THOMAS und A.J. TAYLOR. Jet nebulisers for pulmonary drug delivery [online]. *International Journal of Pharmaceutics,* 1996, **130**(1), 1-11. ISSN 03785173. Verfügbar unter: doi:10.1016/0378-5173(95)04233-4

[240] PESKIN, R.L. und R.J. RACO. Ultrasonic Atomization of Liquids [online]. *The Journal of the Acoustical Society of America,* 1963, **35**(9), 1378-1381. ISSN 0001-4966. Verfügbar unter: doi:10.1121/1.1918700

[241] LANG, R.J. Ultrasonic Atomization of Liquids [online]. *The Journal of the Acoustical Society of America,* 1962, **34**(1), 6-8. ISSN 0001-4966. Verfügbar unter: doi:10.1121/1.1909020

[242] DONNELLY, T.D., J. HOGAN, A. MUGLER, M. SCHUBMEHL, N. SCHOMMER, A.J. BERNOFF, S. DASNURKAR und T. DITMIRE. Using ultrasonic atomization to produce an aerosol of micron-scale particles [online]. *Review of Scientific Instruments,* 2005, **76**(11), 113301. ISSN 0034-6748. Verfügbar unter: doi:10.1063/1.2130336

[243] RODES, C., T. SMITH, R. CROUSE und G. RAMACHANDRAN. Measurements of the Size Distribution of Aerosols Produced by Ultrasonic Humidification [online]. *Aerosol Science and Technology,* 1990, **13**(2), 220-229. ISSN 0278-6826. Verfügbar unter: doi:10.1080/02786829008959440

[244] TARR, M.A., G. ZHU und R.F. BROWNER. Fundamental Aerosol Studies with an Ultrasonic Nebulizer [online]. *Applied Spectroscopy,* 1991, **45**(9), 1424-1432. ISSN 0003-7028. Verfügbar unter: doi:10.1366/0003702914335616

[245] OPTOMEC. *Datasheet AJ-Print-Enginge* [online] [Zugriff am: 03.2019]. Verfügbar unter: https://www.optomec.com/wp-content/uploads/2018/08/AJ-Print-Engine_WEB0818.pdf

[246] OPTOMEC. *Materials FAQ - AJ Printable Materials Overview* [online] [Zugriff am: 03.2019]. Verfügbar unter: https://www.optomec.com/wp-content/uploads/2014/04/AJ_MATERIALS_FAQs-Web0417.pdf

[247] HOPKINS, R.J., C.R. HOWLE und J.P. REID. Measuring temperature gradients in evaporating multicomponent alcohol/water droplets [online]. *Physical chemistry chemical physics : PCCP,* 2006, **8**(24), 2879-2888. ISSN 1463-9076. Verfügbar unter: doi:10.1039/b600530f

[248] PERIASAMY RAVINDRAN, E. und J. DAVIS. Multicomponent evaporation of single aerosol droplets [online]. *Journal of Colloid and Interface Science,* 1982, **85**(1), 278-288. ISSN 00219797. Verfügbar unter: doi:10.1016/0021-9797(82)90256-9

[249] WIDMANN, J.F. und E.J. DAVIS. Evaporation of Multicomponent Droplets [online]. *Aerosol Science and Technology,* 1997, **27**(2), 243-254. ISSN 0278-6826. Verfügbar unter: doi:10.1080/02786829708965470

[250] WILLIAMS, B.A., N.D. TREJO, A. WU, C.S. HOLGATE, L.F. FRANCIS und E.S. AYDIL. Copper-Zinc-Tin-Sulfide Thin Films via Annealing of Ultrasonic Spray Deposited Nanocrystal Coatings [online]. *ACS applied materials & interfaces,* 2017, **9**(22), 18865-18871. ISSN 1944-8252. Verfügbar unter: doi:10.1021/acsami.7b04414

[251] CHEN, H.-Y. und H.-L. HUANG. Numerical and experimental study of virtual impactor design and aerosol separation [online].

Journal of Aerosol Science, 2016, **94**, 43-55. ISSN 00218502. Verfügbar unter: doi:10.1016/j.jaerosci.2015.12.001

[252] BINDER, S., M. GLATTHAAR und E. RÄDLEIN. Analytical Investigation of Aerosol Jet Printing [online]. *Aerosol Science and Technology,* 2014, **48**(9), 924-929. ISSN 0278-6826. Verfügbar unter: doi:10.1080/02786826.2014.940439

[253] LIU, P., P.J. ZIEMANN, D.B. KITTELSON und P.H. MCMURRY. Generating Particle Beams of Controlled Dimensions and Divergence: I. Theory of Particle Motion in Aerodynamic Lenses and Nozzle Expansions [online]. *Aerosol Science and Technology,* 1995, **22**(3), 293-313. ISSN 0278-6826. Verfügbar unter: doi:10.1080/02786829408959748

[254] LIU, P., P.J. ZIEMANN, D.B. KITTELSON und P.H. MCMURRY. Generating Particle Beams of Controlled Dimensions and Divergence: II. Experimental Evaluation of Particle Motion in Aerodynamic Lenses and Nozzle Expansions [online]. *Aerosol Science and Technology,* 1995, **22**(3), 314-324. ISSN 0278-6826. Verfügbar unter: doi:10.1080/02786829408959749

[255] IMES-ICORE. *Datenblatt EuroMod-Serie* [online], 2019. 04.2019 [Zugriff am: 04.2019]. Verfügbar unter: https://www.imes-icore.de/deu/mwdownloads/download/link/id/9339/

[256] SIGMA-ALDRICH. *Product Specification Sylgard 186,* 2019

[257] MOMENTIVE. *Silopren UV Electro 235-2 and UV Electro 225-1. Technical Data Sheet,* 2019

[258] WACKER CHEMIE AG. *Datasheet - Elastosil P7670. RTV-2 SILICONE RUBBER / PROSTHETICS,* 2019

[259] SUKESHINI, A.M., T. JENKINS, P. GARDNER, R.M. MILLER und T.L. REITZ. Investigation of Aerosol Jet Deposition Parameters for Printing SOFC Layers. In: *Proceedings of the ASME 8th International Conference on Fuel Cell Science, Engineering, and Technology, 2010. Presented at 8th International Conference on Fuel Cell Science, Engineering, and Technology; June 14 - 16, 2010, Brookly, New York, USA.* New York, NY: ASME, 2010, S. 325-332. ISBN 978-0-7918-4404-5

[260] KLEPPMANN, W. *Versuchsplanung.* München: Carl Hanser Verlag GmbH & Co. KG, 2016. ISBN 978-3-446-44716-5

[261] FIRMA MINITAB INC. *Interpretieren der wichtigsten Ergebnisse für Wirkungsflächenversuchsplan analysieren* [online]. *Produktdokumentation,* 2019 [Zugriff am: 04.2019]. Verfügbar unter: https://support.minitab.com/de-de/minitab/18/help-and-how-to/modeling-statistics/doe/how-to/response-surface/analyze-response-surface-design/interpret-the-results/interpret-the-results/

[262] VDI - Verein Deutscher Ingenieure. 3405, *VDI 3405*. Berlin: Beuth Verlag GmbH

[263] DIN. DIN 53504:2017-03, *Prüfung von Kautschuk und Elastomeren.* Berlin: Beuth Verlag GmbH

[264] RODRI´GUEZ, J.F., J.P. THOMAS und J.E. RENAUD. Design of Fused-Deposition ABS Components for Stiffness and Strength [online]. *Journal of Mechanical Design,* 2003, **125**(3), 545-551. ISSN 1050-0472. Verfügbar unter: doi:10.1115/1.1582499

[265] CARPI, F., I. ANDERSON, S. BAUER, G. FREDIANI, G. GALLONE, M. GEI, C. GRAAF, C. JEAN-MISTRAL, W. KAAL, G. KOFOD, M. KOLLOSCHE, R. KORNBLUH, B. LASSEN, M. MATYSEK, S. MICHEL, S. NOWAK, B. O'BRIEN, Q. PEI, R. PELRINE, B. RECHENBACH, S. ROSSET und H. SHEA. Standards for dielectric elastomer transducers. *Smart Materials and Structures,* 2015, **24**(10), 105025

[266] DIN. DIN EN 60243-1:2014-01, *Electric strength of insulating materials:* Beuth

[267] DIN. DIN EN 60243-2:2014-08, *Electric strength of insulating materials:* Beuth

[268] DIN. DIN EN 60674-2:2014-06, *Specification for plastic films for electrical purposes:* Beuth

[269] GATTI, D., H. HAUS, M. MATYSEK, B. FROHNAPFEL, C. TROPEA und H.F. SCHLAAK. The dielectric breakdown limit of silicone dielectric elastomer actuators [online]. *Applied Physics Letters,* 2014, **104**(5), 52905. ISSN 0003-6951. Verfügbar unter: doi:10.1063/1.4863816

[270] IIJIMA, S. Helical microtubules of graphitic carbon. *Nature,* 1991, **354**(6348), 56-58

[271] FRITZSCHE, J., H. LORENZ und M. KLÜPPEL. CNT Based Elastomer-Hybrid-Nanocomposites with Promising Mechanical and Electrical Properties [online]. *Macromolecular Materials and Engineering,* 2009, **294**(9), 551-560. ISSN 14387492. Verfügbar unter: doi:10.1002/mame.200900131

[272] AJAYAN, P.M., O. STEPHAN, C. COLLIEX und D. TRAUTH. Aligned carbon nanotube arrays formed by cutting a polymer resin--nanotube composite [online]. *Science (New York, N.Y.),* 1994, **265**(5176), 1212-1214. ISSN 0036-8075. Verfügbar unter: doi:10.1126/science.265.5176.1212

[273] ALIG, I., P. PÖTSCHKE, D. LELLINGER, T. SKIPA, S. PEGEL, G.R. KASALIWAL und T. VILLMOW. Establishment, morphology and properties of carbon nanotube networks in polymer melts [online]. *Polymer,* 2012, **53**(1), 4-28. ISSN 0032-3861. Verfügbar unter: doi:10.1016/j.polymer.2011.10.063

[274] LALL, P., K. GOYAL, B. LEEVER und S. MILLER. Factors Influencing the Line Consistency of Commonly Used Geometries for Additively Printed Electronics. In: *2019 18th IEEE Intersociety Conference on Thermal and Thermomechanical Phenomena in Electronic Systems (ITherm):* IEEE, 52019, S. 863-869. ISBN 978-1-7281-2461-2

[275] MORALES-RODRIGUEZ, M.E., P.C. JOSHI, J.R. HUMPHRIES, P.L. FUHR und T.J. MCINTYRE. Fabrication of Low Cost Surface Acoustic Wave Sensors Using Direct Printing by Aerosol Inkjet [online]. *IEEE Access,* 2018, **6**, 20907-20915. Verfügbar unter: doi:10.1109/ACCESS.2018.2824118

[276] ECKSTEIN, R. *Aerosol Jet Printed Electronic Devices and Systems.* Dissertation. Karlsruhe, 27. Oktober 2016

[277] SKÁKALOVÁ, V., A.B. KAISER, Y.-S. WOO und S. ROTH. Electronic transport in carbon nanotubes: From individual nanotubes to thin and thick networks [online]. *Physical Review B,* 2006, **74**(8). ISSN 1098-0121. Verfügbar unter: doi:10.1103/PhysRevB.74.085403

[278] LI, J., P.C. MA, W.S. CHOW, C.K. TO, B.Z. TANG und J.-K. KIM. Correlations between Percolation Threshold, Dispersion State, and Aspect Ratio of Carbon Nanotubes [online]. *Advanced Functional Materials,* 2007, **17**(16), 3207-3215. ISSN 1616301X. Verfügbar unter: doi:10.1002/adfm.200700065

[279] HASAN, T., V. SCARDACI, P. TAN, A.G. ROZHIN, W.I. MILNE und A.C. FERRARI. Stabilization and "Debundling" of Single-Wall Carbon Nanotube Dispersions in N -Methyl-2-pyrrolidone (NMP) by Polyvinylpyrrolidone (PVP) [online]. *The Journal of Physical Chemistry C*, 2007, **111**(34), 12594-12602. ISSN 1932-7447. Verfügbar unter: doi:10.1021/jp0723012

[280] LU, K.L., R.M. LAGO, Y.K. CHEN, M. GREEN, P. HARRIS und S.C. TSANG. Mechanical damage of carbon nanotubes by ultrasound [online]. *Carbon*, 1996, **34**(6), 814-816. ISSN 00086223. Verfügbar unter: doi:10.1016/0008-6223(96)89470-X

[281] RASTOGI, R., R. KAUSHAL, S.K. TRIPATHI, A.L. SHARMA, I. KAUR und L.M. BHARADWAJ. Comparative study of carbon nanotube dispersion using surfactants [online]. *Journal of Colloid and Interface Science*, 2008, **328**(2), 421-428. ISSN 00219797. Verfügbar unter: doi:10.1016/j.jcis.2008.09.015

[282] KATO, H., K. MIZUNO, M. SHIMADA, A. NAKAMURA, K. TAKAHASHI, K. HATA und S. KINUGASA. Observations of bound Tween80 surfactant molecules on single-walled carbon nanotubes in an aqueous solution [online]. *Carbon*, 2009, **47**(15), 3434-3440. ISSN 00086223. Verfügbar unter: doi:10.1016/j.carbon.2009.08.006

[283] O'CONNELL, M.J., P. BOUL, L.M. ERICSON, C. HUFFMAN, Y. WANG, E. HAROZ, C. KUPER, J. TOUR, K.D. AUSMAN und R.E. SMALLEY. Reversible water-solubilization of single-walled carbon nanotubes by polymer wrapping [online]. *Chemical Physics Letters*, 2001, **342**(3-4), 265-271. ISSN 00092614. Verfügbar unter: doi:10.1016/S0009-2614(01)00490-0

[284] ALPATOVA, A.L., W. SHAN, P. BABICA, B.L. UPHAM, A.R. ROGENSUES, S.J. MASTEN, E. DROWN, A.K. MOHANTY, E.C. ALOCILJA und V.V. TARABARA. Single-walled carbon nanotubes dispersed in aqueous media via non-covalent functionalization: effect of dispersant on the stability, cytotoxicity, and epigenetic toxicity of nanotube suspensions [online]. *Water research*, 2010, **44**(2), 505-520. Verfügbar unter: doi:10.1016/j.watres.2009.09.042

[285] VAISMAN, L., H.D. WAGNER und G. MAROM. The role of surfactants in dispersion of carbon nanotubes [online]. *Advances in*

colloid and interface science, 2006, **128-130**, 37-46. ISSN 0001-8686. Verfügbar unter: doi:10.1016/j.cis.2006.11.007

[286] JABARI, E. und E. TOYSERKANI. Micro-scale aerosol-jet printing of graphene interconnects [online]. *Carbon*, 2015, **91**, 321-329. ISSN 00086223. Verfügbar unter: doi:10.1016/j.carbon.2015.04.094

[287] MAHAJAN, A., C.D. FRISBIE und L.F. FRANCIS. Optimization of aerosol jet printing for high-resolution, high-aspect ratio silver lines. *ACS applied materials & interfaces*, 2013, **5**(11), 4856-4864

[288] BERGER, C., Z. SONG, X. LI, X. WU, N. BROWN, C. NAUD, D. MAYOU, T. LI, J. HASS, A.N. MARCHENKOV, E.H. CONRAD, P.N. FIRST und W.A. de HEER. Electronic confinement and coherence in patterned epitaxial graphene [online]. *Science (New York, N.Y.)*, 2006, **312**(5777), 1191-1196. ISSN 0036-8075. Verfügbar unter: doi:10.1126/science.1125925

[289] BAE, S., H. KIM, Y. LEE, X. XU, J.-S. PARK, Y. ZHENG, J. BALAKRISHNAN, T. LEI, H.R. KIM, Y.I. SONG, Y.-J. KIM, K.S. KIM, B. OZYILMAZ, J.-H. AHN, B.H. HONG und S. IIJIMA. Roll-to-roll production of 30-inch graphene films for transparent electrodes [online]. *Nature nanotechnology*, 2010, **5**(8), 574-578. Verfügbar unter: doi:10.1038/nnano.2010.132

[290] MATTEVI, C., H. KIM und M. CHHOWALLA. A review of chemical vapour deposition of graphene on copper [online]. *Journal of Materials Chemistry*, 2011, **21**(10), 3324-3334. ISSN 0959-9428. Verfügbar unter: doi:10.1039/C0JM02126A

[291] SMITH, R.J., P.J. KING, M. LOTYA, C. WIRTZ, U. KHAN, S. DE, A. O'NEILL, G.S. DUESBERG, J.C. GRUNLAN, G. MORIARTY, J. CHEN, J. WANG, A.I. MINETT, V. NICOLOSI und J.N. COLEMAN. Large-scale exfoliation of inorganic layered compounds in aqueous surfactant solutions [online]. *Advanced materials (Deerfield Beach, Fla.)*, 2011, **23**(34), 3944-3948. Verfügbar unter: doi:10.1002/adma.201102584

[292] HUMMERS, W.S. und R.E. OFFEMAN. Preparation of Graphitic Oxide [online]. *Journal of the American Chemical Society*, 1958, **80**(6), 1339. ISSN 0002-7863. Verfügbar unter: doi:10.1021/ja01539a017

[293] CHEN, J., B. YAO, C. LI und G. SHI. An improved Hummers method for eco-friendly synthesis of graphene oxide [online].

Carbon, 2013, **64**, 225-229. ISSN 00086223. Verfügbar unter: doi:10.1016/j.carbon.2013.07.055

[294] FRANK, E.A., V.S. CARREIRA, M.E. BIRCH und J.S. YADAV. Carbon Nanotube and Asbestos Exposures Induce Overlapping but Distinct Profiles of Lung Pathology in Non-Swiss Albino CF-1 Mice [online]. *Toxicologic pathology*, 2016, **44**(2), 211-225. Verfügbar unter: doi:10.1177/0192623315620587

[295] SHVEDOVA, A.A., A. PIETROIUSTI, B. FADEEL und V.E. KAGAN. Mechanisms of carbon nanotube-induced toxicity: focus on oxidative stress [online]. *Toxicology and applied pharmacology*, 2012, **261**(2), 121-133. Verfügbar unter: doi:10.1016/j.taap.2012.03.023

[296] BHATTACHARYA, K., F.T. ANDÓN, R. EL-SAYED und B. FADEEL. Mechanisms of carbon nanotube-induced toxicity: focus on pulmonary inflammation [online]. *Advanced drug delivery reviews*, 2013, **65**(15), 2087-2097. Verfügbar unter: doi:10.1016/j.addr.2013.05.012

[297] WANG, K., J. RUAN, H. SONG, J. ZHANG, Y. WO, S. GUO und D. CUI. Biocompatibility of Graphene Oxide [online]. *Nanoscale Res Lett*, 2010, **6**(1), 8. ISSN 1556-276X. Verfügbar unter: doi:10.1007/s11671-010-9751-6

[298] DEEGAN, R.D., O. BAKAJIN, T.F. DUPONT, G. HUBER, S.R. NAGEL und T.A. WITTEN. Capillary flow as the cause of ring stains from dried liquid drops [online]. *Nature*, 1997, **389**(6653), 827. Verfügbar unter: doi:10.1038/39827

[299] YUNKER, P.J., T. STILL, M.A. LOHR und A.G. YODH. Suppression of the coffee-ring effect by shape-dependent capillary interactions [online]. *Nature*, 2011, **476**(7360), 308. Verfügbar unter: doi:10.1038/nature10344

[300] GRAPHENEA INC. *Reduced graphene oxid* [online]. *Product description*, 2019. 06.2019 [Zugriff am: 06.2019]. Verfügbar unter: https://www.graphenea.com/collections/graphene-oxide/products/reduced-graphene-oxide-1-gram

[301] KONIOS, D., M.M. STYLIANAKIS, E. STRATAKIS und E. KYMAKIS. Dispersion behaviour of graphene oxide and reduced graphene oxide [online]. *Journal of Colloid and Interface Science*,

2014, **430**, 108-112. ISSN 00219797. Verfügbar unter: doi:10.1016/j.jcis.2014.05.033

[302] DALRYMPLE, A.N., M. HUYNH, U.A. ROBLES, J.B. MARROQUIN, C.D. LEE, A. PETROSSIANS, J.J. WHALEN, D. LI, H.C. PARKINGTON, J.S. FORSYTHE, R.A. GREEN, L.A. POOLE-WARREN, R.K. SHEPHERD und J.B. FALLON. Electrochemical and mechanical performance of reduced graphene oxide, conductive hydrogel, and electrodeposited Pt-Ir coated electrodes: an active in vitro study [online]. *Journal of neural engineering*, 2019, **17**(1), 16015. Verfügbar unter: doi:10.1088/1741-2552/ab5163

[303] CARL ROTH GMBH. *Spezifikation Terpineol* [online], 2019. 08.2019. Verfügbar unter: https://www.carlroth.com/downloads/spez/de/8/SPEZ_8672_DE.pdf

[304] RAHBEK, KNUD. Semiconductor unit for the utilization of electroadhesion. Erfinder: K. RAHBEK. USA. US2568824A

[305] ASANO, K., F. HATAKEYAMA und K. YATSUZUKA. Fundamental study of an electrostatic chuck for silicon wafer handling [online]. *IEEE Transactions on Industry Applications*, 2002, **38**(3), 840-845. ISSN 0093-9994. Verfügbar unter: doi:10.1109/TIA.2002.1003438

[306] PRAHLAD, H., R. PELRINE, S. STANFORD, J. MARLOW und R. KORNBLUH. Electroadhesive robots—wall climbing robots enabled by a novel, robust, and electrically controllable adhesion technology. In: *2008 IEEE International Conference on Robotics and Automation:* IEEE, 19. Mai 2008 - 23. Mai 2008, S. 3028-3033. ISBN 978-1-4244-1646-2

[307] WANG, H., A. YAMAMOTO und T. HIGUCHI. A Crawler Climbing Robot Integrating Electroadhesion and Electrostatic Actuation [online]. *International Journal of Advanced Robotic Systems*, 2014, **11**(12), 191. ISSN 1729-8814. Verfügbar unter: doi:10.5772/59118

[308] GRABIT INC. *Product overview* [online] [Zugriff am: 09.2019]. Verfügbar unter: https://grabitinc.com/products/

[309] SHINTAKE, J., S. ROSSET, B. SCHUBERT, D. FLOREANO und H. SHEA. Versatile Soft Grippers with Intrinsic Electroadhesion Based on Multifunctional Polymer Actuators [online]. *Advanced*

materials (Deerfield Beach, Fla.), 2016, **28**(2), 231-238. Verfügbar unter: doi:10.1002/adma.201504264

[310] KOH, K.H., R.M. KUPPAN CHETTY und S.G. PONNAMBALAM. Modeling and simulation of Electrostatic Adhesion for Wall Climbing Robot. In: *IEEE International Conference on Robotics and Biomimetics (ROBIO), 2011. 7 - 11 Dec. 2011, Karon Beach, Phuket, Thailand.* Piscataway, NJ: IEEE, 2011, S. 2031-2036. ISBN 978-1-4577-2138-0

[311] GUO, J., M. TAILOR, T. BAMBER, M. CHAMBERLAIN, L. JUSTHAM und M. JACKSON. Investigation of relationship between interfacial electroadhesive force and surface texture [online]. *Journal of Physics D: Applied Physics,* 2015, **49**(3), 35303. ISSN 0022-3727. Verfügbar unter: doi:10.1088/0022-3727/49/3/035303

[312] WACKER CHEMIE AG. *Datasheet - Elastosil Film 2030,* 2019

[313] WACKER CHEMIE AG. *Datasheet - Silicone Oil AK 100,* 2019

[314] DRAWIN VERTRIEBS GMBH. *Siliconöle / Siliconspray* [online]. *Produktübersicht,* 2019 [Zugriff am: 09.2019]. Verfügbar unter: https://www.drawin.com/drawin/de/produkte/produktgruppen/siliconoele_spray/siliconoele_spray.jsp

Verzeichnis promotionsbezogener, eigener Publikationen

[P1] REITELSHÖFER, S., S. MEISTER und J. FRANKE. Recognition and Description of Unknown Everyday Objects by Using an Image Based Meta-Search Engine for Service Robots [online]. *Advanced Engineering Forum,* 2016, **19**, 132-138. Verfügbar unter: doi:10.4028/www.scientific.net/AEF.19.132

[P2] REITELSHÖFER, S., C. RAMER, D. GRÄF, F. MATERN und J. FRANKE. Combining a collaborative robot and a lightweight Jamming-Gripper to realize an intuitively to use and flexible coworker. In: IEEE, Hg. *2014 IEEE/SICE International Symposium on System Integration,* 2014, S. 1-5. ISBN 978-1-4799-6943-2

[P3] SCHLÖGL, T., S. LEYENDECKER, S. REITELSHÖFER, M. LANDGRAF, I.S. YOO und J. FRANKE. On modelling and simulation of dielectric elastomer actuators via electrostatic-elastodynamic coupling. In: *The 3rd Joint International Conference on Multibody System Dynamics - IMSD 2014 and The 7th Asian Conference on Multibody Dynamics – ACMD 2014,* 2014

[P4] REITELSHÖFER, S., M. LANDGRAF, I.S. YOO, J. HÖRBER, C. RAMER, C. ZIEGLER und J. FRANKE. Dielectric Elastomer Actuators – On the Way to New Actuation-Systems Driving Future Assistive, Compliant and Safe Robots and Prostheses. In: IEEE RAS & EMBS, Hg. *5th IEEE RAS & EMBS International Conference on Biomedical Robotics and Biomechatronics (BioRob 2014),* 2014, S. 803-808. ISBN 978-1-4799-3127-9

[P5] LANDGRAF, M., U. ZORELL, T. WETZEL, S. REITELSHÖFER, I.S. YOO und J. FRANKE. Dielectric elastomer actuators as self-sensing devices: a new method of superimposing actuating and sensing signals. In: Y. BAR-COHEN, Hg. *SPIE Smart Structures NDE:* SPIE, 2015, S. 943014

[P6] LANDGRAF, M., I.S. YOO, J. SEßNER, M. MOOSER, D. KAUFMANN, D. MATTEJAT, S. REITELSHÖFER und J. FRANKE. Gesture Recognition with Sensor Data Fusion of Two Complementary Sensing Methods. In: IEEE, Hg. *The 7th IEEE RAS/EMBS International Conference on Biomedical Robotics and Biomechatronics,* 2018, Zur Veröffentlichung angenommen

[P7] REITELSHÖFER, S., M. GÖTTLER, P. SCHMIDT, P. TREFFER, M. LANDGRAF und J. FRANKE. Aerosol-Jet-Printing silicone layers and electrodes for stacked dielectric elastomer actuators in one processing device. In: Y. BAR-COHEN und F. VIDAL, Hg. *SPIE Smart Structures and Materials + Nondestructive Evaluation and Health Monitoring:* SPIE, 2016, 97981Y

[P8] REITELSHÖFER, S., M. LANDGRAF und J. FRANKE. Weiterentwicklung dielektrischer Elastomeraktoren zu Antriebselementen nachgiebiger Robotersysteme. In: ZHAW, INSTITUT FÜR MECHATRONISCHE SYSTEME, Hg. *Internationales Forum Mechatronik 2013*. 300. Auflage. Winterthur, 2013. ISBN 978-3-033-04189-9

[P9] LANDGRAF, M., M. HEDGES, S. REITELSHÖFER und J. FRANKE. Aerosol Jet Printing and Lightweight Power Electronics for Dielectric Elastomer Actuators. In: J. FRANKE, Hg. *3rd International Electric Drives Production Conference. Proceedings*. Piscataway, NJ: IEEE Service Center, 2013, S. 170-176. ISBN 978-1-4799-1102-8

[P10] REITELSHÖFER, S., M. LANDGRAF, D. GRÄF, L. BUGERT und J. FRANKE. A New Production Process for Soft Actuators and Sensors Based on Dielectric Elastomers Intended for Safe Human Robot Interaction. In: IEEE, Hg. *2015 IEEE/SICE International Symposium on System Integration,* 2015, S. 51-56. ISBN 978-1-4673-7242-8

[P11] REITELSHÖFER, S., S. MARTIN, F. NENDEL, T. SCHÄFER, D. PHAM und J. FRANKE. Accelerated aerosol-jet-printing of stretchable rGO-electrodes for stacked dielectric elastomers by using a new hybrid atomizer. In: Y. BAR-COHEN, I.A. ANDERSON und H.R. SHEA, Hg. *Electroactive Polymer Actuators and Devices (EAPAD) XXII:* SPIE, 27. April 2020 - 1. Mai 2020, S. 61. ISBN 9781510635272

Verzeichnis promotionsbezogener studentischer Arbeiten

[S1] JUNKER, D. *Qualifizierung von Herstellungsverfahren der Elektronikproduktion und insbesondere des Aerosol Jet Drucks zum Aufbau dielektrischer Elastomer Aktoren als künstliche Muskelstapel.* Diplomarbeit. Erlangen, 1. August 2013

[S2] GRÄF, D. *Herstellung von Silikonstrukturelementen dielektrischer Elastomeraktoren mittels Multi-Atomizer Aerosol-Jet Druck.* Masterarbeit. Erlangen, 30. Juni 2015

[S3] GRASSER, F. *Entwicklung und Qualifizierung eines Mischsystems für die Zusammenführung von RTV-2 Silikonen in einem Aerosol-Jet-Drucksystem.* Bachelorarbeit. Erlangen, 15. Februar 2016

[S4] ABELE, F. *Herstellung von Silikonstrukturen mit homogener Schichtdicke für dielektrische Elastomer-Aktoren mittels eines Aerosol-Jet-Drucksystems.* Bachelorarbeit. Erlangen, 15. Februar 2017

[S5] DIPPOLD, E. *Herstellung und Charakterisierung von Silikonstrukturen mit geringer Härte für dielektrische Elastomeraktoren mittels eines Aerosol-Jet-Drucksystems.* Bachelorarbeit. Erlangen, 1. Mai 2017

[S6] GÖTTLER, M. *Herstellung von gestapelten RTV-2 Silikonstrukturen für dielektrische Elastomeraktoren mit Hilfe des Aerosol-Jet-Druckverfahrens.* Masterarbeit. Erlangen, 31. Mai 2016

[S7] SCHMIDT, P. *Prozessoptimierung für die Herstellung eines Prototyp Stapelaktors im Aerosol-Jet Druckverfahren.* Projektarbeit. Erlangen, 16. August 2016

[S8] GRASSER, C. *Entwicklung eines wärmebildbasierten, geregelten Lichtheizsystems für den Aerosol-Jet-Druck von Silikonstrukturen.* Bachelorarbeit. Erlangen, 4. April 2016

[S9] BELSÖ, A. *Integration, Inbetriebnahme und Charakterisierung eines Lichtheizsystems zur Herstellung von Silikonlagen für künstliche Muskeln auf der Basis dielektrischer Elastomeraktoren.* Masterarbeit. Erlangen, 31. August 2017

[S10] DONOCIK, C. *Optimierung eines Aerosol-Jet-Drucksystems zur Erzeugung von Silikonstrukturen mit homogener Schichtdicke für dielektrische Elastomer-Aktoren.* Masterarbeit. Erlangen

[S11] BRUNS, A. *Statistische Untersuchung der relevanten Einflussgrößen im Aerosol-Jet-Druck von RTV-2 Silikonen für künstliche Muskeln mittels einer DOE-Studie.* Bachelorarbeit. Erlangen, 31. Dezember 2017

[S12] SCHÄRFE, P. *Aerosol Jet printing of smooth ultra-thin dielectric RTV2- silicone layers for performance improvement of Dielectric Elastomer Actuators as artificial muscles.* Projektarbeit. Erlangen

[S13] JESTERHOUDT, L. *Herstellung homogener Mehrschichtstrukturen für Dielektrische Elastomeraktoren als künstliche Muskeln mittels Aerosol-Jet-Druck von RTV-2 Silikon.* Masterarbeit. Erlangen, 28. Februar 2018

[S14] FRAUENDORF, J. *Herstellung und Charakterisierung von mehrlagigen Aerosol-Jet gedruckten RTV-2 Silikonstrukturen.* Masterarbeit. Erlangen, 31. März 2017

[S15] SCHMIDT, T. *Herstellung und Charakterisierung von Aerosol-Jet gedruckten Silikonlagen mit homogener Schichtdicke für künstliche Muskeln auf der Basis dielektrischer Elastomer-Aktoren.* Masterarbeit. Erlangen, 30. Juni 2017

[S16] SOMMER, P. *Herstellung von RTV-2 Silikonschichten durch den sequentiellen Aerosol-Jet-Druck zur Stapelung dielektrischer Elastomeraktoren als künstliche Muskeln.* Masterarbeit. Erlangen

[S17] SILLER, C. *Untersuchung der Schichtstrukturen beim mehrlagingen Aerosol-Jet-Druck von RTV-2 Silikon für dielektrische Elastomeraktoren.* Projektarbeit. Erlangen, 3. Juli 2017

[S18] ULHERR, S. *Elektromechanische Charakterisierung und Optimierung Aerosol-Jet gedruckter RTV-2 Silikonschichten zur Herstellung künstlicher Muskeln auf der Basis Dielektrischer Elastomere.* Masterarbeit. Erlangen

[S19] SCHÄFER, T. *Qualifizierung eines additiven Fertigungsverfahrens für Graphenschichten als flexible Elektroden in gestapelten Dielektrischen Elastomeren.* Masterarbeit. Erlangen

[S20] KONOPKA, D. *Qualifizierung von Carbon-Nanotube Elastomer-Compounds zur Herstellung künstlicher Muskeln auf der Basis*

Dielektrischer Elastomeraktoren. Bachelorarbeit. Erlangen, 1. Dezember 2014

[S21] BUGERT, L. *Untersuchung der Eignung von CNT- und Graphen-Drucktinten zur Herstellung leitfähiger Strukturen für künstliche Muskeln auf der Basis dielektrischer ElastomeraktorenDielektrischer Elastomeraktoren*. Bachelorarbeit. Erlangen, 30. September 2015

[S22] HÜBNER, B. *Herstellung leitfähiger und flexibler Elektrodenstrukturen für künstliche Muskeln auf der Basis dielektrischer Elastomeraktoren*. Masterarbeit. Erlangen, 15. September 2016

[S23] TREFFER, P. *Manufacturing of Aerosol Jet Printed Graphene Electrodes for Artificial Muscles*. Projektarbeit. Erlangen, 6. Juni 2016

[S24] MOLLENKOPF, C. *Entwicklung eines Hybrid-Atomizers zum effizienten Aerosol-Jet-Druck von Graphenelektroden für künstliche Muskeln auf der Basis dielektrischer Elastomeraktoren*. Masterarbeit. Erlangen, 31. Juli 2017

[S25] NENDEL, F. *Aerosol-Jet-Druck Graphen-gefüllter Polymermatrizen mittels eines Multi-Aerosol-Systems*. Masterarbeit. Erlangen

[S26] MARTIN, S. *Aerosol-Jet-Druck und Charakterisierung flexibler Graphen-Elektroden zur Herstellung künstlicher Muskeln mittels eines neuartigen Hybrid-Atomizers*. Masterarbeit. Erlangen

[S27] BUNIN, A. *Untersuchung des Schichtzusammenhaltes Aerosol-Jet gedruckter Silikon- und Graphenlagen für Dielektrische Elastomere als Künstliche Muskeln*. Masterarbeit. Erlangen

[S28] BAUM, A. *Aerosol-Jet-Druck und Charakterisierung graphengefüllter Polymermatrizen als elastische Elektroden für künstliche Muskeln auf der Basis Dielektrischer Elastomere*. Masterarbeit. Erlangen

[S29] FLESCH, D. *Aerosol-Jet-Druck von Multimaterialsystemen durch die Kombination von drei Aerosolströmen zur Herstellung Dielektrischer Elastomer Aktoren*. Masterarbeit. Erlangen

[S30] HOHAGEN, H. *Aufbau flexibler Strukturen zur Realisierung von elektroadhäsiven Greifsystemen*. Bachelorarbeit. Erlangen, 31. Mai 2017

[S31] STADLER, S. *Herstellung von dielektrischen Elastomersensoren mit Aerosol-Jet gedruckten Graphenelektroden*. Projektarbeit. Erlangen, 24. Januar 2017

Reihenübersicht

Koordination der Reihe (Stand 2022):
Geschäftsstelle Maschinenbau, Dr.-Ing. Oliver Kreis, www.mb.fau.de/diss/

Im Rahmen der Reihe sind bisher die nachfolgenden Bände erschienen.

Band 1 – 52
Fertigungstechnik – Erlangen
ISSN 1431-6226
Carl Hanser Verlag, München

Band 53 – 307
Fertigungstechnik – Erlangen
ISSN 1431-6226
Meisenbach Verlag, Bamberg

ab Band 308
FAU Studien aus dem Maschinenbau
ISSN 2625-9974
FAU University Press, Erlangen

Die Zugehörigkeit zu den jeweiligen Lehrstühlen ist wie folgt gekennzeichnet:

Lehrstühle:

FAPS	Lehrstuhl für Fertigungsautomatisierung und Produktionssystematik
FMT	Lehrstuhl für Fertigungsmesstechnik
KTmfk	Lehrstuhl für Konstruktionstechnik
LFT	Lehrstuhl für Fertigungstechnologie
LPT	Lehrstuhl für Photonische Technologien
REP	Lehrstuhl für Ressourcen- und Energieeffiziente Produktionsmaschinen

Band 1: Andreas Hemberger
Innovationspotentiale in der rechnerintegrierten Produktion durch wissensbasierte Systeme
FAPS, 208 Seiten, 107 Bilder. 1988.
ISBN 3-446-15234-2.

Band 2: Detlef Classe
Beitrag zur Steigerung der Flexibilität automatisierter Montagesysteme durch Sensorintegration und erweiterte Steuerungskonzepte
FAPS, 194 Seiten, 70 Bilder. 1988.
ISBN 3-446-15529-5.

Band 3: Friedrich-Wilhelm Nolting
Projektierung von Montagesystemen
FAPS, 201 Seiten, 107 Bilder, 1 Tab. 1989.
ISBN 3-446-15541-4.

Band 4: Karsten Schlüter
Nutzungsgradsteigerung von Montagesystemen durch den Einsatz der Simulationstechnik
FAPS, 177 Seiten, 97 Bilder. 1989.
ISBN 3-446-15542-2.

Band 5: Shir-Kuan Lin
Aufbau von Modellen zur Lageregelung von Industrierobotern
FAPS, 168 Seiten, 46 Bilder. 1989.
ISBN 3-446-15546-5.

Band 6: Rudolf Nuss
Untersuchungen zur Bearbeitungsqualität im Fertigungssystem Laserstrahlschneiden
LFT, 206 Seiten, 115 Bilder, 6 Tab. 1989.
ISBN 3-446-15783-2.

Band 7: Wolfgang Scholz
Modell zur datenbankgestützten Planung automatisierter Montageanlagen
FAPS, 194 Seiten, 89 Bilder. 1989.
ISBN 3-446-15825-1.

Band 8: Hans-Jürgen Wißmeier
Beitrag zur Beurteilung des Bruchverhaltens von Hartmetall-Fließpreßmatrizen
LFT, 179 Seiten, 99 Bilder, 9 Tab. 1989.
ISBN 3-446-15921-5.

Band 9: Rainer Eisele
Konzeption und Wirtschaftlichkeit von Planungssystemen in der Produktion
FAPS, 183 Seiten, 86 Bilder. 1990.
ISBN 3-446-16107-4.

Band 10: Rolf Pfeiffer
Technologisch orientierte Montageplanung am Beispiel der Schraubtechnik
FAPS, 216 Seiten, 102 Bilder, 16 Tab. 1990.
ISBN 3-446-16161-9.

Band 11: Herbert Fischer
Verteilte Planungssysteme zur Flexibilitätssteigerung der rechnerintegrierten Teilefertigung
FAPS, 201 Seiten, 82 Bilder. 1990.
ISBN 3-446-16105-8.

Band 12: Gerhard Kleineidam
CAD/CAP: Rechnergestützte Montagefeinplanung
FAPS, 203 Seiten, 107 Bilder. 1990.
ISBN 3-446-16112-0.

Band 13: Frank Vollertsen
Pulvermetallurgische Verarbeitung eines übereutektoiden verschleißfesten Stahls
LFT, XIII u. 217 Seiten, 67 Bilder, 34 Tab. 1990. ISBN 3-446-16133-3.

Band 14: Stephan Biermann
Untersuchungen zur Anlagen- und Prozeßdiagnostik für das Schneiden mit CO2-Hochleistungslasern
LFT, VIII u. 170 Seiten, 93 Bilder, 4 Tab. 1991. ISBN 3-446-16269-0.

Band 15: Uwe Geißler
Material- und Datenfluß in einer flexiblen Blechbearbeitungszelle
LFT, 124 Seiten, 41 Bilder, 7 Tab. 1991. ISBN 3-446-16358-1.

Band 16: Frank Oswald Hake
Entwicklung eines rechnergestützten Diagnosesystems für automatisierte Montagezellen
FAPS, XIV u. 166 Seiten, 77 Bilder. 1991. ISBN 3-446-16428-6.

Band 17: Herbert Reichel
Optimierung der Werkzeugbereitstellung durch rechnergestützte Arbeitsfolgenbestimmung
FAPS, 198 Seiten, 73 Bilder, 2 Tab. 1991. ISBN 3-446-16453-7.

Band 18: Josef Scheller
Modellierung und Einsatz von Softwaresystemen für rechnergeführte Montagezellen
FAPS, 198 Seiten, 65 Bilder. 1991. ISBN 3-446-16454-5.

Band 19: Arnold vom Ende
Untersuchungen zum Biegeumforme mit elastischer Matrize
LFT, 166 Seiten, 55 Bilder, 13 Tab. 1991. ISBN 3-446-16493-6.

Band 20: Joachim Schmid
Beitrag zum automatisierten Bearbeiten von Keramikguß mit Industrierobotern
FAPS, XIV u. 176 Seiten, 111 Bilder, 6 Tab. 1991. ISBN 3-446-16560-6.

Band 21: Egon Sommer
Multiprozessorsteuerung für kooperierende Industrieroboter in Montagezellen
FAPS, 188 Seiten, 102 Bilder. 1991. ISBN 3-446-17062-6.

Band 22: Georg Geyer
Entwicklung problemspezifischer Verfahrensketten in der Montage
FAPS, 192 Seiten, 112 Bilder. 1991. ISBN 3-446-16552-5.

Band 23: Rainer Flohr
Beitrag zur optimalen Verbindungstechnik in der Oberflächenmontage (SMT)
FAPS, 186 Seiten, 79 Bilder. 1991. ISBN 3-446-16568-1.

Band 24: Alfons Rief
Untersuchungen zur Verfahrensfolge Laserstrahlschneiden und -schweißen in der Rohkarosseriefertigung
LFT, VI u. 145 Seiten, 58 Bilder, 5 Tab. 1991. ISBN 3-446-16593-2.

Band 25: Christoph Thim
Rechnerunterstützte Optimierung von Materialflußstrukturen in der Elektronikmontage durch Simulation
FAPS, 188 Seiten, 74 Bilder. 1992.
ISBN 3-446-17118-5.

Band 26: Roland Müller
CO_2 -Laserstrahlschneiden von kurzglasverstärkten Verbundwerkstoffen
LFT, 141 Seiten, 107 Bilder, 4 Tab. 1992.
ISBN 3-446-17104-5.

Band 27: Günther Schäfer
Integrierte Informationsverarbeitung bei der Montageplanung
FAPS, 195 Seiten, 76 Bilder. 1992.
ISBN 3-446-17117-7.

Band 28: Martin Hoffmann
Entwicklung einer CAD/CAM-Prozeßkette für die Herstellung von Blechbiegeteilen
LFT, 149 Seiten, 89 Bilder. 1992.
ISBN 3-446-17154-1.

Band 29: Peter Hoffmann
Verfahrensfolge Laserstrahlschneiden und -schweißen: Prozeßführung und Systemtechnik in der 3D-Laserstrahlbearbeitung von Blechformteilen
LFT, 186 Seiten, 92 Bilder, 10 Tab. 1992.
ISBN 3-446-17153-3.

Band 30: Olaf Schrödel
Flexible Werkstattsteuerung mit objektorientierten Softwarestrukturen
FAPS, 180 Seiten, 84 Bilder. 1992.
ISBN 3-446-17242-4.

Band 31: Hubert Reinisch
Planungs- und Steuerungswerkzeuge zur impliziten Geräteprogrammierung in Roboterzellen
FAPS, XI u. 212 Seiten, 112 Bilder. 1992.
ISBN 3-446-17380-3.

Band 32: Brigitte Bärnreuther
Ein Beitrag zur Bewertung des Kommunikationsverhaltens von Automatisierungsgeräten in flexiblen Produktionszellen
FAPS, XI u. 179 Seiten, 71 Bilder. 1992.
ISBN 3-446-17451-6.

Band 33: Joachim Hutfless
Laserstrahlregelung und Optikdiagnostik in der Strahlführung einer CO_2-Hochleistungslaseranlage
LFT, 175 Seiten, 70 Bilder, 17 Tab. 1993.
ISBN 3-446-17532-6.

Band 34: Uwe Günzel
Entwicklung und Einsatz eines Simulationsverfahrens für operative und strategische Probleme der Produktionsplanung und -steuerung
FAPS, XIV u. 170 Seiten, 66 Bilder, 5 Tab. 1993. ISBN 3-446-17604-7.

Band 35: Bertram Ehmann
Operatives Fertigungscontrolling durch Optimierung auftragsbezogener Bearbeitungsabläufe in der Elektronikfertigung
FAPS, XV u. 167 Seiten, 114 Bilder. 1993.
ISBN 3-446-17658-6.

Band 36: Harald Kolléra
Entwicklung eines benutzerorientierten Werkstattprogrammiersystems für das Laserstrahlschneiden
LFT, 129 Seiten, 66 Bilder, 1 Tab. 1993.
ISBN 3-446-17719-1.

Band 37: Stephanie Abels
Modellierung und Optimierung von Montageanlagen in einem integrierten Simulationssystem
FAPS, 188 Seiten, 88 Bilder. 1993.
ISBN 3-446-17731-0.

Band 38: Robert Schmidt-Hebbel
Laserstrahlbohren durchflußbestimmender Durchgangslöcher
LFT, 145 Seiten, 63 Bilder, 11 Tab. 1993.
ISBN 3-446-17778-7.

Band 39: Norbert Lutz
Oberflächenfeinbearbeitung keramischer Werkstoffe mit XeCl-Excimerlaserstrahlung
LFT, 187 Seiten, 98 Bilder, 29 Tab. 1994.
ISBN 3-446-17970-4.

Band 40: Konrad Grampp
Rechnerunterstützung bei Test und Schulung an Steuerungssoftware von SMD-Bestücklinien
FAPS, 178 Seiten, 88 Bilder. 1995.
ISBN 3-446-18173-3.

Band 41: Martin Koch
Wissensbasierte Unterstützung der Angebotsbearbeitung in der Investitionsgüterindustrie
FAPS, 169 Seiten, 68 Bilder. 1995.
ISBN 3-446-18174-1.

Band 42: Armin Gropp
Anlagen- und Prozeßdiagnostik beim Schneiden mit einem gepulsten Nd:YAG-Laser
LFT, 160 Seiten, 88 Bilder, 7 Tab. 1995.
ISBN 3-446-18241-1.

Band 43: Werner Heckel
Optische 3D-Konturerfassung und on-line Biegewinkelmessung mit dem Lichtschnittverfahren
LFT, 149 Seiten, 43 Bilder, 11 Tab. 1995.
ISBN 3-446-18243-8.

Band 44: Armin Rothhaupt
Modulares Planungssystem zur Optimierung der Elektronikfertigung
FAPS, 180 Seiten, 101 Bilder. 1995.
ISBN 3-446-18307-8.

Band 45: Bernd Zöllner
Adaptive Diagnose in der Elektronikproduktion
FAPS, 195 Seiten, 74 Bilder, 3 Tab. 1995.
ISBN 3-446-18308-6.

Band 46: Bodo Vormann
Beitrag zur automatisierten Handhabungsplanung komplexer Blechbiegeteile
LFT, 126 Seiten, 89 Bilder, 3 Tab. 1995.
ISBN 3-446-18345-0.

Band 47: Peter Schnepf
Zielkostenorientierte Montageplanung
FAPS, 144 Seiten, 75 Bilder. 1995.
ISBN 3-446-18397-3.

Band 48: Rainer Klotzbücher
Konzept zur rechnerintegrierten Materialversorgung in flexiblen Fertigungssystemen
FAPS, 156 Seiten, 62 Bilder. 1995.
ISBN 3-446-18412-0.

Band 49: Wolfgang Greska
Wissensbasierte Analyse und Klassifizierung von Blechteilen
LFT, 144 Seiten, 96 Bilder. 1995.
ISBN 3-446-18462-7.

Band 50: Jörg Franke
Integrierte Entwicklung neuer Produkt- und Produktionstechnologien für räumliche spritzgegossene Schaltungsträger (3-D MID)
FAPS, 196 Seiten, 86 Bilder, 4 Tab. 1995.
ISBN 3-446-18448-1.

Band 51: Franz-Josef Zeller
Sensorplanung und schnelle Sensorregelung für Industrieroboter
FAPS, 190 Seiten, 102 Bilder, 9 Tab. 1995.
ISBN 3-446-18601-8.

Band 52: Michael Solvie
Zeitbehandlung und Multimedia-Unterstützung in Feldkommunikationssystemen
FAPS, 200 Seiten, 87 Bilder, 35 Tab. 1996.
ISBN 3-446-18607-7.

Band 53: Robert Hopperdietzel
Reengineering in der Elektro- und Elektronikindustrie
FAPS, 180 Seiten, 109 Bilder, 1 Tab. 1996.
ISBN 3-87525-070-2.

Band 54: Thomas Rebhahn
Beitrag zur Mikromaterialbearbeitung mit Excimerlasern - Systemkomponenten und Verfahrensoptimierungen
LFT, 148 Seiten, 61 Bilder, 10 Tab. 1996.
ISBN 3-87525-075-3.

Band 55: Henning Hanebuth
Laserstrahlhartlöten mit Zweistrahltechnik
LFT, 157 Seiten, 58 Bilder, 11 Tab. 1996.
ISBN 3-87525-074-5.

Band 56: Uwe Schönherr
Steuerung und Sensordatenintegration für flexible Fertigungszellen mit kooperierenden Robotern
FAPS, 188 Seiten, 116 Bilder, 3 Tab. 1996.
ISBN 3-87525-076-1.

Band 57: Stefan Holzer
Berührungslose Formgebung mit Laserstrahlung
LFT, 162 Seiten, 69 Bilder, 11 Tab. 1996.
ISBN 3-87525-079-6.

Band 58: Markus Schultz
Fertigungsqualität beim 3D-Laserstrahlschweißen von Blechformteilen
LFT, 165 Seiten, 88 Bilder, 9 Tab. 1997.
ISBN 3-87525-080-X.

Band 59: Thomas Krebs
Integration elektromechanischer CA-Anwendungen über einem STEP-Produktmodell
FAPS, 198 Seiten, 58 Bilder, 8 Tab. 1997.
ISBN 3-87525-081-8.

Band 60: Jürgen Sturm
Prozeßintegrierte Qualitätssicherung in der Elektronikproduktion
FAPS, 167 Seiten, 112 Bilder, 5 Tab. 1997.
ISBN 3-87525-082-6.

Band 61: Andreas Brand
Prozesse und Systeme zur Bestückung räumlicher elektronischer Baugruppen (3D-MID)
FAPS, 182 Seiten, 100 Bilder. 1997.
ISBN 3-87525-087-7.

Band 62: Michael Kauf
Regelung der Laserstrahlleistung und der Fokusparameter einer CO2-Hochleistungslaseranlage
LFT, 140 Seiten, 70 Bilder, 5 Tab. 1997.
ISBN 3-87525-083-4.

Band 63: Peter Steinwasser
Modulares Informationsmanagement in der integrierten Produkt- und Prozeßplanung
FAPS, 190 Seiten, 87 Bilder. 1997.
ISBN 3-87525-084-2.

Band 64: Georg Liedl
Integriertes Automatisierungskonzept für den flexiblen Materialfluß in der Elektronikproduktion
FAPS, 196 Seiten, 96 Bilder, 3 Tab. 1997.
ISBN 3-87525-086-9.

Band 65: Andreas Otto
Transiente Prozesse beim Laserstrahlschweißen
LFT, 132 Seiten, 62 Bilder, 1 Tab. 1997.
ISBN 3-87525-089-3.

Band 66: Wolfgang Blöchl
Erweiterte Informationsbereitstellung an offenen CNC-Steuerungen zur Prozeß- und Programmoptimierung
FAPS, 168 Seiten, 96 Bilder. 1997.
ISBN 3-87525-091-5.

Band 67: Klaus-Uwe Wolf
Verbesserte Prozeßführung und Prozeßplanung zur Leistungs- und Qualitätssteigerung beim Spulenwickeln
FAPS, 186 Seiten, 125 Bilder. 1997.
ISBN 3-87525-092-3.

Band 68: Frank Backes
Technologieorientierte Bahnplanung für die 3D-Laserstrahlbearbeitung
LFT, 138 Seiten, 71 Bilder, 2 Tab. 1997.
ISBN 3-87525-093-1.

Band 69: Jürgen Kraus
Laserstrahlumformen von Profilen
LFT, 137 Seiten, 72 Bilder, 8 Tab. 1997.
ISBN 3-87525-094-X.

Band 70: Norbert Neubauer
Adaptive Strahlführungen für CO2-Laseranlagen
LFT, 120 Seiten, 50 Bilder, 3 Tab. 1997.
ISBN 3-87525-095-8.

Band 71: Michael Steber
Prozeßoptimierter Betrieb flexibler Schraubstationen in der automatisierten Montage
FAPS, 168 Seiten, 78 Bilder, 3 Tab. 1997.
ISBN 3-87525-096-6.

Band 72: Markus Pfestorf
Funktionale 3D-Oberflächenkenngrößen in der Umformtechnik
LFT, 162 Seiten, 84 Bilder, 15 Tab. 1997.
ISBN 3-87525-097-4.

Band 73: Volker Franke
Integrierte Planung und Konstruktion von Werkzeugen für die Biegebearbeitung
LFT, 143 Seiten, 81 Bilder. 1998.
ISBN 3-87525-098-2.

Band 74: Herbert Scheller
Automatisierte Demontagesysteme und recyclinggerechte Produktgestaltung elektronischer Baugruppen
FAPS, 184 Seiten, 104 Bilder, 17 Tab. 1998.
ISBN 3-87525-099-0.

Band 75: Arthur Meßner
Kaltmassivumformung metallischer Kleinstteile – Werkstoffverhalten, Wirkflächenreibung, Prozeßauslegung
LFT, 164 Seiten, 92 Bilder, 14 Tab. 1998.
ISBN 3-87525-100-8.

Band 76: Mathias Glasmacher
Prozeß- und Systemtechnik zum Laserstrahl-Mikroschweißen
LFT, 184 Seiten, 104 Bilder, 12 Tab. 1998.
ISBN 3-87525-101-6.

Band 77: Michael Schwind
Zerstörungsfreie Ermittlung mechanischer Eigenschaften von Feinblechen mit dem Wirbelstromverfahren
LFT, 124 Seiten, 68 Bilder, 8 Tab. 1998.
ISBN 3-87525-102-4.

Band 78: Manfred Gerhard
Qualitätssteigerung in der Elektronikproduktion durch Optimierung der Prozeßführung beim Löten komplexer Baugruppen
FAPS, 179 Seiten, 113 Bilder, 7 Tab. 1998.
ISBN 3-87525-103-2.

Band 79: Elke Rauh
Methodische Einbindung der Simulation in die betrieblichen Planungs- und Entscheidungsabläufe
FAPS, 192 Seiten, 114 Bilder, 4 Tab. 1998.
ISBN 3-87525-104-0.

Band 80: Sorin Niederkorn
Meßeinrichtung zur Untersuchung der Wirkflächenreibung bei umformtechnischen Prozessen
LFT, 99 Seiten, 46 Bilder, 6 Tab. 1998.
ISBN 3-87525-105-9.

Band 81: Stefan Schuberth
Regelung der Fokuslage beim Schweißen mit CO2-Hochleistungslasern unter Einsatz von adaptiven Optiken
LFT, 140 Seiten, 64 Bilder, 3 Tab. 1998.
ISBN 3-87525-106-7.

Band 82: Armando Walter Colombo
Development and Implementation of Hierarchical Control Structures of Flexible Production Systems Using High Level Petri Nets
FAPS, 216 Seiten, 86 Bilder. 1998.
ISBN 3-87525-109-1.

Band 83: Otto Meedt
Effizienzsteigerung bei Demontage und Recycling durch flexible Demontagetechnologien und optimierte Produktgestaltung
FAPS, 186 Seiten, 103 Bilder. 1998.
ISBN 3-87525-108-3.

Band 84: Knuth Götz
Modelle und effiziente Modellbildung zur Qualitätssicherung in der Elektronikproduktion
FAPS, 212 Seiten, 129 Bilder, 24 Tab. 1998.
ISBN 3-87525-112-1.

Band 85: Ralf Luchs
Einsatzmöglichkeiten leitender Klebstoffe zur zuverlässigen Kontaktierung elektronischer Bauelemente in der SMT
FAPS, 176 Seiten, 126 Bilder, 30 Tab. 1998.
ISBN 3-87525-113-7.

Band 86: Frank Pöhlau
Entscheidungsgrundlagen zur Einführung räumlicher spritzgegossener Schaltungsträger (3-D MID)
FAPS, 144 Seiten, 99 Bilder. 1999.
ISBN 3-87525-114-8.

Band 87: Roland T. A. Kals
Fundamentals on the miniaturization of sheet metal working processes
LFT, 128 Seiten, 58 Bilder, 11 Tab. 1999.
ISBN 3-87525-115-6.

Band 88: Gerhard Luhn
Implizites Wissen und technisches Handeln am Beispiel der Elektronikproduktion
FAPS, 252 Seiten, 61 Bilder, 1 Tab. 1999.
ISBN 3-87525-116-4.

Band 89: Axel Sprenger
Adaptives Streckbiegen von Aluminium-Strangpreßprofilen
LFT, 114 Seiten, 63 Bilder, 4 Tab. 1999.
ISBN 3-87525-117-2.

Band 90: Hans-Jörg Pucher
Untersuchungen zur Prozeßfolge Umformen, Bestücken und Laserstrahllöten von Mikrokontakten
LFT, 158 Seiten, 69 Bilder, 9 Tab. 1999.
ISBN 3-87525-119-9.

Band 91: Horst Arnet
Profilbiegen mit kinematischer Gestalterzeugung
LFT, 128 Seiten, 67 Bilder, 7 Tab. 1999.
ISBN 3-87525-120-2.

Band 92: Doris Schubart
Prozeßmodellierung und Technologieentwicklung beim Abtragen mit CO2-Laserstrahlung
LFT, 133 Seiten, 57 Bilder, 13 Tab. 1999.
ISBN 3-87525-122-9.

Band 93: Adrianus L. P. Coremans
Laserstrahlsintern von Metallpulver - Prozeßmodellierung, Systemtechnik, Eigenschaften laserstrahlgesinterter Metallkörper
LFT, 184 Seiten, 108 Bilder, 12 Tab. 1999.
ISBN 3-87525-124-5.

Band 94: Hans-Martin Biehler
Optimierungskonzepte für Qualitätsdatenverarbeitung und Informationsbereitstellung in der Elektronikfertigung
FAPS, 194 Seiten, 105 Bilder. 1999.
ISBN 3-87525-126-1.

Band 95: Wolfgang Becker
Oberflächenausbildung und tribologische Eigenschaften excimerlaserstrahlbearbeiteter Hochleistungskeramiken
LFT, 175 Seiten, 71 Bilder, 3 Tab. 1999.
ISBN 3-87525-127-X.

Band 96: Philipp Hein
Innenhochdruck-Umformen von Blechpaaren: Modellierung, Prozeßauslegung und Prozeßführung
LFT, 129 Seiten, 57 Bilder, 7 Tab. 1999.
ISBN 3-87525-128-8.

Band 97: Gunter Beitinger
Herstellungs- und Prüfverfahren für thermoplastische Schaltungsträger
FAPS, 169 Seiten, 92 Bilder, 20 Tab. 1999.
ISBN 3-87525-129-6.

Band 98: Jürgen Knoblach
Beitrag zur rechnerunterstützten verursachungsgerechten Angebotskalkulation von Blechteilen mit Hilfe wissensbasierter Methoden
LFT, 155 Seiten, 53 Bilder, 26 Tab. 1999.
ISBN 3-87525-130-X.

Band 99: Frank Breitenbach
Bildverarbeitungssystem zur Erfassung der Anschlußgeometrie elektronischer SMT-Bauelemente
LFT, 147 Seiten, 92 Bilder, 12 Tab. 2000.
ISBN 3-87525-131-8.

Band 100: Bernd Falk
Simulationsbasierte Lebensdauervorhersage für Werkzeuge der Kaltmassivumformung
LFT, 134 Seiten, 44 Bilder, 15 Tab. 2000.
ISBN 3-87525-136-9.

Band 101: Wolfgang Schlögl
Integriertes Simulationsdaten-Management für Maschinenentwicklung und Anlagenplanung
FAPS, 169 Seiten, 101 Bilder, 20 Tab. 2000.
ISBN 3-87525-137-7.

Band 102: Christian Hinsel
Ermüdungsbruchversagen hartstoffbeschichteter Werkzeugstähle in der Kaltmassivumformung
LFT, 130 Seiten, 80 Bilder, 14 Tab. 2000.
ISBN 3-87525-138-5.

Band 103: Stefan Bobbert
Simulationsgestützte Prozessauslegung für das Innenhochdruck-Umformen von Blechpaaren
LFT, 123 Seiten, 77 Bilder. 2000.
ISBN 3-87525-145-8.

Band 104: Harald Rottbauer
Modulares Planungswerkzeug zum Produktionsmanagement in der Elektronikproduktion
FAPS, 166 Seiten, 106 Bilder. 2001.
ISBN 3-87525-139-3.

Band 105: Thomas Hennige
Flexible Formgebung von Blechen durch Laserstrahlumformen
LFT, 119 Seiten, 50 Bilder. 2001.
ISBN 3-87525-140-7.

Band 106: Thomas Menzel
Wissensbasierte Methoden für die rechnergestützte Charakterisierung und Bewertung innovativer Fertigungsprozesse
LFT, 152 Seiten, 71 Bilder. 2001.
ISBN 3-87525-142-3.

Band 107: Thomas Stöckel
Kommunikationstechnische Integration der Prozeßebene in Produktionssysteme durch Middleware-Frameworks
FAPS, 147 Seiten, 65 Bilder, 5 Tab. 2001.
ISBN 3-87525-143-1.

Band 108: Frank Pitter
Verfügbarkeitssteigerung von Werkzeugmaschinen durch Einsatz mechatronischer Sensorlösungen
FAPS, 158 Seiten, 131 Bilder, 8 Tab. 2001.
ISBN 3-87525-144-X.

Band 109: Markus Korneli
Integration lokaler CAP-Systeme in einen globalen Fertigungsdatenverbund
FAPS, 121 Seiten, 53 Bilder, 11 Tab. 2001.
ISBN 3-87525-146-6.

Band 110: Burkhard Müller
Laserstrahljustieren mit Excimer-Lasern - Prozeßparameter und Modelle zur Aktorkonstruktion
LFT, 128 Seiten, 36 Bilder, 9 Tab. 2001.
ISBN 3-87525-159-8.

Band 111: Jürgen Göhringer
Integrierte Telediagnose via Internet zum effizienten Service von Produktionssystemen
FAPS, 178 Seiten, 98 Bilder, 5 Tab. 2001.
ISBN 3-87525-147-4.

Band 112: Robert Feuerstein
Qualitäts- und kosteneffiziente Integration neuer Bauelementetechnologien in die Flachbaugruppenfertigung
FAPS, 161 Seiten, 99 Bilder, 10 Tab. 2001.
ISBN 3-87525-151-2.

Band 113: Marcus Reichenberger
Eigenschaften und Einsatzmöglichkeiten alternativer Elektroniklote in der Oberflächenmontage (SMT)
FAPS, 165 Seiten, 97 Bilder, 18 Tab. 2001.
ISBN 3-87525-152-0.

Band 114: Alexander Huber
Justieren vormontierter Systeme mit dem Nd:YAG-Laser unter Einsatz von Aktoren
LFT, 122 Seiten, 58 Bilder, 5 Tab. 2001.
ISBN 3-87525-153-9.

Band 115: Sami Krimi
Analyse und Optimierung von Montagesystemen in der Elektronikproduktion
FAPS, 155 Seiten, 88 Bilder, 3 Tab. 2001.
ISBN 3-87525-157-1.

Band 116: Marion Merklein
Laserstrahlumformen von Aluminiumwerkstoffen - Beeinflussung der Mikrostruktur und der mechanischen Eigenschaften
LFT, 122 Seiten, 65 Bilder, 15 Tab. 2001.
ISBN 3-87525-156-3.

Band 117: Thomas Collisi
Ein informationslogistisches Architekturkonzept zur Akquisition simulationsrelevanter Daten
FAPS, 181 Seiten, 105 Bilder, 7 Tab. 2002.
ISBN 3-87525-164-4.

Band 118: Markus Koch
Rationalisierung und ergonomische Optimierung im Innenausbau durch den Einsatz moderner Automatisierungstechnik
FAPS, 176 Seiten, 98 Bilder, 9 Tab. 2002.
ISBN 3-87525-165-2.

Band 119: Michael Schmidt
Prozeßregelung für das Laserstrahl-Punktschweißen in der Elektronikproduktion
LFT, 152 Seiten, 71 Bilder, 3 Tab. 2002.
ISBN 3-87525-166-0.

Band 120: Nicolas Tiesler
Grundlegende Untersuchungen zum Fließpressen metallischer Kleinstteile
LFT, 126 Seiten, 78 Bilder, 12 Tab. 2002.
ISBN 3-87525-175-X.

Band 121: Lars Pursche
Methoden zur technologieorientierten Programmierung für die 3D-Lasermikrobearbeitung
LFT, 111 Seiten, 39 Bilder, 0 Tab. 2002.
ISBN 3-87525-183-0.

Band 122: Jan-Oliver Brassel
Prozeßkontrolle beim Laserstrahl-Mikroschweißen
LFT, 148 Seiten, 72 Bilder, 12 Tab. 2002.
ISBN 3-87525-181-4.

Band 123: Mark Geisel
Prozeßkontrolle und -steuerung beim Laserstrahlschweißen mit den Methoden der nichtlinearen Dynamik
LFT, 135 Seiten, 46 Bilder, 2 Tab. 2002.
ISBN 3-87525-180-6.

Band 124: Gerd Eßer
Laserstrahlunterstützte Erzeugung metallischer Leiterstrukturen auf Thermoplastsubstraten für die MID-Technik
LFT, 148 Seiten, 60 Bilder, 6 Tab. 2002.
ISBN 3-87525-171-7.

Band 125: Marc Fleckenstein
Qualität laserstrahl-gefügter Mikroverbindungen elektronischer Kontakte
LFT, 159 Seiten, 77 Bilder, 7 Tab. 2002.
ISBN 3-87525-170-9.

Band 126: Stefan Kaufmann
Grundlegende Untersuchungen zum Nd:YAG- Laserstrahlfügen von Silizium für Komponenten der Optoelektronik
LFT, 159 Seiten, 100 Bilder, 6 Tab. 2002.
ISBN 3-87525-172-5.

Band 127: Thomas Fröhlich
Simultanes Löten von Anschlußkontakten elektronischer Bauelemente mit Diodenlaserstrahlung
LFT, 143 Seiten, 75 Bilder, 6 Tab. 2002.
ISBN 3-87525-186-5.

Band 128: Achim Hofmann
Erweiterung der Formgebungsgrenzen beim Umformen von Aluminiumwerkstoffen durch den Einsatz prozessangepasster Platinen
LFT, 113 Seiten, 58 Bilder, 4 Tab. 2002.
ISBN 3-87525-182-2.

Band 129: Ingo Kriebitzsch
3 - D MID Technologie in der Automobilelektronik
FAPS, 129 Seiten, 102 Bilder, 10 Tab. 2002.
ISBN 3-87525-169-5.

Band 130: Thomas Pohl
Fertigungsqualität und Umformbarkeit laserstrahlgeschweißter Formplatinen aus Aluminiumlegierungen
LFT, 133 Seiten, 93 Bilder, 12 Tab. 2002.
ISBN 3-87525-173-3.

Band 131: Matthias Wenk
Entwicklung eines konfigurierbaren Steuerungssystems für die flexible Sensorführung von Industrierobotern
FAPS, 167 Seiten, 85 Bilder, 1 Tab. 2002.
ISBN 3-87525-174-1.

Band 132: Matthias Negendanck
Neue Sensorik und Aktorik für Bearbeitungsköpfe zum Laserstrahlschweißen
LFT, 116 Seiten, 60 Bilder, 14 Tab. 2002.
ISBN 3-87525-184-9.

Band 133: Oliver Kreis
Integrierte Fertigung - Verfahrensintegration durch Innenhochdruck-Umformen, Trennen und Laserstrahlschweißen in einem Werkzeug sowie ihre tele- und multimediale Präsentation
LFT, 167 Seiten, 90 Bilder, 43 Tab. 2002.
ISBN 3-87525-176-8.

Band 134: Stefan Trautner
Technische Umsetzung produktbezogener Instrumente der Umweltpolitik bei Elektro- und Elektronikgeräten
FAPS, 179 Seiten, 92 Bilder, 11 Tab. 2002.
ISBN 3-87525-177-6.

Band 135: Roland Meier
Strategien für einen produktorientierten Einsatz räumlicher spritzgegossener Schaltungsträger (3-D MID)
FAPS, 155 Seiten, 88 Bilder, 14 Tab. 2002.
ISBN 3-87525-178-4.

Band 136: Jürgen Wunderlich
Kostensimulation - Simulationsbasierte Wirtschaftlichkeitsregelung komplexer Produktionssysteme
FAPS, 202 Seiten, 119 Bilder, 17 Tab. 2002.
ISBN 3-87525-179-2.

Band 137: Stefan Novotny
Innenhochdruck-Umformen von Blechen aus Aluminium- und Magnesiumlegierungen bei erhöhter Temperatur
LFT, 132 Seiten, 82 Bilder, 6 Tab. 2002.
ISBN 3-87525-185-7.

Band 138: Andreas Licha
Flexible Montageautomatisierung zur Komplettmontage flächenhafter Produktstrukturen durch kooperierende Industrieroboter
FAPS, 158 Seiten, 87 Bilder, 8 Tab. 2003.
ISBN 3-87525-189-X.

Band 139: Michael Eisenbarth
Beitrag zur Optimierung der Aufbau- und Verbindungstechnik für mechatronische Baugruppen
FAPS, 207 Seiten, 141 Bilder, 9 Tab. 2003.
ISBN 3-87525-190-3.

Band 140: Frank Christoph
Durchgängige simulationsgestützte Planung von Fertigungseinrichtungen der Elektronikproduktion
FAPS, 187 Seiten, 107 Bilder, 9 Tab. 2003.
ISBN 3-87525-191-1.

Band 141: Hinnerk Hagenah
Simulationsbasierte Bestimmung der zu erwartenden Maßhaltigkeit für das Blechbiegen
LFT, 131 Seiten, 36 Bilder, 26 Tab. 2003.
ISBN 3-87525-192-X.

Band 142: Ralf Eckstein
Scherschneiden und Biegen metallischer Kleinstteile - Materialeinfluss und Materialverhalten
LFT, 148 Seiten, 71 Bilder, 19 Tab. 2003.
ISBN 3-87525-193-8.

Band 143: Frank H. Meyer-Pittroff
Excimerlaserstrahlbiegen dünner metallischer Folien mit homogener Lichtlinie
LFT, 138 Seiten, 60 Bilder, 16 Tab. 2003.
ISBN 3-87525-196-2.

Band 144: Andreas Kach
Rechnergestützte Anpassung von Laserstrahlschneidbahnen an Bauteilabweichungen
LFT, 139 Seiten, 69 Bilder, 11 Tab. 2004.
ISBN 3-87525-197-0.

Band 145: Stefan Hierl
System- und Prozeßtechnik für das simultane Löten mit Diodenlaserstrahlung von elektronischen Bauelementen
LFT, 124 Seiten, 66 Bilder, 4 Tab. 2004.
ISBN 3-87525-198-9.

Band 146: Thomas Neudecker
Tribologische Eigenschaften keramischer Blechumformwerkzeuge- Einfluss einer Oberflächenendbearbeitung mittels Excimerlaserstrahlung
LFT, 166 Seiten, 75 Bilder, 26 Tab. 2004.
ISBN 3-87525-200-4.

Band 147: Ulrich Wenger
Prozessoptimierung in der Wickeltechnik durch innovative maschinenbauliche und regelungstechnische Ansätze
FAPS, 132 Seiten, 88 Bilder, 0 Tab. 2004.
ISBN 3-87525-203-9.

Band 148: Stefan Slama
Effizienzsteigerung in der Montage durch marktorientierte Montagestrukturen und erweiterte Mitarbeiterkompetenz
FAPS, 188 Seiten, 125 Bilder, 0 Tab. 2004.
ISBN 3-87525-204-7.

Band 149: Thomas Wurm
Laserstrahljustieren mittels Aktoren-Entwicklung von Konzepten und Methoden für die rechnerunterstützte Modellierung und Optimierung von komplexen Aktorsystemen in der Mikrotechnik
LFT, 122 Seiten, 51 Bilder, 9 Tab. 2004.
ISBN 3-87525-206-3.

Band 150: Martino Celeghini
Wirkmedienbasierte Blechumformung: Grundlagenuntersuchungen zum Einfluss von Werkstoff und Bauteilgeometrie
LFT, 146 Seiten, 77 Bilder, 6 Tab. 2004.
ISBN 3-87525-207-1.

Band 151: Ralph Hohenstein
Entwurf hochdynamischer Sensor- und Regelsysteme für die adaptive Laserbearbeitung
LFT, 282 Seiten, 63 Bilder, 16 Tab. 2004.
ISBN 3-87525-210-1.

Band 152: Angelika Hutterer
Entwicklung prozessüberwachender Regelkreise für flexible Formgebungsprozesse
LFT, 149 Seiten, 57 Bilder, 2 Tab. 2005.
ISBN 3-87525-212-8.

Band 153: Emil Egerer
Massivumformen metallischer Kleinstteile bei erhöhter Prozesstemperatur
LFT, 158 Seiten, 87 Bilder, 10 Tab. 2005.
ISBN 3-87525-213-6.

Band 154: Rüdiger Holzmann
Strategien zur nachhaltigen Optimierung von Qualität und Zuverlässigkeit in der Fertigung hochintegrierter Flachbaugruppen
FAPS, 186 Seiten, 99 Bilder, 19 Tab. 2005.
ISBN 3-87525-217-9.

Band 155: Marco Nock
Biegeumformen mit Elastomerwerkzeugen Modellierung, Prozessauslegung und Abgrenzung des Verfahrens am Beispiel des Rohrbiegens
LFT, 164 Seiten, 85 Bilder, 13 Tab. 2005.
ISBN 3-87525-218-7.

Band 156: Frank Niebling
Qualifizierung einer Prozesskette zum Laserstrahlsintern metallischer Bauteile
LFT, 148 Seiten, 89 Bilder, 3 Tab. 2005.
ISBN 3-87525-219-5.

Band 157: Markus Meiler
Großserientauglichkeit trockenschmierstoffbeschichteter Aluminiumbleche im Presswerk Grundlegende Untersuchungen zur Tribologie, zum Umformverhalten und Bauteilversuche
LFT, 104 Seiten, 57 Bilder, 21 Tab. 2005.
ISBN 3-87525-221-7.

Band 158: Agus Sutanto
Solution Approaches for Planning of Assembly Systems in Three-Dimensional Virtual Environments
FAPS, 169 Seiten, 98 Bilder, 3 Tab. 2005.
ISBN 3-87525-220-9.

Band 159: Matthias Boiger
Hochleistungssysteme für die Fertigung elektronischer Baugruppen auf der Basis flexibler Schaltungsträger
FAPS, 175 Seiten, 111 Bilder, 8 Tab. 2005.
ISBN 3-87525-222-5.

Band 160: Matthias Pitz
Laserunterstütztes Biegen höchstfester Mehrphasenstähle
LFT, 120 Seiten, 73 Bilder, 11 Tab. 2005.
ISBN 3-87525-223-3.

Band 161: Meik Vahl
Beitrag zur gezielten Beeinflussung des Werkstoffflusses beim Innenhochdruck-Umformen von Blechen
LFT, 165 Seiten, 94 Bilder, 15 Tab. 2005.
ISBN 3-87525-224-1.

Band 162: Peter K. Kraus
Plattformstrategien - Realisierung einer varianz- und kostenoptimierten Wertschöpfung
FAPS, 181 Seiten, 95 Bilder, 0 Tab. 2005.
ISBN 3-87525-226-8.

Band 163: Adrienn Cser
Laserstrahlschmelzabtrag - Prozessanalyse und -modellierung
LFT, 146 Seiten, 79 Bilder, 3 Tab. 2005.
ISBN 3-87525-227-6.

Band 164: Markus C. Hahn
Grundlegende Untersuchungen zur Herstellung von Leichtbauverbundstrukturen mit Aluminiumschaumkern
LFT, 143 Seiten, 60 Bilder, 16 Tab. 2005.
ISBN 3-87525-228-4.

Band 165: Gordana Michos
Mechatronische Ansätze zur Optimierung von Vorschubachsen
FAPS, 146 Seiten, 87 Bilder, 17 Tab. 2005.
ISBN 3-87525-230-6.

Band 166: Markus Stark
Auslegung und Fertigung hochpräziser Faser-Kollimator-Arrays
LFT, 158 Seiten, 115 Bilder, 11 Tab. 2005.
ISBN 3-87525-231-4.

Band 167: Yurong Zhou
Kollaboratives Engineering Management in der integrierten virtuellen Entwicklung der Anlagen für die Elektronikproduktion
FAPS, 156 Seiten, 84 Bilder, 6 Tab. 2005.
ISBN 3-87525-232-2.

Band 168: Werner Enser
Neue Formen permanenter und lösbarer elektrischer Kontaktierungen für mechatronische Baugruppen
FAPS, 190 Seiten, 112 Bilder, 5 Tab. 2005.
ISBN 3-87525-233-0.

Band 169: Katrin Melzer
Integrierte Produktpolitik bei elektrischen und elektronischen Geräten zur Optimierung des Product-Life-Cycle
FAPS, 155 Seiten, 91 Bilder, 17 Tab. 2005.
ISBN 3-87525-234-9.

Band 170: Alexander Putz
Grundlegende Untersuchungen zur Erfassung der realen Vorspannung von armierten Kaltfließpresswerkzeugen mittels Ultraschall
LFT, 137 Seiten, 71 Bilder, 15 Tab. 2006.
ISBN 3-87525-237-3.

Band 171: Martin Prechtl
Automatisiertes Schichtverfahren für metallische Folien - System- und Prozesstechnik
LFT, 154 Seiten, 45 Bilder, 7 Tab. 2006.
ISBN 3-87525-238-1.

Band 172: Markus Meidert
Beitrag zur deterministischen Lebensdauerabschätzung von Werkzeugen der Kaltmassivumformung
LFT, 131 Seiten, 78 Bilder, 9 Tab. 2006.
ISBN 3-87525-239-X.

Band 173: Bernd Müller
Robuste, automatisierte Montagesysteme durch adaptive Prozessführung und montageübergreifende Fehlerprävention am Beispiel flächiger Leichtbauteile
FAPS, 147 Seiten, 77 Bilder, 0 Tab. 2006.
ISBN 3-87525-240-3.

Band 174: Alexander Hofmann
Hybrides Laserdurchstrahlschweißen von Kunststoffen
LFT, 136 Seiten, 72 Bilder, 4 Tab. 2006.
ISBN 978-3-87525-243-9.

Band 175: Peter Wölflick
Innovative Substrate und Prozesse mit feinsten Strukturen für bleifreie Mechatronik-Anwendungen
FAPS, 177 Seiten, 148 Bilder, 24 Tab. 2006.
ISBN 978-3-87525-246-0.

Band 176: Attila Komlodi
Detection and Prevention of Hot Cracks during Laser Welding of Aluminium Alloys Using Advanced Simulation Methods
LFT, 155 Seiten, 89 Bilder, 14 Tab. 2006.
ISBN 978-3-87525-248-4.

Band 177: Uwe Popp
Grundlegende Untersuchungen zum Laserstrahlstrukturieren von Kaltmassivumformwerkzeugen
LFT, 140 Seiten, 67 Bilder, 16 Tab. 2006.
ISBN 978-3-87525-249-1.

Band 178: Veit Rückel
Rechnergestützte Ablaufplanung und Bahngenerierung Für kooperierende Industrieroboter
FAPS, 148 Seiten, 75 Bilder, 7 Tab. 2006.
ISBN 978-3-87525-250-7.

Band 179: Manfred Dirscherl
Nicht-thermische Mikrojustiertechnik mittels ultrakurzer Laserpulse
LFT, 154 Seiten, 69 Bilder, 10 Tab. 2007.
ISBN 978-3-87525-251-4.

Band 180: Yong Zhuo
Entwurf eines rechnergestützten integrierten Systems für Konstruktion und Fertigungsplanung räumlicher spritzgegossener Schaltungsträger (3D-MID)
FAPS, 181 Seiten, 95 Bilder, 5 Tab. 2007.
ISBN 978-3-87525-253-8.

Band 181: Stefan Lang
Durchgängige Mitarbeiterinformation zur Steigerung von Effizienz und Prozesssicherheit in der Produktion
FAPS, 172 Seiten, 93 Bilder. 2007.
ISBN 978-3-87525-257-6.

Band 182: Hans-Joachim Krauß
Laserstrahlinduzierte Pyrolyse präkeramischer Polymere
LFT, 171 Seiten, 100 Bilder. 2007.
ISBN 978-3-87525-258-3.

Band 183: Stefan Junker
Technologien und Systemlösungen für die flexibel automatisierte Bestückung permanent erregter Läufer mit oberflächenmontierten Dauermagneten
FAPS, 173 Seiten, 75 Bilder. 2007.
ISBN 978-3-87525-259-0.

Band 184: Rainer Kohlbauer
Wissensbasierte Methoden für die simulationsgestützte Auslegung wirkmedienbasierter Blechumformprozesse
LFT, 135 Seiten, 50 Bilder. 2007.
ISBN 978-3-87525-260-6.

Band 185: Klaus Lamprecht
Wirkmedienbasierte Umformung tiefgezogener Vorformen unter besonderer Berücksichtigung maßgeschneiderter Halbzeuge
LFT, 137 Seiten, 81 Bilder. 2007.
ISBN 978-3-87525-265-1.

Band 186: Bernd Zolleiß
Optimierte Prozesse und Systeme für die Bestückung mechatronischer Baugruppen
FAPS, 180 Seiten, 117 Bilder. 2007.
ISBN 978-3-87525-266-8.

Band 187: Michael Kerausch
Simulationsgestützte Prozessauslegung für das Umformen lokal wärmebehandelter Aluminiumplatinen
LFT, 146 Seiten, 76 Bilder, 7 Tab. 2007.
ISBN 978-3-87525-267-5.

Band 188: Matthias Weber
Unterstützung der Wandlungsfähigkeit von Produktionsanlagen durch innovative Softwaresysteme
FAPS, 183 Seiten, 122 Bilder, 3 Tab. 2007.
ISBN 978-3-87525-269-9.

Band 189: Thomas Frick
Untersuchung der prozessbestimmenden Strahl-Stoff-Wechselwirkungen beim Laserstrahlschweißen von Kunststoffen
LFT, 104 Seiten, 62 Bilder, 8 Tab. 2007.
ISBN 978-3-87525-268-2.

Band 190: Joachim Hecht
Werkstoffcharakterisierung und Prozessauslegung für die wirkmedienbasierte Doppelblech-Umformung von Magnesiumlegierungen
LFT, 107 Seiten, 91 Bilder, 2 Tab. 2007.
ISBN 978-3-87525-270-5.

Band 191: Ralf Völkl
Stochastische Simulation zur Werkzeuglebensdaueroptimierung und Präzisionsfertigung in der Kaltmassivumformung
LFT, 178 Seiten, 75 Bilder, 12 Tab. 2008.
ISBN 978-3-87525-272-9.

Band 192: Massimo Tolazzi
Innenhochdruck-Umformen verstärkter Blech-Rahmenstrukturen
LFT, 164 Seiten, 85 Bilder, 7 Tab. 2008.
ISBN 978-3-87525-273-6.

Band 193: Cornelia Hoff
Untersuchung der Prozesseinflussgrößen beim Presshärten des höchstfesten Vergütungsstahls 22MnB5
LFT, 133 Seiten, 92 Bilder, 5 Tab. 2008.
ISBN 978-3-87525-275-0.

Band 194: Christian Alvarez
Simulationsgestützte Methoden zur effizienten Gestaltung von Lötprozessen in der Elektronikproduktion
FAPS, 149 Seiten, 86 Bilder, 8 Tab. 2008.
ISBN 978-3-87525-277-4.

Band 195: Andreas Kunze
Automatisierte Montage von makromechatronischen Modulen zur flexiblen Integration in hybride Pkw-Bordnetzsysteme
FAPS, 160 Seiten, 90 Bilder, 14 Tab. 2008.
ISBN 978-3-87525-278-1.

Band 196: Wolfgang Hußnätter
Grundlegende Untersuchungen zur experimentellen Ermittlung und zur Modellierung von Fließortkurven bei erhöhten Temperaturen
LFT, 152 Seiten, 73 Bilder, 21 Tab. 2008.
ISBN 978-3-87525-279-8.

Band 197: Thomas Bigl
Entwicklung, angepasste Herstellungsverfahren und erweiterte Qualitätssicherung von einsatzgerechten elektronischen Baugruppen
FAPS, 175 Seiten, 107 Bilder, 14 Tab. 2008.
ISBN 978-3-87525-280-4.

Band 198: Stephan Roth
Grundlegende Untersuchungen zum Excimerlaserstrahl-Abtragen unter Flüssigkeitsfilmen
LFT, 113 Seiten, 47 Bilder, 14 Tab. 2008.
ISBN 978-3-87525-281-1.

Band 199: Artur Giera
Prozesstechnische Untersuchungen zum Rührreibschweißen metallischer Werkstoffe
LFT, 179 Seiten, 104 Bilder, 36 Tab. 2008.
ISBN 978-3-87525-282-8.

Band 200: Jürgen Lechler
Beschreibung und Modellierung des Werkstoffverhaltens von presshärtbaren Bor-Manganstählen
LFT, 154 Seiten, 75 Bilder, 12 Tab. 2009.
ISBN 978-3-87525-286-6.

Band 201: Andreas Blankl
Untersuchungen zur Erhöhung der Prozessrobustheit bei der Innenhochdruck-Umformung von flächigen Halbzeugen mit vor- bzw. nachgeschalteten Laserstrahlfügeoperationen
LFT, 120 Seiten, 68 Bilder, 9 Tab. 2009.
ISBN 978-3-87525-287-3.

Band 202: Andreas Schaller
Modellierung eines nachfrageorientierten Produktionskonzeptes für mobile Telekommunikationsgeräte
FAPS, 120 Seiten, 79 Bilder, 0 Tab. 2009.
ISBN 978-3-87525-289-7.

Band 203: Claudius Schimpf
Optimierung von Zuverlässigkeitsuntersuchungen, Prüfabläufen und Nacharbeitsprozessen in der Elektronikproduktion
FAPS, 162 Seiten, 90 Bilder, 14 Tab. 2009.
ISBN 978-3-87525-290-3.

Band 204: Simon Dietrich
Sensoriken zur Schwerpunktslagebestimmung der optischen Prozessemissionen beim Laserstrahltiefschweißen
LFT, 138 Seiten, 70 Bilder, 5 Tab. 2009.
ISBN 978-3-87525-292-7.

Band 205: Wolfgang Wolf
Entwicklung eines agentenbasierten Steuerungssystems zur Materialflussorganisation im wandelbaren Produktionsumfeld
FAPS, 167 Seiten, 98 Bilder. 2009.
ISBN 978-3-87525-293-4.

Band 206: Steffen Polster
Laserdurchstrahlschweißen transparenter Polymerbauteile
LFT, 160 Seiten, 92 Bilder, 13 Tab. 2009.
ISBN 978-3-87525-294-1.

Band 207: Stephan Manuel Dörfler
Rührreibschweißen von walzplattiertem Halbzeug und Aluminiumblech zur Herstellung flächiger Aluminiumschaum-Sandwich-Verbundstrukturen
LFT, 190 Seiten, 98 Bilder, 5 Tab. 2009.
ISBN 978-3-87525-295-8.

Band 208: Uwe Vogt
Seriennahe Auslegung von Aluminium Tailored Heat Treated Blanks
LFT, 151 Seiten, 68 Bilder, 26 Tab. 2009.
ISBN 978-3-87525-296-5.

Band 209: Till Laumann
Qualitative und quantitative Bewertung der Crashtauglichkeit von höchstfesten Stählen
LFT, 117 Seiten, 69 Bilder, 7 Tab. 2009.
ISBN 978-3-87525-299-6.

Band 210: Alexander Diehl
Größeneffekte bei Biegeprozessen-Entwicklung einer Methodik zur Identifikation und Quantifizierung
LFT, 180 Seiten, 92 Bilder, 12 Tab. 2010.
ISBN 978-3-87525-302-3.

Band 211: Detlev Staud
Effiziente Prozesskettenauslegung für das Umformen lokal wärmebehandelter und geschweißter Aluminiumbleche
LFT, 164 Seiten, 72 Bilder, 12 Tab. 2010.
ISBN 978-3-87525-303-0.

Band 212: Jens Ackermann
Prozesssicherung beim Laserdurchstrahlschweißen thermoplastischer Kunststoffe
LPT, 129 Seiten, 74 Bilder, 13 Tab. 2010.
ISBN 978-3-87525-305-4.

Band 213: Stephan Weidel
Grundlegende Untersuchungen zum Kontaktzustand zwischen Werkstück und Werkzeug bei umformtechnischen Prozessen unter tribologischen Gesichtspunkten
LFT, 144 Seiten, 67 Bilder, 11 Tab. 2010.
ISBN 978-3-87525-307-8.

Band 214: Stefan Geißdörfer
Entwicklung eines mesoskopischen Modells zur Abbildung von Größeneffekten in der Kaltmassivumformung mit Methoden der FE-Simulation
LFT, 133 Seiten, 83 Bilder, 11 Tab. 2010.
ISBN 978-3-87525-308-5.

Band 215: Christian Matzner
Konzeption produktspezifischer Lösungen zur Robustheitssteigerung elektronischer Systeme gegen die Einwirkung von Betauung im Automobil
FAPS, 165 Seiten, 93 Bilder, 14 Tab. 2010.
ISBN 978-3-87525-309-2.

Band 216: Florian Schüßler
Verbindungs- und Systemtechnik für thermisch hochbeanspruchte und miniaturisierte elektronische Baugruppen
FAPS, 184 Seiten, 93 Bilder, 18 Tab. 2010.
ISBN 978-3-87525-310-8.

Band 217: Massimo Cojutti
Strategien zur Erweiterung der Prozessgrenzen bei der Innhochdruck-Umformung von Rohren und Blechpaaren
LFT, 125 Seiten, 56 Bilder, 9 Tab. 2010.
ISBN 978-3-87525-312-2.

Band 218: Raoul Plettke
Mehrkriterielle Optimierung komplexer Aktorsysteme für das Laserstrahljustieren
LFT, 152 Seiten, 25 Bilder, 3 Tab. 2010.
ISBN 978-3-87525-315-3.

Band 219: Andreas Dobroschke
Flexible Automatisierungslösungen für die Fertigung wickeltechnischer Produkte
FAPS, 184 Seiten, 109 Bilder, 18 Tab. 2011.
ISBN 978-3-87525-317-7.

Band 220: Azhar Zam
Optical Tissue Differentiation for Sensor-Controlled Tissue-Specific Laser Surgery
LPT, 99 Seiten, 45 Bilder, 8 Tab. 2011.
ISBN 978-3-87525-318-4.

Band 221: Michael Rösch
Potenziale und Strategien zur Optimierung des Schablonendruckprozesses in der Elektronikproduktion
FAPS, 192 Seiten, 127 Bilder, 19 Tab. 2011.
ISBN 978-3-87525-319-1.

Band 222: Thomas Rechtenwald
Quasi-isothermes Laserstrahlsintern von Hochtemperatur-Thermoplasten - Eine Betrachtung werkstoff-prozessspezifischer Aspekte am Beispiel PEEK
LPT, 150 Seiten, 62 Bilder, 8 Tab. 2011.
ISBN 978-3-87525-320-7.

Band 223: Daniel Craiovan
Prozesse und Systemlösungen für die SMT-Montage optischer Bauelemente auf Substrate mit integrierten Lichtwellenleitern
FAPS, 165 Seiten, 85 Bilder, 8 Tab. 2011.
ISBN 978-3-87525-324-5.

Band 224: Kay Wagner
Beanspruchungsangepasste Kaltmassivumformwerkzeuge durch lokal optimierte Werkzeugoberflächen
LFT, 147 Seiten, 103 Bilder, 17 Tab. 2011.
ISBN 978-3-87525-325-2.

Band 225: Martin Brandhuber
Verbesserung der Prognosegüte des Versagens von Punktschweißverbindungen bei höchstfesten Stahlgüten
LFT, 155 Seiten, 91 Bilder, 19 Tab. 2011.
ISBN 978-3-87525-327-6.

Band 226: Peter Sebastian Feuser
Ein Ansatz zur Herstellung von pressgehärteten Karosseriekomponenten mit maßgeschneiderten mechanischen Eigenschaften: Temperierte Umformwerkzeuge. Prozessfenster, Prozesssimuation und funktionale Untersuchung
LFT, 195 Seiten, 97 Bilder, 60 Tab. 2012.
ISBN 978-3-87525-328-3.

Band 227: Murat Arbak
Material Adapted Design of Cold Forging Tools Exemplified by Powder Metallurgical Tool Steels and Ceramics
LFT, 109 Seiten, 56 Bilder, 8 Tab. 2012.
ISBN 978-3-87525-330-6.

Band 228: Indra Pitz
Beschleunigte Simulation des Laserstrahlumformens von Aluminiumblechen
LPT, 137 Seiten, 45 Bilder, 27 Tab. 2012.
ISBN 978-3-87525-333-7.

Band 229: Alexander Grimm
Prozessanalyse und -überwachung des Laserstrahlhartlötens mittels optischer Sensorik
LPT, 125 Seiten, 61 Bilder, 5 Tab. 2012.
ISBN 978-3-87525-334-4.

Band 230: Markus Kaupper
Biegen von höhenfesten Stahlblechwerkstoffen - Umformverhalten und Grenzen der Biegbarkeit
LFT, 160 Seiten, 57 Bilder, 10 Tab. 2012.
ISBN 978-3-87525-339-9.

Band 231: Thomas Kroiß
Modellbasierte Prozessauslegung für die Kaltmassivumformung unter Brücksichtigung der Werkzeug- und Pressenauffederung
LFT, 169 Seiten, 50 Bilder, 19 Tab. 2012.
ISBN 978-3-87525-341-2.

Band 232: Christian Goth
Analyse und Optimierung der Entwicklung und Zuverlässigkeit räumlicher Schaltungsträger (3D-MID)
FAPS, 176 Seiten, 102 Bilder, 22 Tab. 2012.
ISBN 978-3-87525-340-5.

Band 233: Christian Ziegler
Ganzheitliche Automatisierung mechatronischer Systeme in der Medizin am Beispiel Strahlentherapie
FAPS, 170 Seiten, 71 Bilder, 19 Tab. 2012.
ISBN 978-3-87525-342-9.

Band 234: Florian Albert
Automatisiertes Laserstrahllöten und -reparaturlöten elektronischer Baugruppen
LPT, 127 Seiten, 78 Bilder, 11 Tab. 2012.
ISBN 978-3-87525-344-3.

Band 235: Thomas Stöhr
Analyse und Beschreibung des mechanischen Werkstoffverhaltens von presshärtbaren Bor-Manganstählen
LFT, 118 Seiten, 74 Bilder, 18 Tab. 2013.
ISBN 978-3-87525-346-7.

Band 236: Christian Kägeler
Prozessdynamik beim Laserstrahlschweißen verzinkter Stahlbleche im Überlappstoß
LPT, 145 Seiten, 80 Bilder, 3 Tab. 2013.
ISBN 978-3-87525-347-4.

Band 237: Andreas Sulzberger
Seriennahe Auslegung der Prozesskette zur wärmeunterstützten Umformung von Aluminiumblechwerkstoffen
LFT, 153 Seiten, 87 Bilder, 17 Tab. 2013.
ISBN 978-3-87525-349-8.

Band 238: Simon Opel
Herstellung prozessangepasster Halbzeuge mit variabler Blechdicke durch die Anwendung von Verfahren der Blechmassivumformung
LFT, 165 Seiten, 108 Bilder, 27 Tab. 2013.
ISBN 978-3-87525-350-4.

Band 239: Rajesh Kanawade
In-vivo Monitoring of Epithelium Vessel and Capillary Density for the Application of Detection of Clinical Shock and Early Signs of Cancer Development
LPT, 124 Seiten, 58 Bilder, 15 Tab. 2013.
ISBN 978-3-87525-351-1.

Band 240: Stephan Busse
Entwicklung und Qualifizierung eines Schneidclinchverfahrens
LFT, 119 Seiten, 86 Bilder, 20 Tab. 2013.
ISBN 978-3-87525-352-8.

Band 241: Karl-Heinz Leitz
Mikro- und Nanostrukturierung mit kurz und ultrakurz gepulster Laserstrahlung
LPT, 154 Seiten, 71 Bilder, 9 Tab. 2013.
ISBN 978-3-87525-355-9.

Band 242: Markus Michl
Webbasierte Ansätze zur ganzheitlichen technischen Diagnose
FAPS, 182 Seiten, 62 Bilder, 20 Tab. 2013.
ISBN 978-3-87525-356-6.

Band 243: Vera Sturm
Einfluss von Chargenschwankungen auf die Verarbeitungsgrenzen von Stahlwerkstoffen
LFT, 113 Seiten, 58 Bilder, 9 Tab. 2013.
ISBN 978-3-87525-357-3.

Band 244: Christian Neudel
Mikrostrukturelle und mechanisch-technologische Eigenschaften widerstandspunktgeschweißter Aluminium-Stahl-Verbindungen für den Fahrzeugbau
LFT, 178 Seiten, 171 Bilder, 31 Tab. 2014.
ISBN 978-3-87525-358-0.

Band 245: Anja Neumann
Konzept zur Beherrschung der Prozessschwankungen im Presswerk
LFT, 162 Seiten, 68 Bilder, 15 Tab. 2014.
ISBN 978-3-87525-360-3.

Band 246: Ulf-Hermann Quentin
Laserbasierte Nanostrukturierung mit optisch positionierten Mikrolinsen
LPT, 137 Seiten, 89 Bilder, 6 Tab. 2014.
ISBN 978-3-87525-361-0.

Band 247: Erik Lamprecht
Der Einfluss der Fertigungsverfahren auf die Wirbelstromverluste von Stator-Einzelzahnblechpaketen für den Einsatz in Hybrid- und Elektrofahrzeugen
FAPS, 148 Seiten, 138 Bilder, 4 Tab. 2014.
ISBN 978-3-87525-362-7.

Band 248: Sebastian Rösel
Wirkmedienbasierte Umformung von Blechhalbzeugen unter Anwendung magnetorheologischer Flüssigkeiten als kombiniertes Wirk- und Dichtmedium
LFT, 148 Seiten, 61 Bilder, 12 Tab. 2014.
ISBN 978-3-87525-363-4.

Band 249: Paul Hippchen
Simulative Prognose der Geometrie indirekt pressgehärteter Karosseriebauteile für die industrielle Anwendung
LFT, 163 Seiten, 89 Bilder, 12 Tab. 2014.
ISBN 978-3-87525-364-1.

Band 250: Martin Zubeil
Versagensprognose bei der Prozess simulation von Biegeumform- und Falzverfahren
LFT, 171 Seiten, 90 Bilder, 5 Tab. 2014.
ISBN 978-3-87525-365-8.

Band 251: Alexander Kühl
Flexible Automatisierung der Statorenmontage mit Hilfe einer universellen ambidexteren Kinematik
FAPS, 142 Seiten, 60 Bilder, 26 Tab. 2014.
ISBN 978-3-87525-367-2.

Band 252: Thomas Albrecht
Optimierte Fertigungstechnologien für Rotoren getriebeintegrierter PM-Synchronmotoren von Hybridfahrzeugen
FAPS, 198 Seiten, 130 Bilder, 38 Tab. 2014.
ISBN 978-3-87525-368-9.

Band 253: Florian Risch
Planning and Production Concepts for Contactless Power Transfer Systems for Electric Vehicles
FAPS, 185 Seiten, 125 Bilder, 13 Tab. 2014.
ISBN 978-3-87525-369-6.

Band 254: Markus Weigl
Laserstrahlschweißen von Mischverbindungen aus austenitischen und ferritischen korrosionsbeständigen Stahlwerkstoffen
LPT, 184 Seiten, 110 Bilder, 6 Tab. 2014.
ISBN 978-3-87525-370-2.

Band 255: Johannes Noneder
Beanspruchungserfassung für die Validierung von FE-Modellen zur Auslegung von Massivumformwerkzeugen
LFT, 161 Seiten, 65 Bilder, 14 Tab. 2014.
ISBN 978-3-87525-371-9.

Band 256: Andreas Reinhardt
Ressourceneffiziente Prozess- und Produktionstechnologie für flexible Schaltungsträger
FAPS, 123 Seiten, 69 Bilder, 19 Tab. 2014.
ISBN 978-3-87525-373-3.

Band 257: Tobias Schmuck
Ein Beitrag zur effizienten Gestaltung globaler Produktions- und Logistiknetzwerke mittels Simulation
FAPS, 151 Seiten, 74 Bilder. 2014.
ISBN 978-3-87525-374-0.

Band 258: Bernd Eichenhüller
Untersuchungen der Effekte und Wechselwirkungen charakteristischer Einflussgrößen auf das Umformverhalten bei Mikroumformprozessen
LFT, 127 Seiten, 29 Bilder, 9 Tab. 2014.
ISBN 978-3-87525-375-7.

Band 259: Felix Lütteke
Vielseitiges autonomes Transportsystem basierend auf Weltmodellerstellung mittels Datenfusion von Deckenkameras und Fahrzeugsensoren
FAPS, 152 Seiten, 54 Bilder, 20 Tab. 2014.
ISBN 978-3-87525-376-4.

Band 260: Martin Grüner
Hochdruck-Blechumformung mit formlos festen Stoffen als Wirkmedium
LFT, 144 Seiten, 66 Bilder, 29 Tab. 2014.
ISBN 978-3-87525-379-5.

Band 261: Christian Brock
Analyse und Regelung des Laserstrahltiefschweißprozesses durch Detektion der Metalldampffackelposition
LPT, 126 Seiten, 65 Bilder, 3 Tab. 2015.
ISBN 978-3-87525-380-1.

Band 262: Peter Vatter
Sensitivitätsanalyse des 3-Rollen-Schubbiegens auf Basis der Finite Elemente Methode
LFT, 145 Seiten, 57 Bilder, 26 Tab. 2015.
ISBN 978-3-87525-381-8.

Band 263: Florian Klämpfl
Planung von Laserbestrahlungen durch simulationsbasierte Optimierung
LPT, 169 Seiten, 78 Bilder, 32 Tab. 2015.
ISBN 978-3-87525-384-9.

Band 264: Matthias Domke
Transiente physikalische Mechanismen bei der Laserablation von dünnen Metallschichten
LPT, 133 Seiten, 43 Bilder, 3 Tab. 2015.
ISBN 978-3-87525-385-6.

Band 265: Johannes Götz
Community-basierte Optimierung des Anlagenengineerings
FAPS, 177 Seiten, 80 Bilder, 30 Tab. 2015.
ISBN 978-3-87525-386-3.

Band 266: Hung Nguyen
Qualifizierung des Potentials von Verfestigungseffekten zur Erweiterung des Umformvermögens aushärtbarer Aluminiumlegierungen
LFT, 137 Seiten, 57 Bilder, 16 Tab. 2015.
ISBN 978-3-87525-387-0.

Band 267: Andreas Kuppert
Erweiterung und Verbesserung von Versuchs- und Auswertetechniken für die Bestimmung von Grenzformänderungskurven
LFT, 138 Seiten, 82 Bilder, 2 Tab. 2015.
ISBN 978-3-87525-388-7.

Band 268: Kathleen Klaus
Erstellung eines Werkstofforientierten Fertigungsprozessfensters zur Steigerung des Formgebungsvermögens von Aluminiumlegierungen unter Anwendung einer zwischengeschalteten Wärmebehandlung
LFT, 154 Seiten, 70 Bilder, 8 Tab. 2015.
ISBN 978-3-87525-391-7.

Band 269: Thomas Svec
Untersuchungen zur Herstellung von funktionsoptimierten Bauteilen im partiellen Presshärtprozess mittels lokal unterschiedlich temperierter Werkzeuge
LFT, 166 Seiten, 87 Bilder, 15 Tab. 2015.
ISBN 978-3-87525-392-4.

Band 270: Tobias Schrader
Grundlegende Untersuchungen zur Verschleißcharakterisierung beschichteter Kaltmassivumformwerkzeuge
LFT, 164 Seiten, 55 Bilder, 11 Tab. 2015.
ISBN 978-3-87525-393-1.

Band 271: Matthäus Brela
Untersuchung von Magnetfeld-Messmethoden zur ganzheitlichen Wertschöpfungsoptimierung und Fehlerdetektion an magnetischen Aktoren
FAPS, 170 Seiten, 97 Bilder, 4 Tab. 2015.
ISBN 978-3-87525-394-8.

Band 272: Michael Wieland
Entwicklung einer Methode zur Prognose adhäsiven Verschleißes an Werkzeugen für das direkte Presshärten
LFT, 156 Seiten, 84 Bilder, 9 Tab. 2015.
ISBN 978-3-87525-395-5.

Band 273: René Schramm
Strukturierte additive Metallisierung durch kaltaktives Atmosphärendruckplasma
FAPS, 136 Seiten, 62 Bilder, 15 Tab. 2015.
ISBN 978-3-87525-396-2.

Band 274: Michael Lechner
Herstellung beanspruchungsangepasster Aluminiumblechhalbzeuge durch eine maßgeschneiderte Variation der Abkühlgeschwindigkeit nach Lösungsglühen
LFT, 136 Seiten, 62 Bilder, 15 Tab. 2015.
ISBN 978-3-87525-397-9.

Band 275: Kolja Andreas
Einfluss der Oberflächenbeschaffenheit auf das Werkzeugeinsatzverhalten beim Kaltfließpressen
LFT, 169 Seiten, 76 Bilder, 4 Tab. 2015.
ISBN 978-3-87525-398-6.

Band 276: Marcus Baum
Laser Consolidation of ITO Nanoparticles for the Generation of Thin Conductive Layers on Transparent Substrates
LPT, 158 Seiten, 75 Bilder, 3 Tab. 2015.
ISBN 978-3-87525-399-3.

Band 277: Thomas Schneider
Umformtechnische Herstellung dünnwandiger Funktionsbauteile aus Feinblech durch Verfahren der Blechmassivumformung
LFT, 188 Seiten, 95 Bilder, 7 Tab. 2015.
ISBN 978-3-87525-401-3.

Band 278: Jochen Merhof
Sematische Modellierung automatisierter Produktionssysteme zur Verbesserung der IT-Integration zwischen Anlagen-Engineering und Steuerungsebene
FAPS, 157 Seiten, 88 Bilder, 8 Tab. 2015.
ISBN 978-3-87525-402-0.

Band 279: Fabian Zöller
Erarbeitung von Grundlagen zur Abbildung des tribologischen Systems in der Umformsimulation
LFT, 126 Seiten, 51 Bilder, 3 Tab. 2016.
ISBN 978-3-87525-403-7.

Band 280: Christian Hezler
Einsatz technologischer Versuche zur Erweiterung der Versagensvorhersage bei Karosseriebauteilen aus höchstfesten Stählen
LFT, 147 Seiten, 63 Bilder, 44 Tab. 2016.
ISBN 978-3-87525-404-4.

Band 281: Jochen Bönig
Integration des Systemverhaltens von Automobil-Hochvoltleitungen in die virtuelle Absicherung durch strukturmechanische Simulation
FAPS, 177 Seiten, 107 Bilder, 17 Tab. 2016.
ISBN 978-3-87525-405-1.

Band 282: Johannes Kohl
Automatisierte Datenerfassung für diskret ereignisorientierte Simulationen in der energieflexibelen Fabrik
FAPS, 160 Seiten, 80 Bilder, 27 Tab. 2016.
ISBN 978-3-87525-406-8.

Band 283: Peter Bechtold
Mikroschockwellenumformung mittels ultrakurzer Laserpulse
LPT, 155 Seiten, 59 Bilder, 10 Tab. 2016.
ISBN 978-3-87525-407-5.

Band 284: Stefan Berger
Laserstrahlschweißen thermoplastischer Kohlenstofffaserverbundwerkstoffe mit spezifischem Zusatzdraht
LPT, 118 Seiten, 68 Bilder, 9 Tab. 2016.
ISBN 978-3-87525-408-2.

Band 285: Martin Bornschlegl
Methods-Energy Measurement - Eine Methode zur Energieplanung für Fügeverfahren im Karosseriebau
FAPS, 136 Seiten, 72 Bilder, 46 Tab. 2016.
ISBN 978-3-87525-409-9.

Band 286: Tobias Rackow
Erweiterung des Unternehmenscontrollings um die Dimension Energie
FAPS, 164 Seiten, 82 Bilder, 29 Tab. 2016.
ISBN 978-3-87525-410-5.

Band 287: Johannes Koch
Grundlegende Untersuchungen zur Herstellung zyklisch-symmetrischer Bauteile mit Nebenformelementen durch Blechmassivumformung
LFT, 125 Seiten, 49 Bilder, 17 Tab. 2016.
ISBN 978-3-87525-411-2.

Band 288: Hans Ulrich Vierzigmann
Beitrag zur Untersuchung der tribologischen Bedingungen in der Blechmassivumformung - Bereitstellung von tribologischen Modellversuchen und Realisierung von Tailored Surfaces
LFT, 174 Seiten, 102 Bilder, 34 Tab. 2016.
ISBN 978-3-87525-412-9.

Band 289: Thomas Senner
Methodik zur virtuellen Absicherung der formgebenden Operation des Nasspressprozesses von Gelege-Mehrschichtverbunden
LFT, 156 Seiten, 96 Bilder, 21 Tab. 2016.
ISBN 978-3-87525-414-3.

Band 290: Sven Kreitlein
Der grundoperationsspezifische Mindestenergiebedarf als Referenzwert zur Bewertung der Energieeffizienz in der Produktion
FAPS, 185 Seiten, 64 Bilder, 30 Tab. 2016.
ISBN 978-3-87525-415-0.

Band 291: Christian Roos
Remote-Laserstrahlschweißen verzinkter Stahlbleche in Kehlnahtgeometrie
LPT, 123 Seiten, 52 Bilder, 0 Tab. 2016.
ISBN 978-3-87525-416-7.

Band 292: Alexander Kahrimanidis
Thermisch unterstützte Umformung von Aluminiumblechen
LFT, 165 Seiten, 103 Bilder, 18 Tab. 2016.
ISBN 978-3-87525-417-4.

Band 293: Jan Tremel
Flexible Systems for Permanent Magnet Assembly and Magnetic Rotor Measurement / Flexible Systeme zur Montage von Permanentmagneten und zur Messung magnetischer Rotoren
FAPS, 152 Seiten, 91 Bilder, 12 Tab. 2016.
ISBN 978-3-87525-419-8.

Band 294: Ioannis Tsoupis
Schädigungs- und Versagensverhalten hochfester Leichtbauwerkstoffe unter Biegebeanspruchung
LFT, 176 Seiten, 51 Bilder, 6 Tab. 2017.
ISBN 978-3-87525-420-4.

Band 295: Sven Hildering
Grundlegende Untersuchungen zum Prozessverhalten von Silizium als Werkzeugwerkstoff für das Mikroscherschneiden metallischer Folien
LFT, 177 Seiten, 74 Bilder, 17 Tab. 2017.
ISBN 978-3-87525-422-8.

Band 296: Sasia Mareike Hertweck
Zeitliche Pulsformung in der Lasermikromaterialbearbeitung – Grundlegende Untersuchungen und Anwendungen
LPT, 146 Seiten, 67 Bilder, 5 Tab. 2017.
ISBN 978-3-87525-423-5.

Band 297: Paryanto
Mechatronic Simulation Approach for the Process Planning of Energy-Efficient Handling Systems
FAPS, 162 Seiten, 86 Bilder, 13 Tab. 2017.
ISBN 978-3-87525-424-2.

Band 298: Peer Stenzel
Großserientaugliche Nadelwickeltechnik für verteilte Wicklungen im Anwendungsfall der E-Traktionsantriebe
FAPS, 239 Seiten, 147 Bilder, 20 Tab. 2017.
ISBN 978-3-87525-425-9.

Band 299: Mario Lušić
Ein Vorgehensmodell zur Erstellung montageführender Werkerinformationssysteme simultan zum Produktentstehungsprozess
FAPS, 174 Seiten, 79 Bilder, 22 Tab. 2017.
ISBN 978-3-87525-426-6.

Band 300: Arnd Buschhaus
Hochpräzise adaptive Steuerung und Regelung robotergeführter Prozesse
FAPS, 202 Seiten, 96 Bilder, 4 Tab. 2017.
ISBN 978-3-87525-427-3.

Band 301: Tobias Laumer
Erzeugung von thermoplastischen Werkstoffverbunden mittels simultanem, intensitätsselektivem Laserstrahlschmelzen
LPT, 140 Seiten, 82 Bilder, 0 Tab. 2017.
ISBN 978-3-87525-428-0.

Band 302: Nora Unger
Untersuchung einer thermisch unterstützten Fertigungskette zur Herstellung umgeformter Bauteile aus der höherfesten Aluminiumlegierung EN AW-7020
LFT, 142 Seiten, 53 Bilder, 8 Tab. 2017.
ISBN 978-3-87525-429-7.

Band 303: Tommaso Stellin
Design of Manufacturing Processes for the Cold Bulk Forming of Small Metal Components from Metal Strip
LFT, 146 Seiten, 67 Bilder, 7 Tab. 2017.
ISBN 978-3-87525-430-3.

Band 304: Bassim Bachy
Experimental Investigation, Modeling, Simulation and Optimization of Molded Interconnect Devices (MID) Based on Laser Direct Structuring (LDS) / Experimentelle Untersuchung, Modellierung, Simulation und Optimierung von Molded Interconnect Devices (MID) basierend auf Laser Direktstrukturierung (LDS)
FAPS, 168 Seiten, 120 Bilder, 26 Tab. 2017.
ISBN 978-3-87525-431-0.

Band 305: Michael Spahr
Automatisierte Kontaktierungsverfahren für flachleiterbasierte Pkw-Bordnetzsysteme
FAPS, 197 Seiten, 98 Bilder, 17 Tab. 2017.
ISBN 978-3-87525-432-7.

Band 306: Sebastian Suttner
Charakterisierung und Modellierung des spannungszustandsabhängigen Werkstoffverhaltens der Magnesiumlegierung AZ31B für die numerische Prozessauslegung
LFT, 150 Seiten, 84 Bilder, 19 Tab. 2017.
ISBN 978-3-87525-433-4.

Band 307: Bhargav Potdar
A reliable methodology to deduce thermomechanical flow behaviour of hot stamping steels
LFT, 203 Seiten, 98 Bilder, 27 Tab. 2017.
ISBN 978-3-87525-436-5.

Band 308: Maria Löffler
Steuerung von Blechmassivumformprozessen durch maßgeschneiderte tribologische Systeme
LFT, viii u. 166 Seiten, 90 Bilder, 5 Tab. 2018. ISBN 978-3-96147-133-1.

Band 309: Martin Müller
Untersuchung des kombinierten Trenn- und Umformprozesses beim Fügen artungleicher Werkstoffe mittels Schneidclinchverfahren
LFT, xi u. 149 Seiten, 89 Bilder, 6 Tab. 2018. ISBN: 978-3-96147-135-5.

Band 310: Christopher Kästle
Qualifizierung der Kupfer-Drahtbondtechnologie für integrierte Leistungsmodule in harschen Umgebungsbedingungen
FAPS, xii u. 167 Seiten, 70 Bilder, 18 Tab. 2018. ISBN 978-3-96147-145-4.

Band 311: Daniel Vipavc
Eine Simulationsmethode für das 3-Rollen-Schubbiegen
LFT, xiii u. 121 Seiten, 56 Bilder, 17 Tab. 2018. ISBN 978-3-96147-147-8.

Band 312: Christina Ramer
Arbeitsraumüberwachung und autonome Bahnplanung für ein sicheres und flexibles Roboter-Assistenzsystem in der Fertigung
FAPS, xiv u. 188 Seiten, 57 Bilder, 9 Tab. 2018. ISBN 978-3-96147-153-9.

Band 313: Miriam Rauer
Der Einfluss von Poren auf die Zuverlässigkeit der Lötverbindungen von Hochleistungs-Leuchtdioden
FAPS, xii u. 209 Seiten, 108 Bilder, 21 Tab. 2018. ISBN 978-3-96147-157-7.

Band 314: Felix Tenner
Kamerabasierte Untersuchungen der Schmelze und Gasströmungen beim Laserstrahlschweißen verzinkter Stahlbleche
LPT, xxiii u. 184 Seiten, 94 Bilder, 7 Tab. 2018. ISBN 978-3-96147-160-7.

Band 315: Aarief Syed-Khaja
Diffusion Soldering for High-temperature Packaging of Power Electronics
FAPS, x u. 202 Seiten, 144 Bilder, 32 Tab. 2018. ISBN 978-3-87525-162-1.

Band 316: Adam Schaub
Grundlagenwissenschaftliche Untersuchung der kombinierten Prozesskette aus Umformen und Additive Fertigung
LFT, xi u. 192 Seiten, 72 Bilder, 27 Tab. 2019. ISBN 978-3-96147-166-9.

Band 317: Daniel Gröbel
Herstellung von Nebenformelementen unterschiedlicher Geometrie an Blechen mittels Fließpressverfahren der Blechmassivumformung
LFT, x u. 165 Seiten, 96 Bilder, 13 Tab. 2019. ISBN 978-3-96147-168-3.

Band 318: Philipp Hildenbrand
Entwicklung einer Methodik zur Herstellung von Tailored Blanks mit definierten Halbzeugeigenschaften durch einen Taumelprozess
LFT, ix u. 153 Seiten, 77 Bilder, 4 Tab. 2019. ISBN 978-3-96147-174-4.

Band 319: Tobias Konrad
Simulative Auslegung der Spann- und Fixierkonzepte im Karosserierohbau: Bewertung der Baugruppenmaßhaltigkeit unter Berücksichtigung schwankender Einflussgrößen
LFT, x u. 203 Seiten, 134 Bilder, 32 Tab. 2019. ISBN 978-3-96147-176-8.

Band 320: David Meinel
Architektur applikationsspezifischer Multi-Physics-Simulationskonfiguratoren am Beispiel modularer Triebzüge
FAPS, xii u. 166 Seiten, 82 Bilder, 25 Tab. 2019. ISBN 978-3-96147-184-3.

Band 321: Andrea Zimmermann
Grundlegende Untersuchungen zum Einfluss fertigungsbedingter Eigenschaften auf die Ermüdungsfestigkeit kaltmassivumgeformter Bauteile
LFT, ix u. 160 Seiten, 66 Bilder, 5 Tab. 2019. ISBN 978-3-96147-190-4.

Band 322: Christoph Amann
Simulative Prognose der Geometrie nassgepresster Karosseriebauteile aus Gelege-Mehrschichtverbunden
LFT, xvi u. 169 Seiten, 80 Bilder, 13 Tab. 2019. ISBN 978-3-96147-194-2.

Band 323: Jennifer Tenner
Realisierung schmierstofffreier Tiefziehprozesse durch maßgeschneiderte Werkzeugoberflächen
LFT, x u. 187 Seiten, 68 Bilder, 13 Tab. 2019. ISBN 978-3-96147-196-6.

Band 324: Susan Zöller
Mapping Individual Subjective Values to Product Design
KTmfk, xi u. 223 Seiten, 81 Bilder, 25 Tab.
2019. ISBN 978-3-96147-202-4.

Band 325: Stefan Lutz
Erarbeitung einer Methodik zur semiempirischen Ermittlung der Umwandlungskinetik durchhärtender Wälzlagerstähle für die Wärmebehandlungssimulation
LFT, xiv u. 189 Seiten, 75 Bilder, 32 Tab.
2019. ISBN 978-3-96147-209-3.

Band 326: Tobias Gnibl
Modellbasierte Prozesskettenabbildung rührreibgeschweißter Aluminiumhalbzeuge zur umformtechnischen Herstellung höchstfester Leichtbau-strukturteile
LFT, xii u. 167 Seiten, 68 Bilder, 17 Tab.
2019. ISBN 978-3-96147-217-8.

Band 327: Johannes Bürner
Technisch-wirtschaftliche Optionen zur Lastflexibilisierung durch intelligente elektrische Wärmespeicher
FAPS, xiv u. 233 Seiten, 89 Bilder, 27 Tab.
2019. ISBN 978-3-96147-219-2.

Band 328: Wolfgang Böhm
Verbesserung des Umformverhaltens von mehrlagigen Aluminiumblechwerkstoffen mit ultrafeinkörnigem Gefüge
LFT, ix u. 160 Seiten, 88 Bilder, 14 Tab.
2019. ISBN 978-3-96147-227-7.

Band 329: Stefan Landkammer
Grundsatzuntersuchungen, mathematische Modellierung und Ableitung einer Auslegungsmethodik für Gelenkantriebe nach dem Spinnenbeinprinzip
LFT, xii u. 200 Seiten, 83 Bilder, 13 Tab.
2019. ISBN 978-3-96147-229-1.

Band 330: Stephan Rapp
Pump-Probe-Ellipsometrie zur Messung transienter optischer Materialeigen-schaften bei der Ultrakurzpuls-Lasermaterialbearbeitung
LPT, xi u. 143 Seiten, 49 Bilder, 2 Tab.
2019. ISBN 978-3-96147-235-2.

Band 331: Michael Scholz
Intralogistics Execution System mit integrierten autonomen, servicebasierten Transportentitäten
FAPS, xi u. 195 Seiten, 55 Bilder, 11 Tab.
2019. ISBN 978-3-96147-237-6.

Band 332: Eva Bogner
Strategien der Produktindividualisierung in der produzierenden Industrie im Kontext der Digitalisierung
FAPS, ix u. 201 Seiten, 55 Bilder, 28 Tab.
2019. ISBN 978-3-96147-246-8.

Band 333: Daniel Benjamin Krüger
Ein Ansatz zur CAD-integrierten muskuloskelettalen Analyse der Mensch-Maschine-Interaktion
KTmfk, x u. 217 Seiten, 102 Bilder, 7 Tab.
2019. ISBN 978-3-96147-250-5.

Band 334: Thomas Kuhn
Qualität und Zuverlässigkeit laserdirektstrukturierter mechatronisch integrierter Baugruppen (LDS-MID)
FAPS, ix u. 152 Seiten, 69 Bilder, 12 Tab.
2019. ISBN: 978-3-96147-252-9.

Band 335: Hans Fleischmann
Modellbasierte Zustands- und Prozessüberwachung auf Basis sozio-cyber-physischer Systeme
FAPS, xi u. 214 Seiten, 111 Bilder, 18 Tab.
2019. ISBN: 978-3-96147-256-7.

Band 336: Markus Michalski
Grundlegende Untersuchungen zum Prozess- und Werkstoffverhalten bei schwingungsüberlagerter Umformung
LFT, xii u. 197 Seiten, 93 Bilder, 11 Tab.
2019. ISBN: 978-3-96147-270-3.

Band 337: Markus Brandmeier
Ganzheitliches ontologiebasiertes Wissensmanagement im Umfeld der industriellen Produktion
FAPS, xi u. 255 Seiten, 77 Bilder, 33 Tab.
2020. ISBN: 978-3-96147-275-8.

Band 338: Stephan Purr
Datenerfassung für die Anwendung lernender Algorithmen bei der Herstellung von Blechformteilen
LFT, ix u. 165 Seiten, 48 Bilder, 4 Tab.
2020. ISBN: 978-3-96147-281-9.

Band 339: Christoph Kiener
Kaltfließpressen von gerad- und schrägverzahnten Zahnrädern
LFT, viii u. 151 Seiten, 81 Bilder, 3 Tab.
2020. ISBN 978-3-96147-287-1.

Band 340: Simon Spreng
Numerische, analytische und empirische Modellierung des Heißcrimpprozesses
FAPS, xix u. 204 Seiten, 91 Bilder, 27 Tab.
2020. ISBN 978-3-96147-293-2.

Band 341: Patrik Schwingenschlögl
Erarbeitung eines Prozessverständnisses zur Verbesserung der tribologischen Bedingungen beim Presshärten
LFT, x u. 177 Seiten, 81 Bilder, 8 Tab.
2020. ISBN 978-3-96147-297-0.

Band 342: Emanuela Affronti
Evaluation of failure behaviour of sheet metals
LFT, ix u. 136 Seiten, 57 Bilder, 20 Tab.
2020. ISBN 978-3-96147-303-8.

Band 343: Julia Degner
Grundlegende Untersuchungen zur Herstellung hochfester Aluminiumblechbauteile in einem kombinierten Umform- und Abschreckprozess
LFT, x u. 172 Seiten, 61 Bilder, 9 Tab.
2020. ISBN 978-3-96147-307-6.

Band 344: Maximilian Wagner
Automatische Bahnplanung für die Aufteilung von Prozessbewegungen in synchrone Werkstück- und Werkzeugbewegungen mittels Multi-Roboter-Systemen
FAPS, xxi u. 181 Seiten, 111 Bilder, 15 Tab.
2020. ISBN 978-3-96147-309-0.

Band 345: Stefan Härter
Qualifizierung des Montageprozesses hochminiaturisierter elektronischer Bauelemente
FAPS, ix u. 194 Seiten, 97 Bilder, 28 Tab.
2020. ISBN 978-3-96147-314-4.

Band 346: Toni Donhauser
Ressourcenorientierte Auftragsregelung in einer hybriden Produktion mittels betriebsbegleitender Simulation
FAPS, xix u. 242 Seiten, 97 Bilder, 17 Tab. 2020. ISBN 978-3-96147-316-8.

Band 347: Philipp Amend
Laserbasiertes Schmelzkleben von Thermoplasten mit Metallen
LPT, xv u. 154 Seiten, 67 Bilder. 2020. ISBN 978-3-96147-326-7.

Band 348: Matthias Ehlert
Simulationsunterstützte funktionale Grenzlagenabsicherung
KTmfk, xvi u. 300 Seiten, 101 Bilder, 73 Tab. 2020. ISBN 978-3-96147-328-1.

Band 349: Thomas Sander
Ein Beitrag zur Charakterisierung und Auslegung des Verbundes von Kunststoffsubstraten mit harten Dünnschichten
KTmfk, xiv u. 178 Seiten, 88 Bilder, 21 Tab. 2020. ISBN 978-3-96147-330-4.

Band 350: Florian Pilz
Fließpressen von Verzahnungselementen an Blechen
LFT, x u. 170 Seiten, 103Bilder, 4 Tab. 2020. ISBN 978-3-96147-332-8.

Band 351: Sebastian Josef Katona
Evaluation und Aufbereitung von Produktsimulationen mittels abweichungsbehafteter Geometriemodelle
KTmfk, ix u. 147 Seiten, 73 Bilder, 11 Tab. 2020. ISBN 978-3-96147-336-6.

Band 352: Jürgen Herrmann
Kumulatives Walzplattieren. Bewertung der Umformeigenschaften mehrlagiger Blechwerkstoffe der ausscheidungshärtbaren Legierung AA6014
LFT, x u. 157 Seiten, 64 Bilder, 5 Tab. 2020. ISBN 978-3-96147-344-1.

Band 353: Christof Küstner
Assistenzsystem zur Unterstützung der datengetriebenen Produktentwicklung
KTmfk, xii u. 219 Seiten, 63 Bilder, 14 Tab. 2020. ISBN 978-3-96147-348-9.

Band 354: Tobias Gläßel
Prozessketten zum Laserstrahlschweißen von flachleiterbasierten Formspulenwicklungen für automobile Traktionsantriebe
FAPS, xiv u. 206 Seiten, 89 Bilder, 11 Tab. 2020. ISBN 978-3-96147-356-4.

Band 355: Andreas Meinel
Experimentelle Untersuchung der Auswirkungen von Axialschwingungen auf Reibung und Verschleiß in Zylinderrol-lenlagern
KTmfk, xii u. 162 Seiten, 56 Bilder, 7 Tab. 2020. ISBN 978-3-96147-358-8.

Band 356: Hannah Riedle
Haptische, generische Modelle weicher anatomischer Strukturen für die chirurgische Simulation
FAPS, xxx u. 179 Seiten, 82 Bilder, 35 Tab. 2020. ISBN 978-3-96147-367-0.

Band 357: Maximilian Landgraf
Leistungselektronik für den Einsatz dielektrischer Elastomere in aktorischen, sensorischen und integrierten sensomotorischen Systemen
FAPS, xxiii u. 166 Seiten, 71 Bilder, 10 Tab. 2020. ISBN 978-3-96147-380-9.

Band 358: Alireza Esfandyari
Multi-Objective Process Optimization for Overpressure Reflow Soldering in Electronics Production
FAPS, xviii u. 175 Seiten, 57 Bilder, 23 Tab. 2020. ISBN 978-3-96147-382-3.

Band 359: Christian Sand
Prozessübergreifende Analyse komplexer Montageprozessketten mittels Data Mining
FAPS, XV u. 168 Seiten, 61 Bilder, 12 Tab. 2021. ISBN 978-3-96147-398-4.

Band 360: Ralf Merkl
Closed-Loop Control of a Storage-Supported Hybrid Compensation System for Improving the Power Quality in Medium Voltage Networks
FAPS, xxvii u. 200 Seiten, 102 Bilder, 2 Tab. 2021. ISBN 978-3-96147-402-8.

Band 361: Thomas Reitberger
Additive Fertigung polymerer optischer Wellenleiter im Aerosol-Jet-Verfahren
FAPS, xix u. 141 Seiten, 65 Bilder, 11 Tab. 2021. ISBN 978-3-96147-400-4.

Band 362: Marius Christian Fechter
Modellierung von Vorentwürfen in der virtuellen Realität mit natürlicher Fingerinteraktion
KTmfk, x u. 188 Seiten, 67 Bilder, 19 Tab. 2021. ISBN 978-3-96147-404-2.

Band 363: Franziska Neubauer
Oberflächenmodifizierung und Entwicklung einer Auswertemethodik zur Verschleißcharakterisierung im Presshärteprozess
LFT, ix u. 177 Seiten, 42 Bilder, 6 Tab. 2021. ISBN 978-3-96147-406-6.

Band 364: Eike Wolfram Schäffer
Web- und wissensbasierter Engineering-Konfigurator für roboterzentrierte Automatisierungslösungen
FAPS, xxiv u. 195 Seiten, 108 Bilder, 25 Tab. 2021. ISBN 978-3-96147-410-3.

Band 365: Daniel Gross
Untersuchungen zur kohlenstoffdioxidbasierten kryogenen Minimalmengenschmierung
REP, xii u. 184 Seiten, 56 Bilder, 18 Tab. 2021. ISBN 978-3-96147-412-7.

Band 366: Daniel Junker
Qualifizierung laser-additiv gefertigter Komponenten für den Einsatz im Werkzeugbau der Massivumformung
LFT, vii u. 142 Seiten, 62 Bilder, 5 Tab. 2021. ISBN 978-3-96147-416-5.

Band 367: Tallal Javied
Totally Integrated Ecology Management for Resource Efficient and Eco-Friendly Production
FAPS, xv u. 160 Seiten, 60 Bilder, 13 Tab. 2021. ISBN 978-3-96147-418-9.

Band 368: David Marco Hochrein
Wälzlager im Beschleunigungsfeld – Eine Analysestrategie zur Bestimmung des Reibungs-, Axialschub- und Temperaturverhaltens von Nadelkränzen –
KTmfk, xiii u. 279 Seiten, 108 Bilder, 39 Tab. 2021. ISBN 978-3-96147-420-2.

Band 369: Daniel Gräf
Funktionalisierung technischer Oberflächen mittels prozessüberwachter aerosolbasierter Drucktechnologie
FAPS, xxii u. 175 Seiten, 97 Bilder, 6 Tab. 2021. ISBN 978-3-96147-433-2.

Band 370: Andreas Gröschl
Hochfrequent fokusabstandsmodulierte Konfokalsensoren für die Nanokoordinatenmesstechnik
FMT, x u. 144 Seiten, 98 Bilder, 6 Tab. 2021. ISBN 978-3-96147-435-6.

Band 371: Johann Tüchsen
Konzeption, Entwicklung und Einführung des Assistenzsystems D-DAS für die Produktentwicklung elektrischer Motoren
KTmfk, xii u. 178 Seiten, 92 Bilder, 12 Tab. 2021. ISBN 978-3-96147-437-0.

Band 372: Max Marian
Numerische Auslegung von Oberflächenmikrotexturen für geschmierte tribologische Kontakte
KTmfk, xviii u. 276 Seiten, 85 Bilder, 45 Tab. 2021. ISBN 978-3-96147-439-4.

Band 373: Johannes Strauß
Die akustooptische Strahlformung in der Lasermaterialbearbeitung
LPT, xvi u. 113 Seiten, 48 Bilder. 2021. ISBN 978-3-96147-441-7.

Band 374: Martin Hohmann
Machine learning and hyper spectral imaging: Multi Spectral Endoscopy in the Gastro Intestinal Tract towards Hyper Spectral Endoscopy
LPT, x u. 137 Seiten, 62 Bilder, 29 Tab. 2021. ISBN 978-3-96147-445-5.

Band 375: Timo Kordaß
Lasergestütztes Verfahren zur selektiven Metallisierung von epoxidharzbasierten Duromeren zur Steigerung der Integrationsdichte für dreidimensionale mechatronische Package-Baugruppen
FAPS, xviii u. 198 Seiten, 92 Bilder, 24 Tab. 2021. ISBN 978-3-96147-443-1.

Band 376: Philipp Kestel
Assistenzsystem für den wissensbasierten Aufbau konstruktionsbegleitender Finite-Elemente-Analysen
KTmfk, xviii u. 209 Seiten, 57 Bilder, 17 Tab. 2021. ISBN 978-3-96147-457-8.

Band 377: Martin Lerchen
Messverfahren für die pulverbettbasierte additive Fertigung zur Sicherstellung der Konformität mit geometrischen Produktspezifikationen
FMT, x u. 150 Seiten, 60 Bilder, 9 Tab. 2021. ISBN 978-3- 96147-463-9.

Band 378: Michael Schneider
Inline-Prüfung der Permeabilität in weichmagnetischen Komponenten
FAPS, xxii u. 189 Seiten, 79 Bilder, 14 Tab. 2021. ISBN 978-3-96147-465-3.

Band 379: Tobias Sprügel
Sphärische Detektorflächen als Unterstützung der Produktentwicklung zur Datenanalyse im Rahmen des Digital Engineering
KTmfk, xiii u. 213 Seiten, 84 Bilder, 33 Tab. 2021. ISBN 978-3-96147-475-2.

Band 380: Tom Häfner
Multipulseffekte beim Mikro-Materialabtrag von Stahllegierungen mit Pikosekunden-Laserpulsen
LPT, xxviii u. 159 Seiten, 57 Bilder, 13 Tab.
2021. ISBN 978-3-96147-479-0.

Band 381: Björn Heling
Einsatz und Validierung virtueller Absicherungsmethoden für abweichungs-behaftete Mechanismen im Kontext des Robust Design
KTmfk, xi u. 169 Seiten, 63 Bilder, 27 Tab.
2021. ISBN 978-3-96147-487-5.

Band 382: Tobias Kolb
Laserstrahl-Schmelzen von Metallen mit einer Serienanlage – Prozesscharakterisierung und Erweiterung eines Überwachungssystems
LPT, xv u. 170 Seiten, 128 Bilder, 16 Tab.
2021. ISBN 978-3-96147-491-2.

Band 383: Mario Meinhardt
Widerstandselementschweißen mit gestauchten Hilfsfügeelementen - Umformtechnische Wirkzusammenhänge zur Beeinflussung der Verbindungsfestigkeit
LFT, xii u. 189 Seiten, 87 Bilder, 4 Tab.
2022. ISBN 978-3-96147-473-8.

Band 384: Felix Bauer
Ein Beitrag zur digitalen Auslegung von Fügeprozessen im Karosseriebau mit Fokus auf das Remote-Laserstrahlschweißen unter Einsatz flexibler Spanntechnik
LFT, xi u. 185 Seiten, 74 Bilder, 12 Tab.
2022. ISBN 978-3-96147-498-1.

Band 385: Jochen Zeitler
Konzeption eines rechnergestützten Konstruktionssystems für optomechatronische Baugruppen
FAPS, xix u. 172 Seiten, 88 Bilder, 11 Tab.
2022. ISBN 978-3-96147-499-8.

Band 386: Vincent Mann
Einfluss von Strahloszillation auf das Laserstrahlschweißen hochfester Stähle
LPT, xiii u. 172 Seiten, 103 Bilder, 18 Tab.
2022. ISBN 978-3-96147-503-2.

Band 387: Chen Chen
Skin-equivalent opto-/elastofluidic in-vitro microphysiological vascular models for translational studies of optical biopsies
LPT, xx u. 126 Seiten, 60 Bilder, 10 Tab.
2022. ISBN 978-3-96147-505-6.

Band 388: Stefan Stein
Laser drop on demand joining as bonding method for electronics assembly and packaging with high thermal requirements
LPT, x u. 112 Seiten, 54 Bilder, 10 Tab. 2022.
ISBN 978-3-96147-507-0

Band 389: Nikolaus Urban
Untersuchung des Laserstrahlschmelzens von Neodym-Eisen-Bor zur additiven Herstellung von Permanentmagneten
FAPS, x u. 174 Seiten, 88 Bilder, 18 Tab.
2022. ISBN: 978-3-96147-501-8.

Band 390: Yiting Wu
Großflächige Topographiemessungen mit einem Weißlichtinterferenzmikroskop und einem metrologischen Rasterkraftmikroskop
FMT, xii u. 142 Seiten, 68 Bilder, 11 Tab.
2022. ISBN: 978-3-96147-513-1.

Band 391: Thomas Papke
Untersuchungen zur Umformbarkeit hybrider Bauteile aus Blechgrundkörper und additiv gefertigter Struktur
LFT, xii u. 194 Seiten, 71 Bilder, 16 Tab.
2022. ISBN 978-3-96147-515-5.

Band 392: Bastian Zimmermann
Einfluss des Vormaterials auf die mehrstufige Kaltumformung vom Draht
LFT, xi u. 182 Seiten, 36 Bilder, 6 Tab.
2022. ISBN 978-3-96147-519-3.

Band 393: Harald Völkl
Ein simulationsbasierter Ansatz zur Auslegung additiv gefertigter FLM-Faserverbundstrukturen
KTmfk, xx u. 204 Seiten, 95 Bilder, 22 Tab.
2022. ISBN 978-3-96147-523-0.

Band 394: Robert Schulte
Auslegung und Anwendung prozessangepasster Halbzeuge für Verfahren der Blechmassivumformung
LFT, x u. 163 Seiten, 93 Bilder, 5 Tab.
2022. ISBN 978-3-96147-525-4.

Band 395: Philipp Frey
Umformtechnische Strukturierung metallischer Einleger im Folgeverbund für mediendichte Kunststoff-Metall-Hybridbauteile
LFT, ix u. 180 Seiten, 83 Bilder, 7 Tab.
2022. ISBN 978-3-96147-534-6.

Band 396: Thomas Johann Luft
Komplexitätsmanagement in der Produktentwicklung - Holistische Modellierung, Analyse, Visualisierung und Bewertung komplexer Systeme
KTmfk, xiii u. 510 Seiten, 166 Bilder, 16 Tab. 2022 ISBN 978-3-96147-540-7.

Band 397: Li Wang
Evaluierung der Einsetzbarkeit des lasergestützten Verfahrens zur selektiven Metallisierung für die Verbesserung passiver Intermodulation in Hochfrequenzanwendungen
FAPS, xxii u.151 Seiten, 72 Bilder, 22 Tab.
2022. ISBN 978-3-96147-542-1.

Band 398: Sebastian Reitelshöfer
Der Aerosol-Jet-Druck Dielektrischer Elastomere als additives Fertigungsverfahren für elastische mechatronische Komponenten
FAPS, xxv u. 206 Seiten, 87 Bilder, 13 Tab.
2022. ISBN 978-3-96147-547-6.

Abstract

The main subject of the dissertation is the research on a novel additive manufacturing approach for the production of elastic mechatronic components. The combination of variations and further developments of the aerosol jet printing process for the production of stacked dielectric elastomers is described. The framework of a prototypical use case for deriving the necessary and desirable properties of such flexible mechatronic systems and thus ultimately the requirements for a manufacturing process is formed by compliant and thus adaptable robot systems. Their macroscopically effective kinematics and active surfaces combine a catalogue of characteristics which will also allow the transfer of the knowledge gained to other application domains of flexible mechatronic systems in the future.

The methods presented for the production of flexible electrodes, silicone dielectrics and integrated actuators and sensors include, on the one hand, multi-aerosol printing of RTV2 silicones for the programmable production of silicone layers with layer thicknesses in the range of 10 µm and their stacking to form solid bodies with several hundred layers. Furthermore, novel approaches for time-efficient aerosol jet printing of elastic electrode structures based on reduced graphene oxide are presented. These are produced using a novel hybrid atomiser that combines pneumatic and ultrasonic-based aerosol generation. In addition, the direct printing of filled polymer matrices by combining three aerosol streams is described. With these novel approaches, the fabrication of prototype elastic mechatronic components in an integrated process device is demonstrated.